Andreas Heck

Die Praxis des Knowledge Managements

Andreas Heck

Die Praxis des Knowledge Managements

Grundlagen – Vorgehen – Tools

Die Deutsche Bibliothek – CIP-Einheitsaufnahme
Ein Titeldatensatz für diese Publikation ist bei
Der Deutschen Bibliothek erhältlich.

1. Auflage August 2002

ISBN-13:978-3-322-84971-7   e-ISBN-13:978-3-322-84970-0
DOI: 10.1007/978-3-322-84970-0

Vorwort

Knowledge Management (KM) oder Wissensmanagement wird als der systematische Umgang mit der Ressource Wissen verstanden mit dem Ziel, die Wettbewerbsfähigkeit eines Unternehmens nachhaltig zu verbessern. Knowledge Management ist ein ganzheitliches, integratives Konzept, das psychologische, organisatorische und technologische Komponenten beinhaltet.[1]

Die Problematik ganzheitlicher Konzepte liegt im allgemeinen darin, dass man sich aufgrund der damit einhergehenden Komplexität in der Praxis meist sehr schwer tut, so konkret zu werden, dass transparente erste Schritte zur Umsetzung definiert werden können.

Die Einführung von Knowledge Management stellt viele Unternehmen vor eine schwierige Situation. Bisher sind nur wenige KM Projekte in der deutschen Wirtschaft wirklich erfolgreich umgesetzt worden. Der Grad der Individualisierung auf ein Unternehmen ist extrem hoch und erschwert damit den Einsatz von standardisierten KM-Installationen.

Die heutigen KM-Anbieter stellen zur Kundengewinnung den standardisierten Produktansatz in den Vordergrund und positionieren sich als „full service Dienstleister". Doch die schlichte Installation der x-ten Software war noch nie erfolgversprechend, wenn diese wenig integrativ konzipiert und die Umsetzung nur nach technischen Restriktionen erfolgt. Organisatorische und kulturelle Aspekte werden so meist nur unzureichend in konkrete Methoden und Handlungsanweisungen integriert. Insbesondere hier sind unterschiedliche Knowhow-Träger nötig, die heutige KM-Anbieter nicht aus einer Hand bereitstellen können.

Die Ausgaben für Lösungen im Umfeld Knowledge Management von weltweit insgesamt ca. 6-8 Mrd. EUR führen meist nur zu geringen Projekterfolgen, da sie einen herstellerorientierten Ansatz verfolgen. Eine Vielzahl aller KM-Projekte werden ihre gesetzten Ziele deswegen nicht erreichen, da es oft an praktischen Anhaltspunkten und reproduzierbaren Vorgehensweisen fehlt, das aus unterschiedlichem Expertenwissen rekrutiert wird.

---

[1] In Anlehnung an Probst, G., Wissen Managen, Gabler 1999.

Wir über uns:

Der umfangreiche Erfahrungsaustausch mit Projektpartnern und Projektinteressenten unserer bis dato „losen" Community wurde im Jahre 2001 durch Gründung einer internationalen Arbeitsgemeinschaft organisatorisch manifestiert. Diese trägt den Namen IKR, welches für International Knowledge Management Research steht. Die Arbeitsgemeinschaft hat sich zum Ziel gesetzt, praxisorientiertes Knowledge Management zu identifizieren und dieses in der Knowledge-Community gemeinsam weiterzuentwickeln.

Aus den bis dato identifizierten und weiterverarbeitenden Projekterfahrungen der Arbeitsgemeinschaft IKR (insgesamt ca. 50 Konzepte) und den damit verbundenen Vorgehensweisen aus dem Projektmanagement ist so ein kombinierter und umsetzungsorientierter Ansatz zur Behandlung des Themas Knowledge Management entstanden, der daher auch den Titel „Projektkompass" trägt und in diesem Buch vorgestellt wird.

KM-Ansatz:

Die Bedeutung von Help Desks für unternehmensinternes Knowledge Management ist vor dem Hintergrund einer effektiven Kommunikationsinfrastruktur und –kultur erheblich. So können einzelne Bausteine aus der umfangreichen Help Desk Welt sehr nutzbringende Effekte bei der Einführung von Knowledge Management bewirken. Help Desks fungieren als eine unternehmensinterne Schnittstelle, eine Plattform, die ohne einer praktikablen Kommunikations-, Prozess- und IT-Infrastruktur nicht funktionieren kann. Dadurch sind Help Desks vielen Organisationseinheiten einen Schritt in Richtung KM voraus, da sie bereits wesentliche KM-Grundkomponenten erfolgreich verwenden. Heutzutage beschäftigen sich eine Vielzahl von Unternehmen mit dem Thema Knowledge Management. Meist werden individuell angepasste KM-Ansätze und –vorgehensweisen verfolgt. Erfolge und Misserfolge werden erzielt, doch wirkliche Synergien selten realisiert. Ein Grund dafür ist, dass bewährte Kommunikations- und Organisationsstrukturen nicht ausreichend mit der notwendigen Informationstechnologie synchronisiert werden. Viele Unternehmen könnten mit einfachen Mitteln (die oftmals im Hause schon vorhanden sind, aber nicht genutzt werden) einzelne Help Desk-Bausteine nutzen und damit eine wertvolle Grundlage für KM schaffen.

Vor diesem Hintergrund wird in diesem Buch der Ansatz eines Help Desk basierten Knowledge Managements verfolgt.

Inhalt:

Das **erste Kapitel** befasst sich mit geläufigen Definitionen aus dem KM-Umfeld und soll dafür sorgen, dass der Leser mit der Terminologie vertraut gemacht wird. Weiterhin wird hier die Handhabung des Projektkompasses erläutert.

Im **zweiten Kapitel** wird der Grundgedanke dieses Buches (KM in Verbindung mit Help Desk-Ansatz) formuliert. Anhand unternehmenstypischer Problemstellungen und unterschiedlichen Sichtweisen sollen die Dimensionen des Themas KM verdeutlicht werden. Weiterhin wird hier eine Mustervorgehensweise zur Durchführung einer KM-Due Diligence beschrieben. Diese soll als analytischer Leitfaden zur Vorbereitung des im dritten Kapitel beschriebenen Projektkompasses dienen. Grundlegende Vorüberlegungen zur IT-Organisation werden hier systematisch zusammengefasst.

Das **dritte Kapitel** ist das umfangreichste und beschreibt den eigentlichen Projektkompass. Hier werden Anwendungsmöglichkeiten einzelner KM-Komponenten aus der Praxis erläutert. Diese sind mit Musterpräsentationscharts, vielen Beispielen und Checklisten zur Vorgehensweise untermauert, um dem Leser mögliche Anhaltspunkte erster Schritte zu einer KM-Einführung zu geben. Hier wurde besonderer Wert auf das Projektmanagement umsetzender KM-Komponenten gelegt.

Das **vierte Kapitel** beinhaltet eine Beschreibung derzeit am Markt erhältlicher KM-Lösungen und zeigt auszugsweise welche KM-Bereiche durch IT-Tools unterstützt werden können.

Zum Autor:

Das Thema Knowledge Management beschäftigt mich schon seit mehreren Jahren (mit stets wachsender Begeisterung) und zwar aus ganz unterschiedlichen Sichtweisen. Früher, als Trainer in der Erwachsenenbildung unterwegs, hat es mich immer interessiert, wie doch die Gestaltung des Unterrichtes, die Stimmung des Dozenten (also meine eigene) und die der Kursteilnehmer dazu beitragen können, ob und wie schnell der oftmals trockene Lehrstoff (meist BWL- oder EDV-lastig) von der Teilnehmern verstanden wird. Mit der Zeit bekommt man ein Gespür dafür, ob jemand etwas wirklich verstanden hat oder ob er nur behauptet, er hätte es verstanden. Man erkennt dies am Gesichtsausdruck und am Verhalten des Einzelnen und bekommt einen Blick dafür, ob Wissen tatsächlich generiert wurde.

Später als Management Consultant einer Unternehmensberatung (mit Fokus Marketing, Organisation und Vertrieb im Multimedia-Umfeld) wurde das Thema Knowledge Management immer wieder heiß diskutiert. Waren es doch die täglichen Bedarfe nach Informationen und der permanente Druck, Wissen als strategischen Wettbewerbsvorteil (tlw. vor den Kollegen, insbesondere aber vor Kunden) auf- und auszubauen. Bei ca. 50 Beratern wird in den Projekten permanent recherchiert, konstruiert, Zusammenhänge dargestellt, so dass die Situation auftrat, dass so massive Doppelarbeiten geschahen, die die Einführung eines KM-Systems als sinnvoll erscheinen ließen. Software wurde gekauft, ein Information Specialist eingestellt, Meetings wurden organisiert, Arbeitskreise gebildet, KM-Konzepte erstellt und tlw. auch umgesetzt. Doch der gewünschte Erfolg blieb aus. Woran lag das? Es gab keine Antwort auf die Frage. Lediglich das Problem wurde analysiert und strukturiert dargestellt (nach bewährter Beratermanier). Das Ergebnis war Folgendes: Es liegt nicht nur an der Technik (die Software hat funktioniert, sie hatte zwar einige Unwägbarkeiten, insbesondere wurde sie aber nicht so richtig genutzt). Weiterhin hat die Organisation nicht auf KM-Bedarfe gepasst: „Bereichsfürsten", die Themen (und damit Wissen) für sich und ihre Mitarbeiter beanspruchten, verhinderten einen neutralen Austausch. Die Unternehmenskultur war sehr gut, doch gab es (wie in jeder Organisation) Menschen, die „miteinander können" und eben solche, mit denen man den Umgang eher scheut. Die KM-Problematik berührt also die Bereiche Organisation, Technologie und Kultur. Ergo: KM kann nur ein solches (langfristiges) Konzept sein, welches vorher noch nie da gewesen ist, geschweige denn umgesetzt wurde. Es muss technologisch untermauert werden, organisatorisch manifestiert sein, aber insbesondere (und das ist der kritischste Faktor) muss es von allen gelebt werden und damit in der Firmenphilosophie verankert sein.

Berufliche Veränderungen brachten mich zu einem Systemhaus, das sich mit der Konzeption und Installation von unternehmensinternen Help Desks befasste. Die Möglichkeiten, die mit Hilfe solch moderner Technologien (CTI, Wissensdatenbanken, etc.) verbunden waren, hatten mich fasziniert, wurden sie doch nur viel zu wenig ausgeschöpft. Help Desks sind meist technisch betrieben, behandeln etwa ein Monitoring der technischen Infrastruktur und der damit eng verbundenen Problembehebung (leider sind sie in dieser Form wegen des hohen Finanzbedarfes nur für Großunternehmen geeignet). Diese Help Desk Technologie nach eher betriebswirtschaftlich nutzenorientierten Szenarien zu entwickeln, die durch diese modernen Anwendungen ermöglicht werden können (bspw. das intelligente Routing nach indiv. skills durch SW-basierte TK-Anlagen in Kombination mit vorhandenen Kunden- und Mitarbeiterdatenbanken) blieb leider aufgrund des engen Tagesgeschäftes und natürlich aufgrund der Anforderungen der Kunden (oftmals Rechenzentren und IT/TK-Admins) meist unberücksichtigt.

Durch diese unterschiedlichen beruflichen Erfahrungen im KM-Umfeld formte sich ein KM-Modell, das aus den Ansätzen Strategie/Organisation/Prozesse (aus der Unternehmensberatung), deren aktive Umsetzung durch die Möglichkeiten moderner Help Desk- und IT/TK-Technologien sowie der (pädagogischen) Wissensvermittlung aus Sicht eines Beraters und Trainers bestand.

An dieser Stelle möchte ich mich bei folgenden Personen und Unternehmen ganz herzlich für die wertvolle Hilfe bedanken, die sie mir mit großem Entgegenkommen geleistet haben:

Allen Mitgliedern der Arbeitsgemeinschaft International Knowledge Management Research (IKR) für die wertvolle Unterstützung und den umfangreichen Konzepten und Erfahrungsberichten, die sämtliche Kernaussagen dieses Buches wesentlich prägten.

Meinen Co-Autoren Frau Antje Bischof, Herrn Sebastian Lotz, Herrn Jörgen Erichsen, Herrn Matthias Tochtrop, Herrn Marc Spencer, Herrn Dr. Dieter Massa, Herrn Tsusomu Ayako und Herrn Christian Katz für den wertvollen Input und die fruchtbare Zusammenarbeit sowie Frau Ursula Wolff für die hervorragenden Redigierarbeiten und Herrn Jörg Schneider für die inhaltlichen Überarbeitungen.

Den Unternehmen Deutsche Telekom AG, Canon Inc. Japan, Vintagepartners Inc. USA, Nokia GmbH, Heitzig-Consult GmbH und M.I.T newmedia GmbH für die konstruktive Unterstützung bei der inhaltlichen Erstellung.

Meinen Herausgebern, Herrn Prof. Dr. Dohmann, Herrn Prof. Fuchs und Herrn Prof. Dr. Khakzar und sämtlich Professoren am Fachbereich Angewandte Informatik der Fachhochschule Fulda, für ihre Unterstützung und vor allem für die angenehme Zusammenarbeit mit der Fachhochschule Fulda.

Meinen Lektoren, Herrn Dr. Klockenbusch und Herrn Dapper vom Vieweg-Verlag für das hervorragende Miteinander zwischen Autor und Verlag.

Online-Service zum Buch:

www.ikr-online.info

www.wissen.org

Künzell, im Juni 2002

Andreas Heck

Vorwort der Herausgeber

Die Praxis des Knowledge Managements wird heute geprägt von vielen Versuchen in innovativen Projekten Einzelaspekte dieser Thematik für die Ziele der Unternehmen zu erschließen. Dabei fällt der Führung im Unternehmen hier die Aufgabe zu, die für eine erfolgreiche Einführung des Knowledge Managements notwendige Wissensmanagementinfrastruktur mit einer dazu passenden Motivation der Mitarbeiter zu entwickeln. Dies erfordert auch die Entwicklung eigener Kompetenzen im Knowledge Management jedes einzelnen Mitarbeiters. Für die Entwicklung erfolgversprechender Projekte werden hier unterschiedliche Vorgehensweisen zur Installation von Knowledge Management im Unternehmen aus Sicht der Führung und der Mitarbeiter vergleichend präsentiert.

Projekt-kompass Knowledge Management

Für den Praktiker entsteht hier der Bedarf zu einem Projektkompass Knowledge Management zur Auswahl der jeweils passenden Vorgehensweise bei der Entwicklung und organisatorischen Implementierung der Knowledge Management Prozesse. Ein Ansatz hierzu wird im Kapitel 3 mit einem Dutzend unterschiedlicher Vorgehensweisen und der Diskussion der damit sich ergebenden Projektcharakteristik angeboten. Die entstehenden Kosten und der mögliche Erfolg dieser Knowledge Management Projekte hängen sehr stark von der Ausprägung der jeweiligen Ziele des Knowledge Managements ab. Die Ziele des Knowledge Managements sind vor dem Hintergrund des kollektiven Wissens und der Unternehmenskultur im Umgang mit dem Wissen ebenso wie durch die bereits erreichte Kompetenz der Mitarbeiter in Wissensmanagementprozessen mitzuwirken für die Definition von Projekten in angemessenem Verhältnis zu den existierenden Gegebenheiten zu definieren. Deshalb ist dem Aspekt der konkreten Knowledge Management Projektcharakteristik besondere Beachtung zu schenken.

Einsatz von Software-Tools

Von großer Bedeutung für die Entwicklung und die anschließende Umsetzung der speziellen Projektziele sind auch die hierfür in der Praxis verfügbaren Software Tools. Die Benutzung dieser Software Tools zu individuellen Wissensmanagementprozessen erfordert vom einzelnen Mitarbeiter eine praktikable Kompetenz im Umgang mit diesen Tools und ein grundlegendes Versändnis des Knowledge Managements. Die Erarbeitung der hier geforderten persönlichen Knowledge Management Kompetenz wird hier an Fallbeispielen in konkreten Software Tools angeboten. Neun ausgewählte Software Tools werden in ihrer Ausprägung und den Einsatzmöglichkeiten in Knowledge Management Projekten aus Sicht des Praktikers mit den Erfahrungen aus dem Autorenteam charakterisiert.

Reihe IT-Professional

Die Reihe IT-Professional besteht bisher aus den Werken

> Nachhaltig erfolgreiches E-Marketing,
>
> Produktionscontrolling mit SAP-Systemen und
>
> Die Praxis des E-Business.

Mit dem vorliegenden Band

> Die Praxis des Knowledge Managements
>
> Grundlagen - Vorgehen - Tools

wird diese Reihe um einen Beitrag eines aus vielen Knowledge Management Projekten erfahrenen Unternehmensberaters Herrn Andreas Heck und seinem Autorenteam ergänzt. Wir bedanken uns beim Autor für diesen Erfahrungsbericht aus seinen vielfältigen Projekten zur Entwicklung des Knowlege Managements in Unternehmen und für die Betreuung des Autorenteams.

Die Herausgeber bitten alle Leser und Leserinnen um Anregungen und stehen für Fragen per Mail unter

Helmut.Dohmann@informatik.fh-fulda.de

Gerhard.Fuchs@informatik.fh-fulda.de

Karim.Khakzar@informatik.fh-fulda.de

zur Verfügung.

Alles Gute und viel Erfolg mit diesen Informationen zum Knowledge Management für die Entwicklung erfolgreicher Projekte zur Wissensmanagement im Unternehmen wünschen Ihnen

Ihre Herausgeber

Fulda, im Juli 2002

Helmut Dohmann, Gerhard Fuchs, Karim Khakzar

Inhaltsverzeichnis

Abkürzungsverzeichnis

ACD	Automatic Call Distribution
AG	Arbeitgeber
AGB	Allgemeine Geschäftsbedingungen
AN	Arbeitnehmer
AP	Arbeitspaket
API	Application Programming Interface
BU	Business Unit
CAD	Computer Aided Design
CBT	Computer based Training
CD	Corporate Design
CI	Corporate Identity
CMS	Content Management System
CRM	Customer Relationship Management
CTI	Computer Telephony Integration
CUG	Closed User Group
DB	Datenbank
DLB	Dienstleistungsbausteine
DMS	Dokumentenmanagementsystem
EDI	Electronic Data Interchange
EIC	Enterprise Interaction Center
EJB	Enterprise Java Beans
ERP	Enterprise Resource Planning
F&E	Forschng und Entwicklung
FAQ	Frequently asked Questions
FTP	File Transfer Protocol
GAP	Lücke, Abweichung zwischen Ist und Soll

GU	Grossunternehmen
GW	Groupware
HD	Help Desk
HTML	Hyper Text Markup Language
HTTP(S)	Hyper Text Transport Protocol (Secure)
HW	Hardware
IKR	International Knowledmanagement Research
ILF	Information Learning Framework
IM	Informationsmanagement
IT	Informationstechnologie
KDG	Kundengruppen
KHM	Know how Manager
KM	Knowledge Management
K-Map	Knowledge Map
KMU	Kleine und mittlere Unternehmen
KoW	Kick off Workshop
KVP	Kontinuierlicher Verbesserungsprozess
LAN	Local Area Network
LDAP	Lightweight Directory Access Protocol
LH	Lastenheft
LMS	Lern Management System
MA	Mitarbeiter
MIT	Moderne Informations Technologien
MS	Meilenstein
ODL	Open Distance Learning
PC	Personal Computer
PH	Pflichtenheft
PPS	Produktionsplanungs- und Steuerungssystem
PR	Public Relations
PS	Projektsteuerung

PSTN	Public Switched Telephone Network
QS	Qualitätssicherung
RS/AS	Retrieval-, Agentensysteme
SCM	Supply Chain Management
SLA	Service Level Agreements
SMS	Short Message Service
SMTP	Simple Mail Transport Protocol
SoHo	Small and Home Office
SQL	Structured Query Language
SSL	Secure Socket Layer
SW	Software
TDS	Tivoli Decision Support
TK	Telekommunikation
TQM	Total Quality Management
TSD	Tivoli Service Management
URL	Uniform Resource Locator
V	Version
VCC	Virtual Competence Center
VPN	Virtual Private Network
WAP	Wireless Application Protocol
WBT	Web based Training
WM	Wissensmanagement
WMMP	Wissensmanagement Problemstellung
WMS	Workflowmanagementsysteme
WO	Wissensobjekt
WoBi	Wochenbericht
WT	Wissensträger
WWW	World Wide Web
XML	Extended Markup Language

Abbildungsverzeichnis

1 Einführung, Begriffe und Abgrenzung

1.1 Projektkompass Knowledgemanagement – Handling

Ein **Projektkompass** im Sinne dieses Buches beschreibt anhand idealtypischer und weitgehend generalisierbarer praktischer Vorgehensweisen wie eine Planung und Einführung eines HD-basierten Knowledge Managements erfolgen kann. Die dargestellten Checklisten und Methoden sind auf der Basis bestehender Konzepte gewissenhaft und mit größtmöglicher Sorgfalt nach wissenschaftlichen Grundsätzen ermittelt und überarbeitet worden.

Der Erfolg oder Misserfolg bei der Einführung von KM hängt in erheblichem Maße von der Qualität der individuellen Aufbau- und Ablauforganisation, der Zusammenarbeit der Projektmitglieder sowie von der eingesetzten Technologie ab.

Der Leser mag verstehen, dass für die Vollständigkeit, Richtigkeit und individuelle Umsetzbarkeit der dargestellten Inhalte keine Garantie übernommen werden kann.

Dieser Projektkompass enthält Vorgehensweisen, die als Anhaltspunkte für die eigene Planung und Umsetzung von IT-orientierten KM-Vorhaben dienen.

**Projekt-
kompass
Knowledge
Management**

Der **Projektkompass** ist wie folgt aufgebaut:

- Definitorische Grundlagen zur eindeutigen Begriffserklärung **(Kapitel 1)**

- Grundlegende Vorbereitung, mögliche Einsatzfelder von KM im Unternehmensumfeld sowie eine erste analytische Strukturierung durch eine Due Diligence **(Kapitel 2)**

- Mustervorgehensweisen und Checklisten zur Planung und Durchführung von KM-Projekten mit IT-Unterstützung (Organisationsrichtlinien, technische Dokumentation, Kommunikation mit IT und Projektmanagement, **Kapitel 3)**

- Methoden und Vorgehensweisen zur Identifizierung und Förderung der kulturellen Entwicklung und zur Klassifizierung und Gruppierung von KM-relevanten Elementen (Wissensträger, **Kapitel 3**)

- Auswahl und Einsatzmöglichkeiten möglicher Tools aus der Informations- und Kommunikationstechnologie sowie deren spezifische Anpassung (Tabellen, Auszüge aus Datenmodellen) und Vorbereitung der IT-Entwicklung und der Erstellung von IT-orientierten Dokumentationen **(Kapitel 3 und 4)**

1.2 Knowledge Management

Von Antje Bischof, Fulda, November 2001.

1.2.1 Was bedeutet „Wissen" und wie entsteht es?

„DIE"
Definition?

Dieses Buch ist natürlich nicht das erste, welches sich mit dem Thema Knowledge Management beschäftigt. Nichtsdestotrotz gibt es bis heute nicht „die" Definition des Wortes „Wissen" bzw. „Knowledge". Das hängt damit zusammen, dass es vor allem zu dem damit zusammenhängenden Begriff „Information" keine eindeutige Abgrenzung gibt - die Übergänge sind fließend.

Um zu veranschaulichen, was mit dem Begriff Wissen umschrieben wird, aber auch, was dieser Begriff *nicht* beinhaltet, wird nachfolgend der Prozess der Wissensentstehung betrachtet.

Zeichen,
Daten,
Informa-
tionen

Aus Zeichen, die nach bestimmten Regeln zusammengesetzt werden, entstehen Daten. Von Information kann erst gesprochen werden, wenn diese Daten einem bestimmten Kontext zugeordnet werden können, also eine Bedeutung erlangen.

Betrachtet man z.B. den Datenwert "grün" (aus dem Zeichensatz des Alphabets nach bestimmten Regeln der Rechtschreibung zusammengesetzt), ist er ohne Bezugspunkte nutzlos. Information entsteht, wenn Daten eine logische in sich geschlossene Einheit bilden: "Die Fußgängerampel kann rot oder grün anzeigen."

Beispiel:

Name	Wert	Beschreibung
Get_value(Ampel) Set_value(Ampel)	Input: gruen Output: go	Zeigt Beziehung zwischen Ausprägung und Reaktion
Get_value(Ampel)	Input: rot	Zeigt Beziehung

Set_value(Ampel)	Output: stop	zwischen Ausprägung und Reaktion

"Die Vernetzung von Information ermöglicht deren Nutzung in einem bestimmten Handlungsfeld, welches als Wissen bezeichnet werden kann.[2]" Das nachfolgende Beispiel erläutert, wie Informationen zu Wissen vernetzt werden.

Was bewirkt das Verknüpfen folgender Informationen:

"Die Fußgängerampel kann rot oder grün anzeigen."

"Bei Rot musst du steh'n, bei Grün darfst du geh'n."

"In diesem Moment ist die Fußgängerampel rot."

Informationen vernetzen

Durch das Zusammenwirken der Informationen entsteht das Wissen: "Die Ampel ist rot, also stehen bleiben!". Dieses Wissen steht jetzt durch die Aufbereitung der Informationen zur Nutzung bereit und kann als Handlungsgrundlage eingesetzt werden. „Handlungsgrundlage" bedeutet dabei: Die Informationen werden aufgrund einer eingetretenen Situation verknüpft. Das so erzeugte Wissen dient dazu, genau auf die Gegebenheiten der momentanen Situation zu reagieren – also zu handeln.

Fließende Übergänge

Wissen ist demnach stark kontextabhängig, strukturiert und prägt Verhaltensweisen bzw. Handlungsmuster[3]. Daten könnten mit den entsprechend gegenteiligen Eigenschaften beschrieben werden. Dass die beschriebenen Begriffe „Daten", „Informationen" und „Wissen" als ineinander fließend verstanden werden müssen, wird deutlich, wenn man nun versucht mittels entsprechender Abstufung dieser Eigenschaften den Begriff „Information" zu beschreiben. Der Übergang der genannten Eigenschaften erfolgt stetig und nicht sprunghaft. So können die Begriffe trotz der Definitionsversuche nicht klar voneinander getrennt werden.

---

[2] Gilbert Probst, Steffen Raub, Kai Romhardt, Wissen managen, 1998.

[3] Vgl. auch Probst, Gilbert; Raub, Steffen; Romhard, Kai, Wissen, 1988, S. 36.

Daten, Wissen, Weisheit

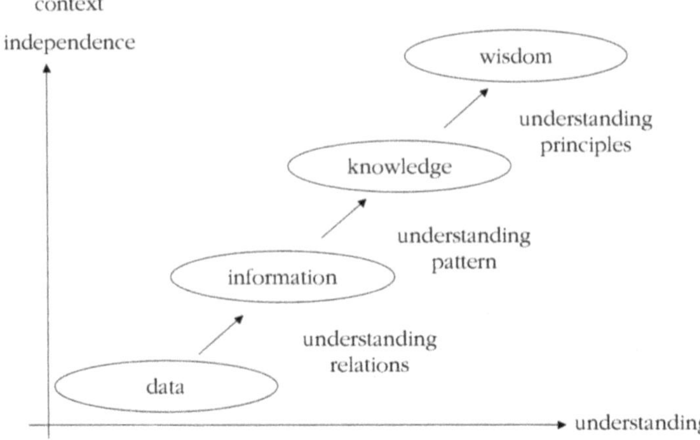

Abbildung 1: Daten, Wissen, Weisheit[4]

Abbildung 1 zeigt nochmals die „Rangfolge" der bereits erwähnten Begriffe. Aus Daten, die in Relation zueinander gesetzt werden, entsteht Information. Wenn nun zwischen den Informationen Beziehungen hergestellt bzw. „Muster" erkannt werden können, so könnte daraus „Wissen" entstehen.

relations, pattern, principles

Das geschieht jedoch nur, wenn man in der Lage ist, die Muster und die darin implizierten Folgerungen zu erkennen und verstanden werden.[5]

Weisheit entsteht, sobald man die grundlegenden Prinzipien, welche für die (das Wissen repräsentierenden) Muster verantwortlich sind, versteht. Auch wenn die Grenzen fließend sind, kann abschließend festgehalten werden, dass die Begriffe anhand ihrer Eigenschaften wie folgt beschrieben werden können:[6]

- „Information" beschreibt das „was, wer, wann, wo" (Beschreibungen, Definitionen, Betrachtungen)

---

5 vgl. Gene Bellinger:www.outsights.com/systems/kmgmt/kmgmt.htm.

6 vgl. Gene Bellinger:www.outsights.com/systems/kmgmt/kmgmt.htm.

- bei „Wissen" handelt es sich um die Darstellung des „wie" (Strategie, Umsetzung, Methode)

- „Weisheit" verkörpert Prinzipien, Verständnis, Moral – also das „warum"

Wie aus den vorherigen Ausführungen unschwer zu erkennen, ist es schwierig, eine kurze prägnante Definition für den Begriff „Wissen" zu geben. Obwohl dieser Begriff im Alltag von jedermann genutzt wird und das Verständnis bzw. die Auslegung keine weiteren Schwierigkeiten bereitet, bleibt die Antwort nach der genauen Einordnung und Abgrenzung strittig.

Wissen im Unternemenskontext

Im Unternehmenskontext könnte Knowledge einfach als „information in action" beschrieben werden. Wissen ist, was die Mitarbeiter - als Individuen, als Teams, aber auch die Organisation als Institution - über die Kunden des Unternehmens, die Produkte, die Prozesse, Modelle, Konzepte, die Fehler und Erfolge „wissen"[7] und welches sie als alltägliche Entscheidungsgrundlage für ihr Handeln (auf allen Organisationsebenen) nutzen.[8]

Dabei sind Daten (Fakten und Zahlen ohne Zusammenhang und Interpretation) und Informationen kein „Wissen" an sich, somit auch keine „actionable information".[9]

„One of the reasons we find knowledge valuable is that it is close [...] to action."[10]

---

7 Hier wird sowohl implizites, als auch explizites Wissen angesprochen, welches im Wissenskapital des Unternehmens vereinigt ist. So also nicht nur Kenntnisse, Fähigkeiten, Fertigkeiten, Erwartungen, Erfahrungen und Wahrnehmungen der Mitarbeiter, sondern auch alles explizit vorliegende Wissen.

8 vgl. Carla O'Dell, C. Jackson Grayson, Jr., with Nilly Essaides [If only we knew, 1998], Seite 5 und Robert M Taylor KPMG Management Consultants, website, 1996.

9 vgl. Carla O'Dell, C. Jackson Grayson, Jr., with Nilly Essaides [If only we knew, 1998], Page 5 und Robert M Taylor KPMG Management Consultants, website, 1996.

10 Thomas H. Davenport, Laurance Prusak [Working Knowlegde, 1998], Page 6.

Handlungs- und Entscheidungsgrund- lage

Wissen wird immer handlungsorientiert eingesetzt, mündet also in Handlungen, bzw. dient als Entscheidungsgrundlage. Im Speziellen bedeutet das, es wird zur Problemlösung eingesetzt. Schlussendlich vergrößert sich also mit Erhöhung der Wissensbasis im Unternehmen das Problemlösungspotential. Dies wiederum verschafft der Organisation einen nicht unbeträchtlichen Wettbewerbsvorsprung.

1.2.2   Wissen ist nicht gleich Wissen?

Wissen kann prinzipiell eingeteilt werden in implizites Wissen (informell, stark an Personen gebunden, subjektive Erfahrungen, Intuition, Gefühl) und explizites Wissen (formell, objektiv, rationales Wissen – in Form von Büchern, Dokumenten, White Papers oder auch Datenbanken).

Implizites Wissen nutzt nur der Person, welcher es eigen ist. Eine der Aufgaben des Knowledge Managements ist es daher, das implizite Wissen in explizites Wissen zu überführen.

Wissen kann weiterhin nach den Bereichen, in welchen es eingesetzt wird, kategorisiert werden:

Typen des Wissens

- *„Prozesswissen"* wird zur Optimierung von Prozessen bzw. zur Erhöhung deren Effizienz eingesetzt. Solches Wissen wird meist durch Auswertungen der Prozessabläufe und –ergebnisse, Sammeln von „Best Practices" bzw. Erkennen von „Lessons learned" (durch Analyse von Fehlern) gewonnen.

- Als *"Faktenwissen"* wird alles auf Zahlen und Fakten basierende Wissen bezeichnet. Es ist zwar leicht zu dokumentieren, hat jedoch geringeren Wert, da diese Art von Wissen fast schon als reine „Information" bezeichnet werden kann.

- Unter *„Katalogwissen"* wird das Wissen darüber, *wo* sich Dinge befinden, verstanden.

- Das organisationsspezifische Wissen (kulturelle und politische Abläufe) wird unter dem Begriff *„Kulturelles Wissen"* zusammengefasst.

„Know-How"

Oftmals wird „Know-How" dem Begriff Wissen gleichgestellt. Bei genauerer Betrachtung ist mit Know-How jedoch eher das Wissen gemeint, welches sich auf die praktische Umsetzung von Dingen bezieht. So z.B. auf die *Herstellung* und den *Einsatz* von Erzeugnissen oder Tools[11]. Daraus folgt, dass Know-How nur eine Art von Wissen ist, also in „Wissen" als Teilgebiet inbegriffen ist. Know-How und Wissen sind jedoch sehr schwer zu trennen.

Deshalb wird das Gesamtspektrum des „Wissens" in Unternehmen als Grundlage für dieses Buch nur nach Human-Kapital und strukturellem Kapital eingeteilt.

Wissens-kapital

Human-Kapital und strukturelles Kapital ergeben zusammen das Wissenskapital im Unternehmen. Dabei werden unter Human-Kapital alle individuellen Fähigkeiten und Fertigkeiten (also „Skills") bezogen auf die Mitarbeiter verstanden. Das strukturelle Kapital eines Unternehmens wird durch organisatorisch verankertes Wissen (Prozesswissen, Faktenwissen, Katalogwissen und kulturelles Wissen) gebildet. Der Erwerb strukturellen Kapitals wird als „organisationales Lernen" bezeichnet.

1.2.3 Knowledge Management - Chancen und Risiken

Was umfasst der Begriff „Knowledge Management"? Die Antwort darauf beschreibt gleichzeitig die Ziele, die damit erreicht werden sollen.

Institutionales Wissen generieren

Eine Aufgabe des Knowledge Managements ist es, aus „individuellem Wissen institutionales Wissen" zu generieren. Das Wissen von Mitarbeitern und Teams soll der gesamten Organisation zur Verfügung stehen.[12]

Dieses eher grob formulierte Ziel wird nachfolgend noch weiter spezifiziert. Die Kernfunktionen eines Knowledge Managements können mit folgenden Punkten beschrieben werden:

Ziele

- Identifizieren von Wissen und Wissensträgern (gegebenenfalls Explizieren des Wissens), Erfassen („Ablegen") und Strukturieren impliziten Wissens

- Wiederverwenden, Verbreiten, „Teilen" und Weiterentwickeln des Wissens ermöglichen und erleichtern

---

[11] vgl. Duden.

[12] vgl. Paul Horn, Forschungschef der IBM: Wirtschaftsmagazin „brand eins", 2. Jahrgang Heft 07 September 2000; Artikel: „Denk breiter, denk weiter", S. 17-28.

- unterstützende Methoden und Verfahren zu oben genannten Punkten sowie zur Motivation, Einbindung der Beteiligten (Anreize und Sanktionen zur Nutzung von Wissenserfassungssystemen, interkulturelle Kommunikation fördern, Belohnungssysteme) und zur Erfolgsmessung zur Verfügung stellen

- Entwickeln einer das Knowledge Management unterstützenden Unternehmenskultur (Vertrauenskultur im Unternehmen)

- Abgleich von Wissensbedarf und -nachfrage

- Verhindern von Wissensverlusten

- Auswertung des unternehmensinternen Informationskapitals (entstehendes Wissen nutzbar machen) und des bereits vorhandenen strukturellen Kapitals

Chancen

Das Unternehmen erhält mittels Knowledge Management die Chance, das vorhandene Wissenspotential (in Form von Mitarbeitern, aber auch Systemen und Dokumenten) optimal einzusetzen (und damit auch die Art der Kommunikation zu beeinflussen, die jetzt viel zielgerichteter eingesetzt werden kann). Die Effizienz der Prozesse im Unternehmen und somit auch die Produktivität können gesteigert werden (Kosten werden vermieden) und das Problemlösungspotential für interne Vorgänge, aber auch für extern angebotene Dienstleistungen (z. B. innerhalb von Projekten) wird erhöht.

Die „Knowledge Line"

Die Aufgaben sind eng verbunden mit dem so genannten „Wissenskreislauf", den Phasen, welche das Wissen durchläuft.

Dr. John Gundry beschreibt diese „Knowledge Line" mit den „6 C's des Wissens"[13], siehe Abbildung 2

---

[13] Dr John Gundry [www.knowab.co.uk/km].

6C-Modell des Wissens

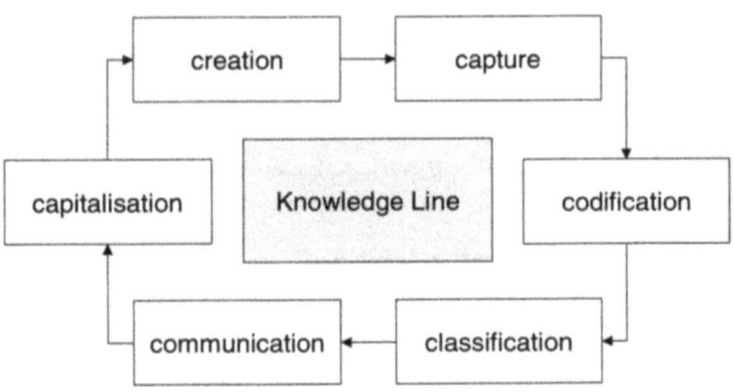

Abbildung 2: Knowledge Line nach Dr. John Gundry[14] – die 6 C's des Wissens

Die 6 C's des Wissens

„Creation"

Die Wissensgenerierung erfolgt individuell, in Teams oder in so genannten „Communities of Practice" bzw. „Virtual Competence Centers"

„Capture"

Dieses Wissen muss identifiziert und gesammelt werden. Das betrifft sowohl das implizite als auch das explizite Wissen.

„Codification"

Das Wissen wird erfasst (gespeichert).

„Classification"

Das Wissen wird „organisiert" indem ähnliche Arten von Wissen miteinander verbunden und „Kataloge" angelegt werden. Dabei wird erstmals auch eine Bewertung vorgenommen, bei der über den „Wert" des Wissens entschieden wird. Der Wert des Wissens

---

[14] Dr John Gundry [www.knowab.co.uk/km].

wird bestimmt durch seine Aktualität, Vollständigkeit, Priorität und Objektivität.

„Communication"

In diesem Schritt wird das Wissen „zugreifbar" gemacht für die Organisation. Dadurch kann das Wissen effizient genutzt und weiterentwickelt werden. Wichtig ist bei der Kommunikation bzw. der Verbreitung des Wissens, dass die Mitarbeiter genau dann Zugriff auf das Wissen erlangen können, wenn sie es benötigen.

„Capitalisation"

Unter diesem Begriff wird sowohl die Adaption des Wissens, die Verwendung, aber auch die Wiederverwendung (und „Veredlung" im Sinne von Generierung neuen Wissens) gesehen. So kann „Wiederverwendung" auch in der Form geschehen, dass das Wissen anderen Firmen zur Verfügung gestellt, bzw. „verkauft" wird. Auf jeden Fall wird das Wissen nutzbringend (meist sogar fakturierbar) für das Unternehmen eingesetzt.

Nachfolgend wird nochmals intensiver auf den Schlüsselschritt

Nachfolgend wird nochmals intensiver auf den Schlüsselschritt - die „Wissensentstehung" – eingegangen.

Wissensent-stehung

Die Wissensentstehung beginnt typischerweise mit Individuen, welche herausfinden, wie sie ihre Aufgaben besser oder effizienter erledigen können. Dieses implizite Know-How wird vielleicht sogar mit anderen geteilt (durch Sozialisation). Solange dieses Wissen jedoch implizites Wissen bleibt, ist das Unternehmen nicht in der Lage es weiter zu verwerten.[15] So müssen die Wege der Kommunikation impliziten Wissens und damit die „Transformation" von implizitem wiederum zu implizitem Wissen zwar mit einbezogen und gefördert werden, Hauptziel des Knowledge Managements bleibt jedoch nach wie vor, dieses Wissen als explizites Wissen zur Verfügung zu stellen.

---

[15] Chun Wie Choo [The knowing organization, 1998], Page 10/11 (übersetzt aus dem Englischen).

Umwandlung und Übertragung von Wissen

Es gibt 4 Arten der „Wissensumwandlung":[16]

- von implizitem zu implizitem Wissen durch „Socialization"
- von implizitem zu explizitem Wissen durch „Externalization"
- von explizitem zu explizitem Wissen durch „Combination"
- von explizitem zu implizitem Wissen durch „Internalization"

Was bedeuten nun diese einzelnen Begriffe?

„Socialization" ist der Prozess des Erwerbs impliziten Wissens durch weitergegebene Erfahrungen. Wie Lehrlinge von ihren Meistern Fertigkeiten durch beobachten, imitieren und praktizieren lernen, so erwerben Angestellte eines Unternehmens neue Skills durch ein „training on-the-job".[17]

Das Wissen wird demnach durch die Kommunikation zwischen den Personen übertragen. In der Praxis werden dazu oftmals Methoden wie Mentorensysteme oder Job-Rotation genutzt. Auch „Knowledge-Maps" z.B. in Form von „Skilldatenbanken" können dabei verwendet werden. Diese helfen benötigte Wissensquellen ausfindig zu machen, um das Wissen dann wiederum durch eine direkte Kommunikation übertragen zu können.

Quintessenz der Wissensentstehung

Mit *„Externalization"* wird der Prozess der Umwandlung von implizitem Wissen zu explizitem Wissen beschrieben. Durch Dialoge und kollektive Reflexion angestoßen ermöglicht die Anwendung von Metaphern, Analogien oder Modellen das Extrahieren des expliziten Wissens. Diese Methode bildet den Kern der Wissensentstehung und wird bspw. oft während der konzeptionellen Phase einer Produktentwicklung angewendet.[18]

Die Externalization, auch als „Codifizierung" bezeichnet, stellt eine wichtige Methode dar, das implizite Wissen zu (explizitem) Wissen zu wandeln, auf welches direkt zugegriffen werden kann. Das Wissen wird dabei strukturiert in Systemen abgelegt. Ein auftretendes Problem ist, dass erworbenes Wissen, z.B. in Form von

---

[16] Chun Wie Choo [The knowing organization, 1998], Page 8 ff. (übersetzt aus dem Englischen).

[17] Chun Wie Choo [The knowing organization, 1998], Page 8 ff. (übersetzt aus dem Englischen).

[18] Chun Wie Choo [The knowing organization, 1998], Page 8 ff. (übersetzt aus dem Englischen).

Erfahrungen, sehr subjektiv, kontextbezogen und dadurch oft schwer nachvollziehbar ist. Zum einen sollten deshalb die entsprechenden Personen als Ansprechpartner hinterlegt sein, zum anderen sollte dieses Wissen in Form von Szenarien beschrieben sein, um den Erfahrungsaspekt einbringen zu können. In der Praxis werden dabei Methoden wie „Tiefeninterview", „Storytelling", „Metaphern", „Analogien" verwendet. Sicher ist diese indirekte Übertragung des Wissens (von einer Person in ein System, von dort aus wieder zu einer Person) trotz alledem schwierig, da Mimik und Gestik bei „Erzählungen" natürlich ebenfalls eine sehr große Rolle spielen.

„Combination" ist der Prozess der Entstehung expliziten Wissens durch das Zusammenbringen von bereits bestehendem (explizitem) Wissen aus verschiedenen Quellen. Dies kann z.B. in Form von Wissensaustausch durch Telefongespräche, Meetings, Memos oder Ähnlichem geschehen, aber auch indem existierende Informationen in Datenbanken kategorisiert, sortiert und verknüpft werden.[19]

Durch *„Internalization"* wird aus explizitem Wissen implizites Wissen generiert. Das implizite Wissen entsteht, wenn die Erfahrung, welche durch andere Arten der Wissensentstehung gewonnen wird, verinnerlicht und in die „knowledge base" des Individuums[20] aufgenommen wird. Die Internalisation wird erleichtert, wenn das Wissen bereits *so* in Dokumenten oder Systemen zusammengefasst wurde, dass man die Erfahrung, welche andere gemacht haben, sozusagen nacherleben kann.[21]

Anforderungen an das Unternehmen

Um ein Knowledge Management im Unternehmen einführen zu können, muss die Organisation bestimmte Voraussetzungen erfüllen und vorhandene Barrieren beseitigen. Anderenfalls ist das Vorhaben zum Scheitern verurteilt.

Da das Knowledge Management auf der Struktur der Organisation aufsetzt, muss darauf geachtet werden, dass strukturelle Widersprüche zuvor beseitigt werden. Aus den Prozessen im Unternehmen können sowohl Informationen, als auch Erfahrungen

---

[19] vgl. Chun Wie Choo [The knowing organization, 1998], Page 8 ff.

[20] Das Wissen wird als implizites Wissen in Form von gemeinsamen Gedankenmodellen oder Arbeitspraktiken aufgenommen.

[21] Chun Wie Choo [The knowing organization, 1998], Page 8 ff. (übersetzt aus dem Englischen).

und somit verwertbares Wissen gewonnen werden. Deshalb besteht die Notwendigkeit eines funktionierenden Prozessmanagements im Unternehmen als Grundlage des Knowledge Managements (siehe auch Abbildung 3). Auch ein bereits installiertes Informationsmanagement erleichtert dessen Einführung, denn wie bereits dargestellt bilden Informationen die Grundlage zur Wissensgenerierung.

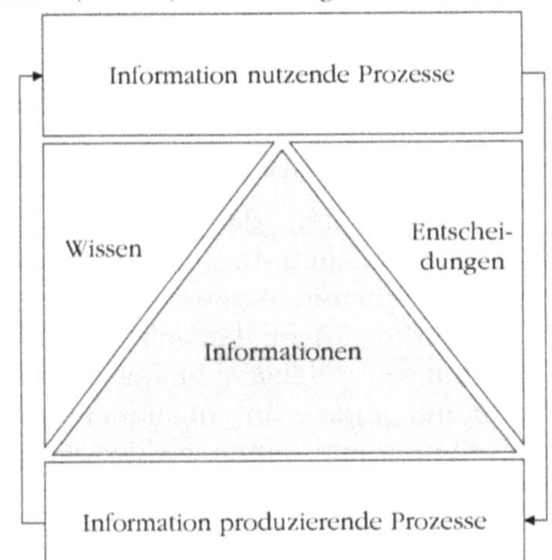

Abbildung 3: Die Verbindung zwischen Prozessen, Information, Wissen und Entscheidungen

Weiterhin muss der Kultur im Unternehmen ein großer Wert zugestanden werden. Bis ein Knowledge Management mit solchen Punkten wie Wissensteilung, -weiterentwicklung und –nutzung in einem Unternehmen als solches überhaupt „anerkannt" wird, kann es ein langer Weg sein. Die Mitarbeiter müssen immer wieder zum Wissensaustausch ermutigt werden. Es sollten ihnen Perspektiven aufgezeigt, Sicherheit geboten, die Kommunikation gefördert werden und last but not least sollte das Management die Philosophie des Knowledge Managements als eine Art „Vorbildfunktion" vorleben, unterstützen und den Mitarbeitern dafür auch entsprechende (Zeit- und Arbeits-) Ressourcen (z.B. um das Wissen aktuell zu halten) zugestehen.

Technik allein macht also noch kein Knowledge Management, jedoch kann der effiziente Einsatz bestimmter „technischer Tools" in Verbindung mit oben genannten Punkten (Organisation und Kultur) das Knowledge Management beträchtlich unterstützen und voranbringen.

Risiken

Wissen ist das Erkennen und Bewerten von Ursache-Wirkungszusammenhängen, d. h. die Vernetzung von Daten und Informationen in einem Kontext. Um solche Zusammenhänge zu erkennen, ist Intelligenz bzw. ein Bewusstsein nötig, womit die aktive Generierung von Wissen (zumindest beim heutigen Stand der Technik) an Personen gebunden ist. Und genau hierin besteht die Schwierigkeit - Information ist unabhängig vom Individuum und somit „leicht" speicherbar, Wissen nicht.

Viele Daten, die für den Lesenden in keinem Zusammenhang stehen, sind für ihn weder Informationen, noch Wissen. Der Schreibende konnte jedoch Zusammenhänge zwischen diesen Informationen herstellen - diese sogar als Handlungsgrundlage nutzen. Vielleicht aus dem Grund, dass ihm weitere Erfahrungen und andere Informationen, vielleicht auch anderes Wissen zur Verfügung stehen, auf die der Lesende nicht zurückgreifen kann.

„erzählend" vermitteln

Deshalb sollte Wissen, da es abhängig vom „Erzähler" ist, in Situationen eingebettet werden, um es verständlicher zu machen. Außerdem sollten die Ausführungen neben dem „Know-How", möglichst auch das „Know-Why", und „Know-Who" beinhalten. Letzteres, um auf diese Personen für die Klärung von Fragen zurückkommen zu können, oder das Wissen im direkten Dialog vermitteln zu lassen.

Ein solcher Dialog ist zwar für die Wissensvermittlung ansich sehr effektiv, kann jedoch kaum als einzige Methode für ein Unternehmen übernommen werden, welches unzählige Wissenspools und unzählige Personen (welche unter Umständen eine sehr differenzierte Wissensnachfrage betreiben) vereinen muss.

Aber auch die bloße Bereitstellung von Wissen in elektronisch abrufbarer Form ist nicht genug, um dessen Übertragung und Nutzung sicherzustellen.

Mittelwege finden

Die Lösung zu diesem Problem ist anscheinend ein Mittelweg aus beiden Lösungen. Um jedoch eine Lösung für ein möglichst effizientes Knowledge Management in einem Unternehmen entwickeln zu können, muss die Art der Identifizierung, Aufbereitung, Bereitstellung, Nutzung und Weiterentwicklung des Wissens nicht nur hinsichtlich technischer Gegebenheiten betrachtet werden. Ebenso müssen die Anforderungen, die dabei an Organisation (z.B. organisatorische Voraussetzungen für ein Knowledge Management, Wege zur Wissensübertragung innerhalb der Unternehmenshierarchie) und Kultur des Unternehmens (u.a. „Verständnis des Knowledge Management", Motivation der Beteiligten) gestellt werden, einbezogen werden. Wird dies ausser Acht gelassen, ist nicht sichergestellt, dass das Wissen „verstehend" vermittelt und damit angemessen angewendet, also in die Praxis umgesetzt wird. Eine Weiterentwicklung oder Neugenerierung von Wissen könnte gehemmt werden. Es kann sogar zu Wissensverlusten kommen.

langsam, aber schnelllebig? Im Gegensatz zur Möglichkeit der wirklich schnellen und leichten Übertragung von Informationen (als Austausch zwischen Personen und/ oder zwischen räumlichen Entfernungen) kann Wissen meist nur schwierig und noch dazu langsam „übertragen" werden[22]. Zudem muss es laufend neu bewertet werden, da sich die Wissensziele der Organisation je nach gegebenen Umständen ändern können.[23]

Probleme Grundsätzlich können die Problemfelder, welche bei Wissensübertragungen auftreten und damit zu Wissensverlusten oder „Wissenslücken" führen können, wie folgt kategorisiert werden[24]:

zeitliche Distanz

Zwischen zwei Individuen, welche Wissen austauschen möchten, kann eine zeitliche Distanz bestehen. So scheint es beispielsweise, dass Personen heutzutage öfter über Voicemail „miteinander" sprechen, als sie letzten Endes wirklich miteinander reden.

Ein Lösungsansatz dazu sind z.B. Groupware-Systeme, die es den Personen ermöglichen, sich im virtuellen Raum über diese Zeitprobleme hinwegzusetzen, dort miteinander zu kommunizieren, sowie Inhalte und „Verstehen" bzw. Wissen aufzubauen.

---

[22] World Bank [background document, 1998].

[23] Gilbert Probst, Steffen Raub, Kai Romhardt [Wissen managen, 1998], S.55 ff.

[24] www.businessinnovation.ey.com/mko/htm/toolsrr.htm.

physische bzw. räumliche Distanz

Auch die räumliche Distanz erschwert den Wissensaustausch. Verschiedene Technologien (z.B. chat rooms) können helfen, räumliche Distanzen zu überbrücken.

soziale Distanz

Unter sozialer Distanz werden sowohl Faktoren wie hierarchische, funktionale, aber auch kulturelle Unterschiede verstanden, welche das Verständnis bei der Wissensübertragung beschränken können.

Soziale Distanz kann mit Hilfe verschiedener Methoden verringert werden. Hier seien nur zwei Beispiele genannt: „learning maps" und „relationship maps". In learning maps werden strategische Pläne in Objekte und Aktivitäten aufgesplittet, grafisch dargestellt und in Zusammenhang gebracht. Dadurch wird die Komplexität der Pläne erheblich verringert und das Verständnis der dort dargestellten Strategien gefördert. Relationship maps zeigen Beziehungen im Unternehmen auf, um ein besseres Verständnis der Organisation und der zugrundeliegenden „Communities of Practice" zu geben.

Anonymität erzwingen

Auch technische Tools können die Probleme der sozialen Distanz minimieren, indem sie z.B. eine gewisse Anonymität erlauben. Denn mittels Anonymisieren von Personen kann erzwungen werden, dass man sich ausschließlich auf die Inhalte konzentriert. So wird eine „demokratische" Behandlung der Beiträge und gleichberechtigte Erwägung von Ideen sichergestellt. Der Nachteil daran ist: Wenn man nicht weiß, wer in der Vergangenheit brillante Beiträge beigesteuert hat, wie soll man dann wissen, wen man beispielsweise in Zukunft noch mehr in dieser Richtung fördern (und fordern) könnte?

Kulturelle Unterschiede zwischen Personen, also Unterschiede in kulturellem Ansatz und Erfahrungsschatz, lassen sich nur schwer überbrücken. Hier ein Beispiel für einen solchen Fall: In den westlichen Ländern ist intuitives Wissen oft abgewertet worden. Das Wachstum der Wissenschaft hat sogar dazu geführt zu behaupten, dass intuitives Wissen nicht zu dem „wirklichen" Wissen gezählt wird.[25] Das bedeutet, die westlichen Länder orientieren sich eher an explizitem Wissen. Die östlichen Länder hingegen unterscheiden in „höherwertiges" und „minderwertiges" Wis-

---

[25] World Bank [background document, 1998].

sen, wobei sie mit letzterem die unzähligen Wissenschaften verbinden[26]. Sie orientieren sich an implizitem Wissen.

Werden Personen zweier Länder mit so unterschiedlichen Ansätzen in einer Firma zusammengebracht, klafft deren Vorstellung über den „Wert" und den Umgang mit Wissen natürlich weit auseinander. Die Aufgabe des Unternehmens ist es nun, den Mitarbeitern die Philosophie des Knowledge Management im Unternehmen erklärend nahe zu bringen, „vorzuleben" und diese mit einer entsprechenden Vertrauenskultur im Unternehmen zu stützen.

Auch wenn hier hauptsächlich Ansätze für technische Lösungen genannt wurden: „Wissenstools" *er*mutigen weder, noch *ent*mutigen sie zur Übertragung und Verteilung des Wissens. Ohne eine entsprechende Unternehmenskultur, welche die Wissensverteilung unterstützt und würdigt (gegebenenfalls belohnt), werden solche Tools nutzlos. [27]

1.3 Help Desk

1.3.1 Definition

Unter Help Desks (HD) versteht man heutzutage unternehmensinterne Organisationseinheiten, die für Mitarbeiter des Unternehmens Hilfestellung zu technischen Fragen leisten. Ein Help Desk ist also nichts anderes als ein Call Center, nur dass man sich hier auf reine Inbound-Aktivitäten zu meist technischen Themen fokussiert. Damit gemeint sind ausschließlich ankommende Telefonate (Anm.: gleichbedeutend mit der klassischen Hot-Line, die jedoch im Unterschied zu Help Desks prinzipiell eher für jedermann zugänglich ist und nicht nur spezielle Organisationseinheiten oder Unternehmen bedient). Definitionsgemäß sind Call Center eher im Outbound-Bereich (abgehende Telefonate) positioniert. Von der technischen Ausstattung her sind sich Help Desks und Call Center ebenfalls sehr ähnlich. Beide verfügen über moderne Telekommunikationssysteme (TK-Anlagen), meist mit ACD-Ausstattung (automatic call distribution) und CTI-Komponenten (computer telephony integration). Organisatorisch sind Call Center meist nach dem Gruppenprinzip strukturiert: Je

---

[26] World Bank [background document, 1998].

[27] vgl. www.businessinnovation.ey.com/mko/htm/toolsrr.htm.

nach Themenstellung werden Agentengruppen rekrutiert und für das entsprechende Thema ausgebildet. In help desks arbeitet man zwar auch nach dem Gruppenprinzip, jedoch unterliegen die Call Center Gruppen im Gegensatz zu Help Desk Gruppen i. d. R. keiner eskalationsorganisatorischen Hierarchie. Damit gemeint ist die Abbildung kundentypischer Problemstellung (von einfachen Anfragen bis hin zu hochkomplexen Entwickleranfragen) auf die Aufbauorganisation. So unterteilen sich Help Desks meist nach 3 verschiedenen Service Levels. Man spricht dort von 1st-, 2nd- und 3rd- bzw. last level Service. Im Kapitel 3 Help Desk wird näher darauf eingegangen.

Insgesamt können Help Desks die komplette informationstechnische Infrastruktur eines Unternehmens verwalten und sind somit meist Bestandteil von konzerninternen IT-Service Providern bzw. Rechenzentren. help desk Strukturen in dieser klassischen Form sind mit erheblichen Kosten verbunden. So findet man derartige Konstrukte eher in größeren Unternehmen. Rechenzentren betreiben entweder ein eigenes help desk für ihre Kunden oder fungieren zumindest als Datenlieferant für help desks.

1.3.2 Hauptbestandteile klassischer Help Desks

Zentrale Aufgaben in Help Desks

Zu den Kernbereichen des klassischen Help Desks zählen insbesondere:

1. Asset Management: Die Verwaltung meist technischer Komponenten (Hardware, Software, etc.) und deren Zuordnung zu Organisationseinheiten gemäß definierter Aufbauorganisation und Stellenbeschreibung. Neben büro-technischen Komponenten können aber auch sämtliche materiellen und auch immateriellen Vermögensgegenstände des täglichen Geschäftsbetriebes (bspw. Fuhrpark, o. ä.) hier verwaltet werden. Oftmals werden hierbei auch vertragliche Vereinbarungen (bspw. zu Lieferanten und IT-Service Providern) mit einbezogen. (Anm.: vgl. hierzu auch die SLA-Thematik)

2. Inventory Management: Hierbei handelt es sich um technische Möglichkeiten der Inventarisierung. Dies bezieht sich insbesondere auf Hard- und Softwarekomponenten, die weitgehend automatisiert, durch das System selbstständig erkannt und kategorisiert werden. Selbstverständlich lassen sich auch sämtliche Inventarisierungs-Gegenstände des Unternehmens in derartigen Lö-

sungen verwalten. In praxi sind diese beiden Prozesse jedoch meist getrennt (oftmals historisch bedingt). Heutzutage ist es technisch möglich, bspw. sämtliche PCs eines Unternehmens zu scannen. Als Ergebnis dieses Vorgangs können so Hard- und Softwarekomponenten zeitgenau ermittelt werden. Dies ist in der heutigen Zeit bspw. zur Bestimmung der Lizenzkosten, zur Überwachung von Wartungsintervallen oder auch Instandhaltungskosten je nach Unternehmensgröße und IT/TK-Ausstattung recht bedeutsam geworden. Die Ergebnisse des Inventory-Managements (und die weiterer Inventarisierungstools) können dann funktionsgemäß in das Asset-Management übernommen werden.

3. Change Management: Hierunter werden organisationale oder technische Veränderungen (bspw. Umzug eines Mitarbeiters in eine andere Abteilung mitsamt PC, Netzwerkzugängen, Büromöbel etc.) geplant und gesteuert. Schnittstellen zu Asset-Management aber auch bspw. zur unternehmensinternen Kostenrechnung sind hier möglich. Betriebswirtschaftlich gesehen wird der Begriff Change Management oftmals in Bezug auf die Behandlung technischer, organisatorischer und kultureller Änderungen verwandt. Im Help Desk Umfeld wird eine weitaus engere Sichtweise des Begriffs Change Management unterstellt. Es bezieht sich hierbei meist auf den rein technischen Bereich (bspw. unternehmensweite Einführung von WIN 2000).

4. Event Management: Hierunter subsumiert sich die Steuerung und Überwachung der bestehenden IT/TK-Infrastruktur. Sämtliche Netzwerkkomponenten werden auf Funktionsfähigkeit und Auslastungsgrad überwacht. Entsteht an irgendeiner Stelle des Systems ein Problem (bspw. Netz-Überlastung oder auch nur Drucker defekt) wird ein sog. Event generiert, der dann als Information für Administratoren, aber auch für Help Desk-Mitarbeiter und -Systeme zur Verfügung gestellt wird. So können frühzeitig Probleme erkannt, Problemursachen lokalisiert und Wiederanlaufzeiten geplant und in die Organisation kommuniziert werden. Events sind eine wichtige Informationsquelle für das nachstehend beschriebene Problem-Management.

5. Problem Management: Derartige Anwendungen sind für klassische Help Desk Einrichtungen die zentrale Anwendung für die Help Desk-Agenten. Sie beinhaltet die Unterstützung bei der Behebung von technischen Problemen. Dies geschieht durch die Bereitstellung von Informationen über tatsächliche und theoretische Problemursachen und halten entsprechende Lösungsmöglichkeiten bereit. Dazu werden sämtliche Informationen und Daten aus dem Event-, Change- und Asset-Management intelligent strukturiert, kombiniert und archiviert (Bestandteil des Knowledge Managements). Die Ergebnisse werden dann in sog. Problemlösungsbäumen den Help Desk-Agenten zur Verfügung gestellt. Lösungswahrscheinlichkeiten können permanent statistisch erfasst werden und positionieren dadurch die richtige Musterlösung bezogen auf eine spezifische Problemstellung in der Lösungsbaumhierarchie.

Klassische vs. moderne Help Desks

Da hier der Begriff „klassische Help Desks" verwandt wird stellt sich die Frage, wie denn „moderne" Help Desks aussehen werden. Der Markt der Help Desks unterliegt – wie alle IT/TK-Märkte – raschen Veränderungszyklen. Waren in der Vergangenheit Help Desks ausschließlich für Großunternehmen geeignet, so werden Call Center- bzw. Help Desk-Technologien zukünftig auch für mittelständische und kleinere Unternehmen finanzierbar werden. Doch nicht nur die technologische Entwicklung ist für die Evolution der Call Center- und Help Desk-Landschaft entscheidend, sondern insbesondere die sich dahinter verbergende Idee und Philosophie wird die Entwicklung beeinflussen. Gemeint ist der zunehmende Drang nach Information und Kommunikation.

Ein kleiner Exkurs hierzu: Als die ersten Mobilfunkgeräte auf den Markt kamen hätte niemand eine derartige Penetration, wie wir sie heute vorfinden, vorausgesagt. Grund hierfür ist nicht nur der Preisverfall der Geräte und Verbindungsentgelte, sondern insbesondere dass sich unser Kommunikationsverhalten verändert hat. Heute haben wir „gelernt" anders zu kommunizieren. Und genau dieses „Gelernte" lässt sich auch auf andere Bereiche übertragen. Die Nutzung des Internet und die Kommunikation per e-mail sind ein gutes Beispiel hierfür.

1.3.3 Marktentwicklung zu virtuellen Help Desks

Betrachtet man den Call Center und Help Desk Markt lässt sich folgendes Szenario entwickeln: Die Nutzung von Call Center- und Help Desk-Leistungen nimmt seit Jahren stetig zu. Insbesondere die Integration im geschäftlichen Umfeld, gemeint ist eine prozessuale Integration (bspw. IT-Support, Hot-Line), gewinnt zunehmend an Bedeutung. Dies wirkt sich auch auf die Strukturen und Organisationen der Call Center und Help Desks aus. Sind klassische Call Center- und Help Desk-Strukturen in Form von eigenen Organisationseinheiten mit festem Mitarbeiterstamm organisiert, werden zukünftige, moderne Call Center und Help Desks eher einen virtuellen und damit den Anforderungen leicht anpassbaren Charakter haben. Dies geschieht bspw. durch:

- die Integration weiterer Medien (nicht nur das Telefon, sondern auch Internet, SMS, WAP ...)

- zunehmende Mobilität der Agenten (Kundennähe, Home-Offices)

- Variabilität in der Rekrutierung von Ressourcen (insbes. bei Kapazitätsengpässen)

- Verschmelzung von Aufgabenbereichen mit nicht Call Center oder Help Desk spezifischen Aufgaben und Funktionen (bspw. Tele-Teaching)

- Änderung der Arbeitsinhalte der Agenten (Wandel zum kommunikativen Information Specialist), Aufteilung in Generalisten und Spezialisten

- Zunehmende Migration von klassischen Help Desks zu Corporate Information Centers (bspw. Unternehmensinterne Informations- und Kommunikationsportale mit variablen Hot-Line Funktionen)

Schlussendlich werden sich die heutigen Help Desks in Zukunft zu virtuell vernetzten Organisationsgebilden entwickeln, deren Aufgabe es ist, entweder nach wie vor technische Hilfestellung zu leisten oder sich nachhaltig ergänzenden Themengebieten zuzuwenden, wobei der technische Anteil zugunsten informativer und kommunikativer Angebote stets reduziert werden wird.

**Help Desk-
Gedanke als
Enabler für
KM-
Einführung**

In diesem Buch wird von Help Desk Strukturen ausgegangen, die einen innovativen Charakter innehaben und deren Aufgabenbereich weit über den der klassischen Help Desks hinaus geht. Aufgabe des modernen Help Desks ist es, den unternehmensinternen Informationsaustausch zu fördern, wesentliche Teile des Unternehmenswissens strukturell (nicht inhaltlich!) bspw. durch Skill-based Routing / Skill & Document Management stark automatisiert zu verwalten und somit quasi als **Enabler** zur Einführung von Knowledge Management zu fungieren. Fokussiert werden dabei Maßnahmen zur Unterstützung betrieblicher und damit prozessualer Anwendungsszenarien mit KM-Bezug unter dem Dach einer virtuellen Help Desk-Organisation. Die technologische und strukturelle Historie des Help Desk-Ansatzes eignet sich hierfür. (Anm.: Der Begriff Call Center wird im Folgenden vernachlässigt, da es sich erstrangig um unternehmensinterne Sachverhalte handelt, die definitionsgemäß eher in den Bereich Help Desk fallen.)

An dieser Stelle kommt natürlich der berechtigte Einwand auf, dass man dann eigentlich nicht mehr von Help Desks sprechen kann, da eine massive Entfernung des originären Geschäftszwecks der Help Desks vollzogen wurde. Hierzu soll im folgenden Kapitel mit der näheren Erläuterung der Kombination von Help Desk und Knowledge Management im Unternehmenskontext eingegangen werden.

2 Knowledge Management im Unternehmenskontext

Die richtige Information, zur richtigen Zeit, am richtigen Ort, bei der richtigen Person, zur richtigen Qualität. Ist das Wunschdenken oder Realität? Wohl eher Wunschdenken, denn die Praxis sieht ganz anders aus.

Die Ausgaben für Knowledge Management von weltweit ca. 6-8 Mrd. EUR führen meist nur zu geringen Projekterfolgen, da sie einen technologieorientierten Ansatz verfolgen. Bisher sind nur wenige KM Projekte wirklich erfolgreich umgesetzt worden. Der Grad der Individualisierung auf ein Unternehmen ist extrem hoch und erschwert damit den Einsatz von standardisierten KM-Tools. 30% der o. g. Ausgaben gehen auf das Konto von Consultingleistungen, währen 70% auf Hardware und Software entfallen. Schaut man sich auf der anderen Seite die möglichen Ratiopotentiale an, stellt sich die Frage, warum KM-Projekte mit hohen Misserfolgsquoten belastet sind. Die grundlegenden Problemstellungen ist eigentlich immer sehr ähnlich, wie folgendes Beispiel zeigt:

Studien zufolge benötigt nämlich jeder beruflich tätige Mensch durchschnittlich pro Tag ca. 30 Minuten, um arbeitsrelevante Informationen zu beschaffen. Das entspricht ca. 5% der Gesamtarbeitszeit. Bei einem Unternehmen mit 1000 Mitarbeitern ergibt das einen nicht fakturierbaren bzw. nicht produktiven Zeitraum von insgesamt ca. 14 Wochen.[28]

Ein anderes Szenario: Das Ausscheiden von Mitarbeitern hinterlässt in Unternehmen meist eine mehr oder minder große Wissenslücke. Je nach Betätigungsfeld des ausgeschiedenen Mitarbeiters können solche Szenarien erhebliche Konsequenzen haben. Oftmals fällt dies erst dann auf, wenn der Betreffende das Unternehmen verlassen hat.

Doch nicht nur die ausscheidenden Mitarbeiter, auch die Menge der heutzutage auf uns hereinbrechenden Informationen führen

---

[28] Anm.: Man bedenke, welches Ausmaß eine nur 10prozentige Reduktion dieser Informationssuche an Produktivitätszuwachs erzeugen kann.

zu Informationsdefiziten. Diese resultieren in unserer begrenzten Aufnahmefähigkeit und in unserem subjektiven Bewertungs- und Auswahlverfahren relevanter Informationen.

Theoretisch existiert eine Lösung, die da heißt: Expliziere implizites Wissen, kodifiziere es, archiviere es in dem Unternehmensnetzwerk und sorge für einen zielgerechten Distributionsmechanismus, um den gewünschten Multiplikatoreffekt der Wissensvermittlung in Organisationen zu erreichen. Theoretisch kann Wissen dem Unternehmen erhalten bleiben, genutzt werden und entwickelt werden, unabhängig davon, ob Mitarbeiter kommen oder gehen. Der Ansatz ist leider nicht umsetzbar. Jedoch existieren heutzutage, meist initiiert durch die technische Entwicklung, intelligente Informations- und Kommunikationsinstrumente, die zumindest Teile des theoretischen Ansatzes Wirklichkeit werden lassen können. Kombiniert man diese mit lange bewährten Methoden aus der Verhaltenspsychologie können wirkungsvolle Ergebnisse erzielt werden.

In diesem Buch wird an verschiedenen Stellen auf den Help Desk Ansatz verwiesen. Dieser soll eine Plattform darstellen, auf der unterschiedliche KM-Ansätze miteinander kombiniert werden.

Unter den Begriffen Explizieren, Kodifizieren, Archivieren und Distribuieren lässt sich kurzgefasst Folgendes subsumieren:

Das **Explizieren** erscheint erst auf den zweiten Blick als unnahbar. Welche Methoden dazu verhelfen können, implizites Wissen zu explizieren, lässt sich im Vorfeld nur sehr ungenau beschreiben. Meist ist das subjektive Erscheinungsbild der jeweiligen Situation für die Wahl der richtigen Arbeitsmethode des „Explizierens" maßgeblich. Explizieren berührt erstrangig sozioemotionale Gesichtspunkte. Es geht um Erfahrungswissen; intuitives Handeln in bestimmten Situationen. Auch solche Szenarien sind in der Geschäftspraxis durchaus vorhanden (und auch gerechtfertigt!): bspw. wenn es darum geht, Mitarbeiterwissen zu erlangen, hinter dem sich individuelle Vorteile verbergen. Wissen zählt immer noch zu den gängigsten Geheimwaffen.

Hinter dem **Kodifizieren** kann man sich im Entfernten so etwas wie eine strukturierte Datenmodellierung und Verschlagwortung vorstellen. Kodifizieren bedeutet, Wissen zu kodieren, zu klassifizieren, zu gruppieren, zu speichern und wiederzuverwerten. Es geht also um das elektronische Erfassen und Zugänglichmachen. Je nach Umfang der zu kodifizierenden Daten können Kodifizierungsmaßnahmen sich zu sehr umfangreichen und arbeitsintensiven Paketen entwickeln.

Möglichkeiten der **Archivierung** gibt es viele. Sie reichen von der strukturierten Dateiablage über Methoden der physischen „Bibliothekarisierung" hin zu komplexen organisatorischen und technischen Konzepten zur Datenhaltung und –bereitstellung (Dokumenten und Content Management).

Eine **Distribution** von Wissen ist prinzipiell nicht möglich. Denn Wissen kann man nicht verteilen. Nur Daten und Informationen kann man verteilen. Wissen muss individuell entwickelt werden. Die Distribution von Wissen soll hier so verstanden werden, dass darunter eine Vielzahl von Methoden zur Förderung individuellen Wissensaufbaus subsumiert wird (bspw. strukturierte Informationsvermittlungsverfahren im Rahmen von integrierten Lernmodellen).

2.1 Sichtweisen

Nahezu jedes Unternehmen steht heute vor der Herausforderung, auf Änderungen seines geschäftlichen Umfeldes rasch reagieren zu müssen. Für den mittel- und langfristigen Erfolg ist es deshalb unerlässlich, eine hohe Innovationskraft zu entwickeln. Innovationsfähigkeit kann auch verstanden werden als die Fähigkeit, Wissen effektiv zu entwickeln und zu fördern. Zwei Möglichkeiten stehen hier grundsätzlich zur Diskussion:

- neues Wissen von außen ins Unternehmen „einkaufen"

- bestehendes Wissen neu anwenden

In beiden Fällen geht es um den Umgang mit Wissen und deshalb spielt da Managen der Ressource Wissen, das Knowledge Management, eine bedeutende Rolle. Knowledge Management befasst sich mit den Fragestellungen:

- Welches Wissen benötige ich für die nachhaltig erfolgreiche Fortführung und die Entwicklung meines Geschäftsbetriebes?

- Welches Wissen existiert bereits in meinem Unternehmen?

- Welches Wissen fehlt zur Erreichung meiner Ziele?

- Wie wird das bestehende Wissen derzeit genutzt und welche Verbesserungspotenziale bestehen dort?

- Wie kann ich das Wissen optimal verteilen und somit effektiv einsetzen?

- Welche organisatorischen Einrichtungen und technischen Systeme zur Wissensverteilung nutze ich heute?

- In welchem Maß hängt die Unternehmenskommunikation mit dem Knowledge Management zusammen?

- Existieren dezidierte KM-Prozesse? Wenn nein, in welchen Bereichen macht die Definition derartiger KM-Prozesse Sinn?

Die Liste möglicher Fragen zu KM lässt sich beliebig fortführen. Wichtig ist, sich zu verdeutlichen, in welchem Bereich des Unternehmens eine Einführung von KM auf den ersten Blick grundsätzlich sinnvoll erscheint.

Top Down vs. Bottom Up Betrachtet man Knowledge Management bezogen auf eine geschlossene Organisationsform, so ergeben sich grundsätzlich zwei unterschiedliche Ansätze der Sichtweise. Dies ist insbesondere wichtig, wenn es um die Formulierung der strategischen Zielsetzung als zentrale Voraussetzung zur Ableitung in konkrete Projektschritte geht[29] (vgl. hierzu Abbildung 4).

1. top down:

   - KM wird neben klassische Produktionsfaktoren gestellt und die grundsätzliche Bedeutung bzw. Relevanz von KM für das Unternehmen geprüft

   - Welche Arten von KM-Aktivitäten sind in unserer Branche üblich?

   - Beispiel: „Wenn Siemens wüsste was es weiß"

Diese Betrachtungsweise eignet sich, um eine Grundsatzentscheidung zu dem Thema KM zu finden. Versucht man allerdings, ausgehend von dieser Sichtweise, eine konkrete Struktur für die spätere Projektierung zu entwickeln, muss man sich aufgrund des hohen Abstraktionsgrades der top down Betrachtung zwingen, eine sukzessive Detaillierung zu operationalisierbaren Projektschritten zu erreichen.

---

[29] vgl. auch: strategischer Entscheid in Abbildung 10 Ganzheitlicher Ansatz.

2. bottom up:

- Analyse der theoretisch zu KM zugehörigen Aktivitäten im Unternehmen (bspw. Erfassung der Skills von Mitarbeitern oder isolierte Maßnahmen zur Wissensgewinnung, die Einrichtung eines KM-Beauftragten)

- Wir wollen mit Hilfe von KM unsere telefonische Abschlussquote erhöhen

- Beispiel: „Wir effektivieren unsere Vertriebsaufwendungen"

Durch die bottom up Betrachtung verliert man zwar den Gesamtüberblick (eine Helikoptersichtweise ist natürlich für eine Grundsatzentscheidung durch die Geschäftsführung, bspw. bei der Aufteilung von Budgets / Ressourcen, durchaus wichtig), hier eröffnet sich aber - methodisch gesehen - die Möglichkeit, konkret zu werden. Und genau das wollen wir ja erreichen, wenn es darum geht, Maßnahmen zur Einführung von KM zu definieren.

Top down und Bottom up Sichtweisen

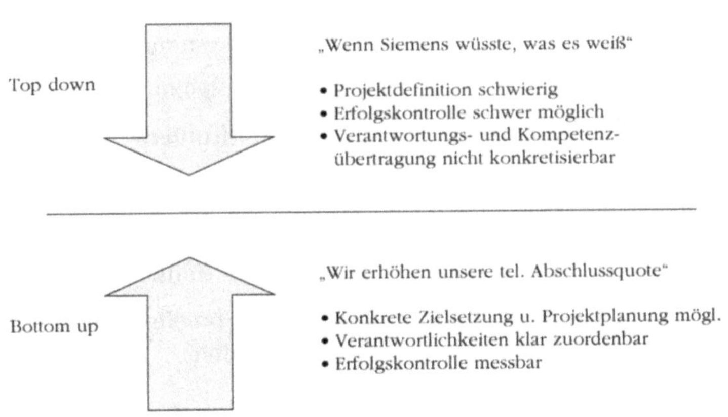

Abbildung 4: Top Down vs. Bottom Up

Beispiel

Mögliche Ergebnisse (dargestellt am Beispiel „Vertrieb") der einzelnen Betrachtungsweisen können sein:

1. Top Down:

   - KM ist für uns grundsätzlich wichtig, weil damit unser Vertrieb effektiver werden kann

   - Wir haben ein typisches KM-Problem im Bereich sinkender Vertrieb-Erfolge durch mangelnde Informationsverteilung der am Vertriebsprozess Beteiligten.

2. Bottom up:

   Erste Ansatzpunkte für Verbesserungen mit Schnittstellen zu KM sind:

   - Reduktion technischer Ausfälle

   - Hot-Line für dringende Anfragen der Vertriebler

   - Förderung des Informationsaustauschs bei den Vertrieblern untereinander

   - Neue Anreize für Vertriebler schaffen

   - Mehr Transparenz über Kundenbedarfe

   - Vertriebsinformationssystem mit aktuellen Daten und erweiterten Funktionen

   - Steigerung Qualitätsniveau durch Schulung über Vertriebssysteme und Kundenansprache

   - Wissensobjekte hierbei sind:

     i. Kunden

     ii. Vertriebler

     iii. Vertriebsprozesse

     iv. Produkte

     v. Sprachregelung, Argumentationsleitfäden

2.2 Ausprägungen

Betrachtet man wiederum die Varietät möglicher Ausprägungen von Aktivitäten rund um KM im Unternehmenskontext, zeigen sich in der Praxis ganz unterschiedliche Ansätze, die das Thema KM mehr oder minder intensiv betreffen. Die Bandbreite des KM ist also nach gängiger Praxis sehr umfangreich angelegt. Man vergleiche hierzu die definitorische Bandbreite von e-commerce.

Diese lässt sich einfach in 3-5 wesentliche Merkmale (Payment, Logistik, Produktkatalog etc.) einteilen. Bei KM hingegen ist dies so nicht möglich. Nachstehende Abbildung verdeutlicht die Vielzahl unterschiedlicher Aktivitäten. Unterschieden wird zwischen dem sog. KM-Initial, welches als Problemstellung anzusehen ist, und einem ersten möglichen KM-Lösungsansatz.

Mögliche Ausprägungen KM

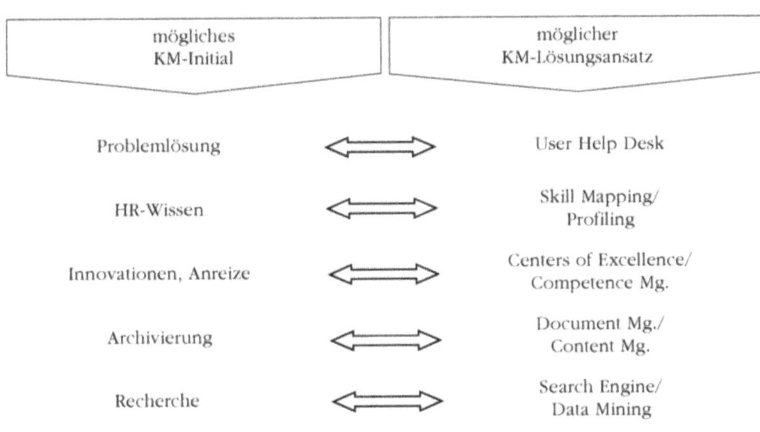

Abbildung 5: Mögliche Ausprägungen KM

2.3 HD als „Enabler" zur Einführung von KM

Integrierte Kommunikation ist DIE Voraussetzung für KM

Wie bereits angedeutet wurde, unterliegt die Integration von Help Desk Leistungen in das Prozessgefüge des geschäftlichen Umfelds einem strukturellen Wandel. Unternehmen erkennen in zunehmendem Maße die Notwendigkeit einer kommunikativen (Neu-)Ausrichtung. Nahezu 100% aller größeren Unternehmen sind im Internet vertreten. Die Unternehmenskommunikation per e-Mail ist weitgehend etabliert. Intranets werden sukzessive auf- und ausgebaut. Die erfolgsorientierte Positionierung interner Dienstleistungen (insbes. IT-Dienstleistungen) wird favorisiert. Studien belegen allerdings, dass ca. 50% aller internen Dienstleister in den ersten 12 Monaten nach Aufnahme des Wirkbetriebes einer Umstrukturierung unterzogen werden.

Grund hierfür ist in den meisten Fällen die fehlende organisatorische Integration.

Help desk + Portal + Intranet + Management

Hinter dem Schlagwort „Integrative Business Communication" verbirgt sich der Management-Ansatz der internen Kommunikation. Integrative Business Communication soll eine systematische, mitarbeiter- und kundenorientierte Zusammenführung aller relevanter Informationsquellen, -inhalte und –strukturen im Unternehmen bewirken. Kommunikation wird dabei als ein zentrales Element bei der Umsetzung von Knowledge Management verstanden. Dabei sind die einzelnen Kommunikationsinstrumente des Unternehmens so zu planen und einzusetzen, dass **eine** Einheit, eine sog. Wissens- und Kommunikationsplattform, entsteht. Diese vereint die bis dato meist isoliert betrachteten Anwendungen und Tools aus der Informationstechnologie und Telekommunikation. Nach technologischen und organisationalen Gesichtspunkten baut diese Einheit auf der Philosophie des Help Desk-Ansatzes auf, die ergänzt durch unternehmensinterne Portale und Intranetanwendungen zu einer Wissens- und Kommunikationsplattform migrieren wird.

Moderne, innovative Help Desks stellen somit eine **Aufwertung** klassischer Help Desks dar, indem sie die zentrale Plattform der Unternehmenskommunikation beinhalten. Sie sind die Antwort auf professionelle Unternehmenskommunikation.

Wie anfangs erwähnt, ist in diesem Zusammenhang die zukünftige Verwendung des Begriffs Help Desk strittig. Zum gegenwärtigen Zeitpunkt existiert allerdings keine treffendere und im Markt etablierte Bezeichnung, die den Grundgedanken des internen Dienstleisters beinhaltet und gleichzeitig die Bereiche TK und IT in dieser Form miteinander kombiniert. Vgl. hierzu folgende Abbildung.

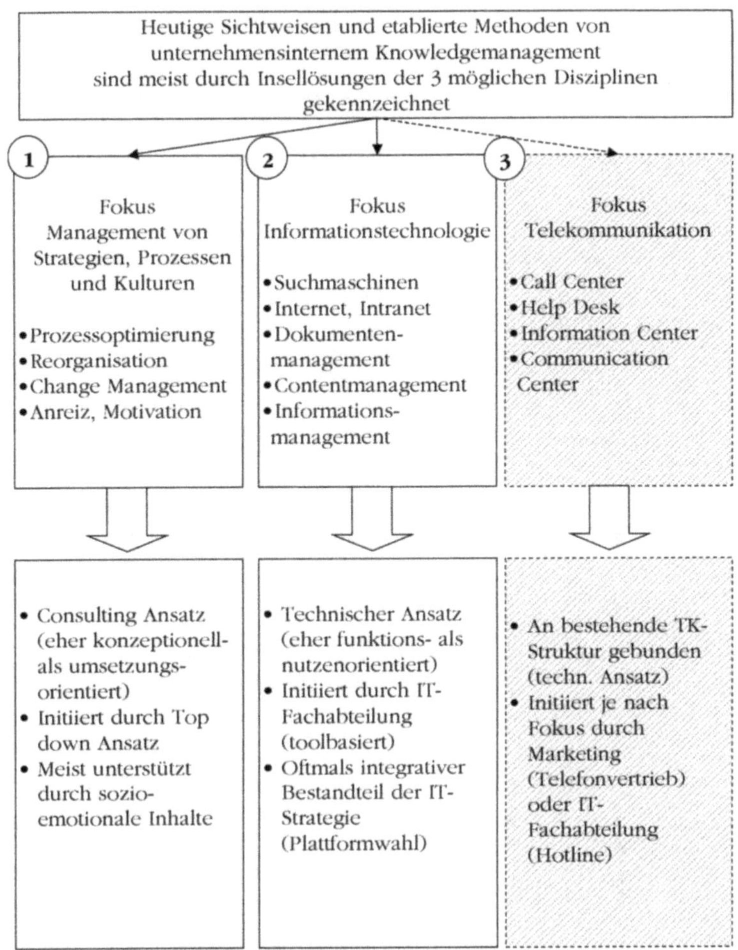

Abbildung 6: Sichtweisen

2.4 Virtuelle Help Desks

Da die Varietät möglicher Leistungsbestandteile virtueller Help
Desks den Rahmen dieses Buches übertreffen würde, sind nach-
stehend einige exemplarische Beispiele genannt (vgl. hierzu Kap.
Kommunikationsmanagement, profiling und Help Desk):

1. **Multimediale Kommunikation:** Unterschiedliche
   Kommunikationskanäle konvergieren und wirken im
   Austausch mit dem Kommunikationspartner ergänzend

und / oder alternativ (bspw. unified messaging / message interchange)

2. **Groupware Kommunikation:** Integrative Datenbanken und Applikationen als Dienstekomponenten (bspw. per Browser nutzbar) an jedem Arbeitsplatz, die vernetztes Arbeiten und Teleworking unterstützen (bspw. durch Gruppenkalenderfunktionen, gemeinsame Dokumentenbearbeitung (joined editing, shared folder), toDo- und Task-Listen)

3. **CTI:** Computer-Telephony-Integration (CTI) ermöglicht die Integration von Datenbanken und Applikationen in Telefonieprozesse (bspw. durch Bereitstellung der Anrufer- und Gesprächshistorie durch Rufnummernerkennung).

4. **Zentraler 1st-Level:** Durch ein fest definiertes „Eingangstor" zum virtuellen Help Desk (in Form von Personen und / oder eines Portals) erfolgt die Aufnahme der Anfrage und ggfs. Weiterleitung an 2nd Level.

5. **Virtueller 2nd-Level.:**Durch den Einsatz moderner Telekommunikationssysteme können variabel Mitarbeiter des Unternehmens (aber auch externe Teilnehmer mit entspr. IT/TK-Infrastruktur) bspw. in die ACD-Gruppe(n) des 2nd-Level-Supports integriert werden. Damit wird quasi jeder Mitarbeiter zum Help Desk-Agenten und muss einen gewissen Teil seiner Arbeitszeit für Fragen zu seinen Themengebieten zur Verfügung stehen (vgl. Abbildung 7: Prozessmodell virtueller 2nd Level).

6. **Skill-based Routing:** Automatische Rufweiterleitung durch intelligente ACD-Funktionen (automatic call distribution) nach Themenbezug und Mitarbeiter Skill-Profilen.

7. **Kanalisierung von Wissensquellen:** Durch sukzessive Integration externer Wissensquellen (bspw. Foren, Archive) erfolgt eine nachhaltige Aufwertung der Help Desk-Plattform in Form unternehmensspezifisch strukturierter Inhalte.

Prozessmodell virtueller 2nd Level

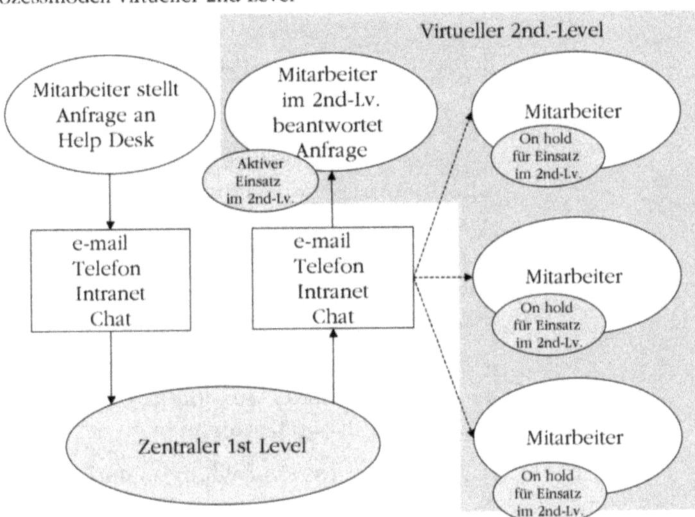

Abbildung 7: Prozessmodell virtueller 2nd Level

Vernetzung unterschiedlicher Informations- und Wissensquellen
unter dem Dach virtueller Help Desks

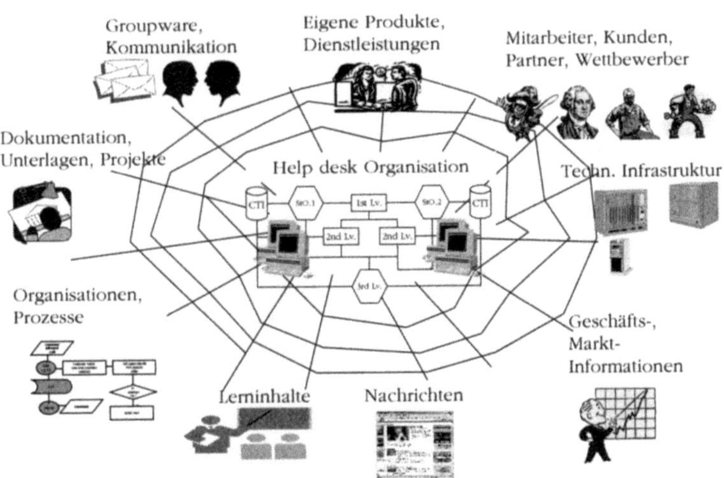

Abbildung 8. Vernetzung von Informationsquellen

2.5 Marktübersicht Anbieter von KM-Lösungen

Der IT-Markt für KM-Lösungen ist so intransparent wie kaum ein anderer Softwaremarkt. Dieser Markt befindet sich derzeit noch im Aufbau. Das Marktpotenzial ist noch längst nicht ausgeschöpft. Es zeigt allerdings auch, dass sich die Hersteller offensichtlich schwer tun, KM-Komplettlösungen zu entwickeln. Ursache hierfür ist, dass zum einen aus IT-Sicht jeder etwas anderes unter dem Thema versteht und zum anderen die betrieblichen KM-Problemstellungen derart verschieden sind, dass sowieso nur ein baukastenartiger Ansatz bei der Auswahl möglicher Software-Komponenten in Frage kommt.

Wie in der nachfolgenden Abbildung dargestellt, kommen die meisten Produkte aus dem Bereich Dokumentenmanagement, Intranet und Portalsoftware.

Das Institut für Knowledge Management e.V. führte eine Anbieterbefragung durch und erstellte folgende Struktur[30]:

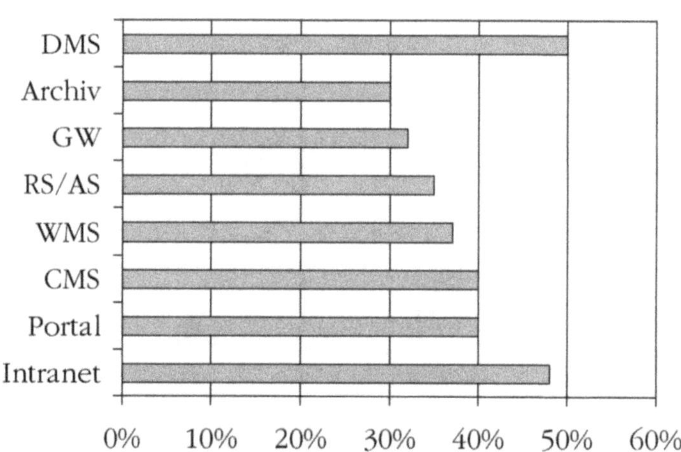

Abbildung 9: Gruppierung Anbieter KM-Software

---

[30] Hannig, Hahn, Institut für Knowledgemanagement e.V., Zwickau, in Zeitschrift Wissensmanagement 06/01.

Legende:

- DMS: Dokumentenmanagement
- Archiv: Archivierungssoftware
- GW: Groupware
- RS/AS: Retrieval-, Agentensysteme
- WMS: Workflowmanagementsysteme
- CMS: Content Managementsysteme
- Portal: Portalsoftware
- Intranet: Intranetsoftware

2.6 Probleme und Risikofaktoren bei der KM-Einführung

Die Probleme und Risikofaktoren sind nachstehend anhand typischer Projektvorgehensweisen dargestellt. Gemeint sind damit die drei klassischen Projektphasen **Planung**, **Konzeption** und **Einführung**.

Bei der **Planung** besteht die Gefahr, unrealistische Vorgaben zu machen und damit eine Erwatungshaltung zu schüren, derer man später nicht mehr gerecht werden kann. Eine ganzheitliche Einführung von KM gibt es nicht. Es ist unrealistisch zu glauben, dass man mit der sog. Bombenwurfstrategie eine unternehmensweite KM-Kultur etablieren und leben kann. Zielsetzung bei der Planung sollte sein, in kleinen Schritten, mit messbaren Erfolgen zu kalkulieren, ohne jedoch das Gesamtziel aus den Augen zu verlieren. Die Verdeutlichung der unterschiedlichen Sichtweisen also auch strukturierte Vorgehensweisen zur Projektinitiierung und -planung (vgl. hierzu Kapitel kick-off-Workshop) kann hierbei unterstützen. Die KM-Planung unterscheidet sich also nicht von der Planung sonstiger IT- oder Organisationsprojekte (wie es bspw. beim Aufbau eines Intranets der Fall ist).

Die Phase der **Konzeption** unterscheidet sich ebenso wenig von der sonstiger Projektierungen im Organisations- und Entwicklungsumfeld. Neben strukturierten Vorgehensweisen zur Dokumentation und Entwicklungssteuerung (vgl. hierzu Kapitel Lastenheft, Pflichtenheft) sind wirkungsvolle Maßnahmen zur Weiterentwicklung (bspw. Change Request-Verfahren) wichtig. Als weiteres Beispiel ist die zielgruppenadäquate Auswahl von technischen Funktionen (des KM-Tools bestehend aus IT und TK-Komponenten) zu nennen. Heutzutage begehen wir oftmals den

Fehler, uns von dem technisch Machbaren moderner Tools verleiten zu lassen und dabei unseren ursprünglich angedachten Primärnutzen zu vernachlässigen. Für den Geschäftserfolg ist es absolut irrelevant, welche Möglichkeiten mir moderne KM-Tools bieten. Der prozessuale Gedanke typischer Betriebsszenarien muss im Vordergrund stehen. Hier entstehen die Anforderungen an „must have" Features der IT/TK-Lösung. Bei den anderen handelt es sich um „nice to have" Features. Primärer Bestandteil der KM-Konzeption ist die qualitativ hochwertige Behandlung der „must-have" Features. Üblicherweise unterliegen insbesondere technologieaffine Mitarbeiter dieser „Krankheit". Eine mögliche Lösung liegt in der ausgeglichenen Entscheidungsmacht der Projektleiter, also in der Auswahl der richtigen Personen, die Entscheidungen im Sinne des Unternehmens treffen sollen.

Das Hauptproblem liegt in der **Einführung:** Insbesondere ist die Kontinuität der Umsetzung problematisch - also das Projektmanagement im weitesten Sinne. Im Gegensatz zu klassischen IT-Projekten finden KM-Projekte eigentlich nie ein Ende. Sie erreichen zwar Meilensteine und führen damit zu Teilprojektabschlüssen, ein offizielles Ende des Vorhabens Knowledge Management kann es definitionsgemäß eigentlich nicht geben, da die Ressource Wissen immer weiter entwickelt werden muss. Gefahr dabei ist, im Laufe der Zeit zu einem unangenehmen „Dauerbrenner" zu werden, der Ressourcen verbraucht, dessen Grenznutzen aber allgemein abnimmt. Eine Musterlösung für dieses Problem gibt es nicht, da hier die Werteentwicklung des Themas KM in dem Unternehmen betroffen ist. Naturgemäß verlieren Themen an Wert, wenn deren aktueller Bezug schwindet. Wichtig zu wissen ist hierbei, dass der Geschäftsführung hier eine hohe Bedeutung zukommt. Sie muss dafür Sorge tragen, eine nachhaltige KM-Kultur vorzuleben und geeignete operative Maßnahmen zur Wahrung der Kontinuität – also das wirkliche LEBEN der KM-Kultur durch alle Beteiligte – durchzusetzen. Die Unternehmensführung muss den Wert von Wissensinitiativen und das Committment dazu klar kommunizieren. Auch die Position der Wissensarbeiter muss auf breite Akzeptanz im Unternehmen stoßen (vgl. hierzu auch Kapitel Change Management).

2.7 Due Diligence

Im Rahmen einer umfassenden Eingangsanalyse zur Erfassung der aktuellen Unternehmenssituation (technisch und organisatorisch) und marktseitigen Einordnung wird im Rahmen von IT-

und KM-Projekten üblicherweise eine Due Diligence durchgeführt. Diese kann je nach Zielsetzung und Projektumfang entweder ausführlich oder weniger ausführlich vonstatten gehen (short Due Diligence).

Umfassend und zeitnah

Eine Due Diligence ist eine Ist-Darstelung der aktuellen Unternehmenssituation zur Überprüfung der organisatorischen und technischen Machbarkeit des geplanten (KM-) Vorhabens.

Hierzu wird meist von einem definierten Bewertungszeitraum ausgegangen, um eine Vergleichsbetrachtung (ex ante und ex post) zu entwickeln (wichtig für das zukünftige Projektmanagement und die Zeitplanung).

Gegenstand der Due Diligence ist eine umfassende Dokumentenrecherche begleitet von perösnlichen Gesprächen mit KM-relevanten Ansprechpartnern bzw. Wissensträgern (desk und field research).

Entscheidungsvorlage und Alternativen

Zu einem bestimmten Zeitpunkt erfolgt eine Zwischenbilanz (Meilenstein) mit Präsentation vor den Entscheidungsträgern. Nach einer kurzen Nachbearbeitungszeit sollten dann repräsentative Ergebnisse (Entscheidungsgrundlagen und Alternativenbewertung) vorliegen.

Zielsetzung der (short) Due Diligence ist es, zeitnah ein umfassendes und vor allem aussagekräftiges Dokument als Einscheidungsgrundlage der weiteren Projektdefinitionen zu erhalten.

Welche möglichen Analyse- und Dokumentationsbestandteile eine **short Due Diligence** enthalten kann zeigt folgende Checkliste:[31]

Projektleitfaden Knowledge Due Diligence

1. Allgemeines

- Aktuelle Broschüren (Image, Technik, Orga, Maketing,...)
- Zusammenfassendes IT-Prospektmaterial
- Dokumentationen, Organigramme, Struktogramme, Lastenhefte, Pflichtehefte, etc. der letzten drei Jahre
- Evtl. Pressemappe
- Firmenvideo, CD

---

[31] In Anlehnung an www.kwu-online.de.

2. IT[32]

- Schnittstellenbeschreibungen, Customizings, Objekt- und SW-Komponentenbeschreibungen

- Überblick über die IT-Organisationsstrategie

- Berücksichtigung von Standards (SW + Plattform) sowie Skalierbarkeit

- Anforderung an die Systemleistung

  - Verfügbarkeit

  - Ausfallsicherheit

  - Datenhaltung

  - Performance

  - Benutzerarten

- Anforderungen an die Weiterentwickelbarkeit

  - Architektur

  - Offenheit

  - Schnittstellen

  - Versionierung

  - Wartungszyklen

  - Dokumentation

- Erläuterung zum Planungssystem und der verwendeten Prämissen (Factbook)

- Einzelpläne zu IT-Konfiguration, Systemanbindung, Personal, Zugriffskontrolle

---

[32] In Anlehnung an: Rolf Dippold, Andreas Meier, André Ringgenberg, Walter Schnider, Klaus Schwinn, Unternehmensweites Datenmanagement, 3. Auflage, Vieweg-Verlag, 2000.

- Detailinformationen (Mengengerüst) und Basisunterlagen für die drei dem Bewertungszeitpunkt folgenden Jahre sowie für das laufende Geschäftsjahr angefallenen Event-Logs

- Änderungs- und Ergebnisplanungen für den KM-/IT-Planungszeitraum (Change Requests)

- Interner Auftragsbestand und Auslastung der IT-Abteilung

- Prüfungsberichte zu Fehlermeldungen (Events, Log files) zu Organisationen und Technologien bzw. interne Unterlagen (Berichte, Gutachten)

- Angabe außerordentlicher Ereignisse

- IT-Bewertungsgutachten, Beratungsstudien, Empfehlungen, SLAs externer IT-Dienstleister

3. Positionierung in Branche und Wettbewerb

- Marktentwicklung insgesamt (Vergangenheit und Zukunft), Studien, sonst Quellen

- Informationen über Wettbewerber (Positionierung)

- Darstellung der Organisation und Technologieinfrastruktur im Vergleich zur Branche oder zu den Wettbewerbern (best practice)

- Stärken-/Schwächen-Profil des Unternehmens aus Sicht der Organisation und IT im Vergleich zu Wettbewerbern

- Produktlebenslauf (Marktreife bis Substitutionsrisiko)

- Standortvor- und nachteile (übergreifende Vernetzung, Security)

- Organisation des Unternehmens (Kommunikationsstrukturen)

- IT-Applikationsstruktur (ABC-Analysen der verwendeten tools)

- Partnerschaften mit anderen Unternehmen, Beschreibung bestehender Synergien

4. Organisation

- Organigramm des Unternehmens, Organisationshandbuch

- Erläuterung IT- und Organisationsleistungsverrechnung, Controlling und Kostenrechnung (formeller und materieller Aufbau)

- Überblick über die Aufstellung der Organisation und der IT für die Geschäftsführung mit **short term actions**

- Darstellung des Projektcontrollings und der Nachkalkulationen (IT-Controlling)

- Auflistung der Mitarbeiter nach Alter, Funktion, Ausbildung, Personalaufwand, (Wissensträger)

5. Besondere Anforderungen an IT

- Produktionsverfahren und -kapazität

- Einsatz von Zulieferern (IT-Service Provider)

    - Systemanbieter

    - Supportkonzept (Hot-Line)

    - Kooperationsqualität

- Forschung und Entwicklung

    - Leitlinien

    - Change Requests

6. Unternehmenskultur

- Lebensläufe Geschäftsführer/Vorstände und der 2. Führungsebene

- Dokumentation zum Leitbild

- Erläuterung zu Führungs- und Motivationsgrundsätzen und -maßnahmen

- Dokumentation Krankheits- und Fluktuationsrate

- Ausgestaltung der internen Berichtswesen

- Leitlinien zur Öffentlichkeitsarbeit

- Vertriebsanweisungen

- Externe Verbindungen, Netzwerk, Verbände

- Sponsoring, soziales Engagement

7. Juristisches

- SW-Lizenzverträge

- Rechnungen über bezogene IT-Leistungen

- Service Level Agreements (SLA)

- Notarielle Verträge und Urkunden im Hinblick auf die Übertragung von IT-Zugriffsrechten

- Protokolle der IT- und Organisations-Veranstaltungen und Entscheidungsvorlagen sowie der Vorstands- und Aufsichtsratssitzungen der letzten drei Jahre

- Liste der IT- und Organisationsgeneral- und Handlungsbevollmächtigten und speziell Bevollmächtigten

- Verzeichnis aller verbundenen Unternehmen und sonstigen Beteiligungen mit Benennung des Vorstandes bzw. der Geschäftsführung und des Aufsichtsrats/Beirats.

- Sämtliche wirtschaftlich relevanten Verträge der Gesellschaft mit verbundenen Unternehmen und/oder sonstigen Beteiligungen sowie mit deren Gesellschaftern

- Sonstige gesellschaftsrechtlich relevante Verträge (z.B. Pool-Vereinbarungen, IT-Beteiligungen)

- Sonstige IT-relevanten Verträge zwischen der Gesellschaft und ihrem Umfeld

42

- Arbeitsverträge mit leitenden IT-Mitarbeitern

- Muster sonstiger IT-Dienstleistungsverträge

- Verpflichtungen gegenüber bereits ausgeschiedenen Mitarbeitern

- Wesentliche IT-Beraterverträge

- IT-Kooperationsverträge

- Verträge mit Lieferanten, sonstige Beschaffungsverträge

- Lizenzverträge, Nutzungs- und Zahlungsbedingungen

- Sonstige wirtschaftlich relevante Verträge oder Vereinbarungen (wie z.B. Dienstverträge, Werkverträge, Sponsoringverträge, Absprachen mit Konkurrenten, etc.)

5. Sonstiges

- Liste aller Sicherungsrechte zugunsten Dritter

- Aufstellung aller anhängigen und drohenden Prozesse aus IT-Security mit Einschätzung der Risiken

- Informationen über das Unternehmen betreffende behördliche Untersuchungen und Verfahren

- Informationen über sonstige wirtschaftlich relevante Sachverhalte (wie z.B. im Bereich des Datenschutzgesetzes, etc.), vgl. hierzu auch Kapitel Security

2.8 Anwendungsfelder – KM in KMUs

Knowledge Management auch für kleine und mittlere Unternehmen (KMU) ein Thema, das in den letzten Jahren einen enormen Aufschwung erlebt hat. Die Bedeutung, die Ressource Wissen in einem Unternehmen effektiv zu verwalten, ist unbestritten. Der Weg zu einem effektiven KM ist jedoch unklar. Dennoch lässt sich sagen, dass eine Vielzahl von Unternehmen, meist Großunternehmen, das Thema KM aufgegriffen und in einzelnen Projekten angestoßen und tlw. auch erfolgreich eingeführt haben. Vor allem bekannte Namen großer Unternehmen wie Hewlett Packard, Ernst & Young oder auch die Lufthansa beschäftigen sich schon lange mit diesem Gebiet und können erste Erfolge vorweisen.

Es stellt sich nun die Frage: "Ist KM nur interessant für große Unternehmen oder auch für kleine und mittlere Unternehmen (KMU)?"

Insbesondere der Mittelstand behauptet sich durch Flexibilität, Schnelligkeit, Lernfähigkeit und Innovationskraft gegenüber seinen größeren Konkurrenten am Markt (idealtypisch). Gerade dies sind Eigenschaften, die mit einem guten KM verstärkt werden bzw. den erfolgreichen Einsatz von KM unterstützen. Dazu sind sowohl technische, organisatorische und kulturelle Maßnahmen geeignet.

Als Beispiele für Bestrebungen in Richtung KM aus dem Mittelstand heraus sind Investitionen in Informationstechnologien (wie z.B. Suchdienste im Intranet, Workflowsysteme, Dokumentenmanagementsysteme, abrufbare skill profiles bspw. durch die Installation von unternehmensinternen Yellow Pages sowie die Einrichtung von Kompetenzgruppen zur gezielten Förderung von Expertenwissen) Alle diese beispielhaften Maßnahmen erlauben die effizientere Sammlung und Verteilung von Wissen und unterstützen somit die effizientere Gestaltung von Geschäftsprozessen.

Jedoch ist nicht jede Investition in IT gleich viel wert, so dass die IT-Lösung im Kontext Wissensmanagement gerade im Mittelstand sorgfältig überlegt sein muss. Die IT-Systeme nutzen nur wenig, wenn die zielgerichtete Anwendung ausbleibt. Für eine hohe Akzeptanz der IT-Lösungen ist eine kommunikative, offene Unternehmenskultur vonnöten. Diese kann durch organisatorische Maßnahmen in ihrer Entwicklung gefördert werden. Dafür geeignet sind beispielsweise sog. Help Desks, die als zentrale Stelle im Unternehmen als Ansprechpartner für unternehmensrelevante Fragestellungen fungieren. Die Investitionen in IT sind also als enabler für die Umsetzung von KM aufzufassen.

Die starke Fragmentierung des Segments KMU verhindert eine allgemeingültige KM-Musterlösung bereits im Ansatz, da von völlig unterschiedlichen Sichtweisen und Anforderungen ausgegangen werden muss. Allgemein formuliert sind KMUs aber stärker von den Kenntnissen und Fähigkeiten ihrer Mitarbeiter (und dessen zielorientiertem Einsatz) abhängig als Großunternehmen. Wertvolle Fachkenntnisse und Erfahrungen sind oftmals in den Köpfen weniger Mitarbeiter verankert. In der Praxis findet man unterschiedliche Typen von KM-Bestrebungen in KMUs. Alle kämpfen mit verschiedenen Wissensproblemen, für die sich ebenso viele verschiedenartige Lösungen finden lassen.

Ein Versuch der Defragmentierung des Segments KMU nach KM-relevanten Klassifizierungsmerkmalen mit ähnlichen KM-Bedürfnissen zeigen folgende 5 Gruppen[33]:

5 Gruppen von KMUs

1. **„Traditionshaus"**: Traditionsbewusstes Familienunternehmen mit festem Kunden- und Mitarbeiterstamm

   - IT/TK-Relevanz: Geringer IT/TK-Anteil an der Unternehmenswertschöpfung (meist nur administrative Anwendungen im Einsatz, e-Mail-Kommunikation und Datenbanknutzung nicht vorhanden)

   - Typische Wissensprobleme:
     - Generationswechsel
     - Organisation Unternehmernachfolge
     - Ausscheiden von Kompetenzträgern

   - Mögliche KM-Instrumente:
     - Ausscheidende MA binden (Community „Ehemaliger")
     - Modernes internes Qualifizierungsmodell
     - Train-the-trainer (ausscheidende MA schulen „junge" MA mit entspr. Sozialkompetenz, so dass sie später selbst als Trainer fungieren können –> Multiplikatoreffekt)
     - Coaching durch externen KM-Consultant (meist kostenintensiv)
     - Zusammenarbeit mit öffentl. Bildungs- und Forschungsinstituten (Unis, FHs ...) zur strukturellen Analyse interner KM-Fakten (längerfristig als Consulting, geringe Kosten, aber arbeitsintensiv durch massives Eigenengagement)

2. **„Entwickler, Erbauer und Fertiger"**: Unternehmen in reifen Märkten mit großem technischen Know-how, bspw. Maschinenbau, Elektrotechnik

---

[33]In Anlehnung an: Lamieri, North, „Wissensmanagement in Klein- und Mittelbetrieben" in: Zeitschrift Wissensmanagement 06/01.

- IT/TK-Relevanz: Mittlerer IT/TK-Anteil an der Unternehmenswertschöpfung (meist proprietäre Anwendungen im Einsatz, e-Mail-Kommunikation, übergreifende Vernetzung und Datenbanknutzung nur vereinzelt, Einsatz von PPS, CAD ...)

- Typische Wissensprobleme:

  - Keine Archivierung spezifischen Wissens

  - Ineffektive Nutzung des Fachwissens

  - Eingeschränkter Zugriff und schlechte Verfügbarkeit von Info- und Wissensquellen

  - Arbeitsüberlastung und organisatorische Inselbildung verhindern strukturierte Wissensverteilung

- Mögliche KM-Instrumente:

  - Forcierung des gegenseitigen Erfahrungsaustauschs durch strukturierte Meetings und entspr. Dokumentation

  - Strukturierte Erfassung von Erfahrungswissen (Dokumentenmanagementprozess)

  - Qualitativer Ausbau und Etablierung des Intranets

  - Modernes internes Qualifizierungsmodell

  - Train-the-trainer (vgl. Pkt. 1)

  - Wissenslandkarten, Mitarbeiterprofile

  - Zusammenarbeit mit öffentl. Bildungs- und Forschungsinstituten (vgl. Pkt. 1)

3. **„integrierter Zulieferer":** Handwerklich orientierte Teilefertiger, bspw. Subcontractors von Zulieferern, ohne eigene F&E

   - IT/TK-Relevanz: Geringer IT/TK-Anteil an der Unternehmenswertschöpfung (evtl. proprietäre Anwendungen im Einsatz je nach Lieferanten- und Kundenintegration, e-Mail-Kommunikation und Datenbanknutzung nicht notwendig)

   - Typische Wissensprobleme:

- Typische Tätigkeit: Aufbau, Wartung, Instandhaltung von Fertigungsanlagen

    i. Mangelnde Verfügbarkeit von technischem Know-how

    ii. Kostenoptimierungspotenzial bei Wartung, Instandhaltung, Maschinenrüst- und Maschinendurchlaufkosten

    iii. Ineffektive Verwaltung von Betriebsstoffen, Ersatzteilen, Maschinen

- Organisatorische Inselbildung verhindert strukturierte Wissensverteilung

- Qualifizierung steht hinter Tagesgeschäft

- Mögliche KM-Instrumente:

    - Aufbau datenbankgestütztes IT-System zur verbesserten Planung

    - Etablierung von auftrags- bzw. kundenbezogenem Controlling und Monitoring nach Informations- und KM-relevanten Kriterien

    - Strukturierte Durchsetzung der Prozessorientierung (i. S. v. Informations- und Wissensprozessen)

    - Wissenslandkarten, Mitarbeiterprofile

    - Einrichtung eines KM-Verantwortlichen (da QS-Verantw. meist schon vorhanden prüfen, ob in einer Person möglich)

4. **„Innovator"**: Schnell wachsendes Unternehmen in innovativen und jungen Märkten, bspw. Agenturen, SW-Entwickler, IT/TK-Service Provider

- IT/TK-Relevanz: Hoher IT/TK-Anteil an der Unternehmenswertschöpfung (große Anzahl Anwendungen im Einsatz, e-Mail-Kommunikation und Datenbanknutzung etabliert)

- Typische Wissensprobleme:

    - IT-Systeme werden nicht effektiv genutzt

- Keine strukturierte Wissensverteilung aufgrund sich schnell ändernder Rahmenbedingungen
- Unstrukturierter, projektbezogener Wissenserwerb
- Kapazitätsengpässe durch mangelndes Fachwissen
- Permanente Restrukturierungen
- Umsatz- und Kostendruck
- Temporäre Auslastungsprobleme
- Inselkommunikation

- Mögliche KM-Instrumente:
  - Optimierung der Intranet-Anwendung und Forcierung der Nutzung des Intranets
  - Wissenslandkarten, Mitarbeiterprofile
  - Lessons Learnt
  - Vertriebs- und Kundeninformationssystem
  - Strukturierte Projektdatenbanken
  - Integration von externen Wissensquellen
  - Förderung der Kommunikation (Aktivitäten zur gemeinsamen Freizeitgestaltung, räumliche Gestaltung)
  - Strukturierung der Meetings und der Protokollierung

5. **„Kundenorientierer"**: hoher Kundenkontakt, meist große Anzahl unterschiedlicher Kunden, bspw. Reisebüros, Versandhäuser, Service-Dienstleister

   - IT/TK-Relevanz: Hoher IT/TK-Anteil an der Unternehmenswertschöpfung (meist Anwendungen zur Unterstützung der Kundenkommunikation (CRM) im Einsatz, eMail-Kommunikation und Datenbanknutzung etabliert)
   - Typische Wissensprobleme:

- IT-Systeme werden nicht effektiv genutzt, sind nicht auf dem neuesten Stand oder werden nicht allen betrieblichen Anforderungen gerecht

- Qualität der Kundenbetreuung nicht konstant (meist personenabhängig)

- Unzureichende Identifikation, Speicherung und Verwendung von Kundendaten

- Auf „indirekte Kundenwünsche" wird unzureichend reagiert (bspw. Veränderung Kaufverhalten)

- Verarbeitung direkter Kundenwünsche auf unterschiedlichem Qualitätsniveau (Beschwerden, Anregungen ...)

- Ineffektive Prozesse zur Gewinnung von aktuellem Branchenwissen

- Mögliche KM-Instrumente:

  - Optimierung der Intranet-Anwendung und Forcierung der Nutzung des Intranets

  - Professionelles aber den Anforderungen angemessenes CRM-System mit entspr. Kundendatenbanken und Vertriebs- und Kundeninformationssystemen

  - Integration von externen Wissensquellen

Um Knowledge Management einzuführen braucht man keine „Wunderwaffe". Wichtig ist nur in operationalisierbaren Schritten zu denken und diese sinnvoll im Gesamtkontext zu platzieren und zielsetzungsadäquat zu formulieren. Oftmals kommt man so zu Maßnahmen, die auf Anhieb wenig mit KM zu tun haben (bspw. bei der Gestaltung des Intranets) und erst bei der „Content-Frage" auf konkrete KM-Belange stoßen. Als sinnvoll hat es sich ebenso erwiesen, KM-Fragen zu bestehenden Organisationseinheiten bzw. Abteilungen (bspw. dem Help Desk) verantwortlich zuzuordnen, statt Neue zu bilden. So kann im ersten Schritt durch die organisatorische Zuordnung eine Umsetzung losgelöst von der sonst (meist fälschlicherweise) starken IT-Fokussierung erfolgen.

3 Knowledge Management – Planung und Umsetzung

Dieses Kapitel ist das umfangreichste des gesamten Buches und beschreibt zahlreiche Anwendungsmöglichkeiten einzelner KM-Komponenten aus der Praxis. Diese sind mit Musterpräsentationscharts, vielen Beispielen und Checklisten zur Vorgehensweise untermauert. Sie sollen Anhaltspunkte für die individuelle Planung und Umsetzung von KM-Vorhaben und erste Schritte einer KM-Einführung erläutern.

Die dargestellten Mustervorgehensweisen sind natürlich kein Garant für den Erfolg der individuellen KM-Einführung. Die Qualität des KM-Projektes hängt maßgeblich von der individuellen Aufbau- und Ablauforganisation, der Zusammenarbeit der Projektmitglieder sowie von der genutzten und konfigurierten IT und TK-Systemen ab.

IT, Organisation, Kultur

Der **Projektkompass** gliedert sich in die Bereiche IT, Organisation und Kultur:

- Strukturierung und Dokumentation möglicher IT-Anforderungen und deren Entwicklungsvorbereitung

- Mustervorgehensweisen und Checklisten zur Planung der KM-Projektorganisation

- Methoden und Vorgehensweisen zur Identifizierung und Förderung der Wissensträger

Der **Projektkompass** enthält folgende Kapitel:

- **Kapitel 3.1 - KM-Phasenmodell:** Strukturierte Vorgehensweise aus ganzheitlicher, organisatorischer Sicht zur Vorbereitung für den Einsatz von IT

- **Kapitel 3.2 - Promotoren- und Opponentenmodell:** Die Beschreibung typischer Ausprägungen der Unternehmenskultur mit Akzeptanzbarrieren und Stolpersteinen

- **Kapitel 3.3 - Change Management:** Integrierende Ansätze zur Einführung von IT-Anwendungen, Veränderungsenergie und Widerstand

- **Kapitel 3.4 - Profiling:** Analyse der Mitarbeiterkompetenzen, Erstellen von Skill-Matrix und Qualifikationsverzeichnis (Vorbereitung zur Rollen- und Datenmodellierung der IT)

- **Kapitel 3.5 - Lernen:** Modell zur strukturierten Wissensvermittlung, Lernmodelle, Lernplanung, körperliche Voraussetzung

- **Kapitel 3.6 - E-Learning:** Modelle und Arten elektronischer Lernformen

- **Kapitel 3.7 - Kommunikationsmanagement:** IT-Kommunikation mit CTI, Grundgesetze der Kommunikation

- **Kapitel 3.8 - Help Desk:** Knowledge Management mit virtuellen Help Desks, IT, Prozesse

- **Kapitel 3.9 - Kick off Workshop:** strukturierte Projektorganisation und Arbeitspaketplanung

- **Kapitel 3.10 - Lastenheft / Pflichtenheft:** Dokumentation und Entwicklungsplanung

- **Kapitel 3.11 - Umsetzungstechnik WMMP:** Entscheidungsgrundlage, UML-Modellierung

- **Kapitel 3.12 – Security:** Grundlegende Sicherheitsfragen

3.1 KM-Phasenmodell

**KM-Phasen-
modell**

Das KM-Phasenmodell eignet sich zur Verdeutlichung der Tragweite eines KM-Vorhabens und bildet eine Grundlage für weitere Detaillierungen. Der Ansatz stammt aus der klassischen Unternehmensberatung und ist eher konzeptioneller als umsetzungsorientierter Natur.

Die methodische Vorgehensweise zur Entwicklung eines ganzheitlichen KM-Ansatzes[34] beginnt mit der Formulierung der strategischen Entscheidung und mündet in ein 3-Phasen-Modell als Grundlage für die spätere operative Umsetzung in der IT. Die strategische Entscheidung wird meist durch die Unternehmensführung nach der Top Down Ansicht entwickelt.

3.1.1 Ganzheitlicher Ansatz

**Beispiel
End-to-end**

Um den Anforderungen einer „echten" Ganzheitlichkeit gerecht zu werden ist es wichtig, eine sogenannte KM-spezifische end-to-end-Relation zu konstruieren. Hierbei geht es nicht nur darum, Wissen zu identifizieren und nutzbar zu machen, sondern auch darum, wie Wissen gezielt und gesteuert nutzbar gemacht werden kann. Zur Verdeutlichung soll der bekannte Kundenlebenszyklus (pre sales → sales → after sales) herangezogen werden. Hier werden sämtliche Phasen (end-to-end), in der ein Kunde mit einem Unternehmen in Kontakt tritt, berücksichtigt und zwar nicht nur bis der erfolgreiche Verkauf (sales) vollzogen wurde, sondern ebenso die Phase danach. Denn der Kundenwert zeichnet sich nicht nur durch den einmaligen Kauf und die damit verbundene unmittelbare Bedürfnisbefriedigung aus. Die Kundenbindung und das potenzielle Nachkaufverhalten hat im Marketing mittlerweile einen hohen Stellenwert erlangt. Die Akquisition von Neukunden erfordert einen höheren Ressourceneinsatz als die Pflege (und damit Aufwertung) von Altkunden. Hier hat sich die ganzheitliche Betrachtung in Form einer end-to-end-Relation bewährt. Überträgt man diese These auf das Thema KM, so liegt die Vermutung nahe, dass die zielgerichtete Verteilung identifi-

---

[34] Anm.: Der Begriff „ganzheitlich" ist hier im Sinne einer kompletten Abbildung sämtlicher Wertschöpfungsstufen des Knowledgemanagements (end-to-end) gemeint. Zielsetzung ist, den KM-Gedanken soweit projektspezifisch abzubilden, dass insbesondere die letzte Phase „Publikation und Distribution" ausreichend betrachtet wird.

zierten und explizierten Wissens auf viele Wissensträger (organisatorischer Multiplikatoreffekt) für die Gesamtorganisation eine effektivere, betriebswirtschaftlichere Kosten-Nutzenrelation erwirkt als der „Zukauf" von externen Wissensträgern.

Wissensvermittlung nicht vergessen!

In der gängigen Literatur wird oftmals über das Explizieren impliziten Wissens diskutiert, Möglichkeiten der Archivierung und des Zugriffs eruiert und dabei die zielgerichtete Verteilung von Informationen und Wissen (in Bezug auf die spätere effektive Anwendung und Nutzung des neu Erlernten) vernachlässigt. Doch gerade das konsequente Vermitteln von Inhalten, das Generieren und organisatorische Multiplizieren von Wissen (= LERNEN) ist für den späteren Erfolg unabdingbar.

Entstanden ist somit ein in der Praxis mehrfach erprobtes und bewährtes Modell des ganzheitlichen Wissensmanagementansatzes (vgl. Abbildung 10: Ganzheitlicher Ansatz).

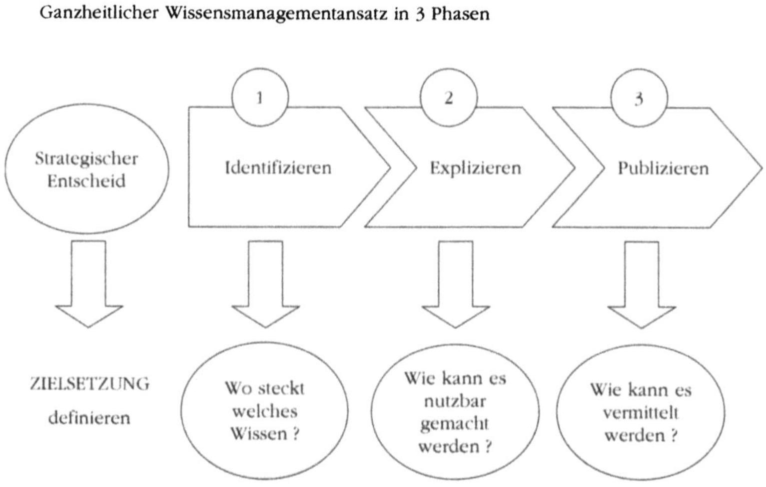

Ganzheitlicher Wissensmanagementansatz in 3 Phasen

Abbildung 10: Ganzheitlicher Ansatz

3.1.2 Strategischer Entscheid

Bevor die Phase I gestartet wird ist zweckmäßig, die strategische Entscheidung ausreichend zu formulieren. In dem vorherigen Kapitel wurde über Möglichkeiten der Sichtweisen gesprochen.

Strategischer Entscheid

Diese sollen den strategischen Entscheid unterstützen.[35] Um eine strategische Entscheidung ausreichend zu formulieren kommen zwei mögliche Ansätze in Betracht:

1. Visionär: „KM soll zu unserer (Unternehmens-) Philosophie werden"

2. Problembezogen: „KM kann uns helfen, das bestehende Dilemma zu beheben"

Nach meiner Erfahrung ist die Formulierung aus einer Problemstellung heraus einfacher zu kommunizieren als der „philosophische Ansatz". Aber das ist sicherlich Ansichtssache und von der individuellen Firmenkultur abhängig. Betrachtet man den Ansatz der Problemstellung, so fällt es leicht, einen konkreten Bezug zu einem im Unternehmen bekannten Missstand herzustellen. Eine Problemstellung soll an folgenden zwei Beispielen verdeutlicht werden:

Beispiel Problemstellungen

1. Wir wollen die **Nutzungseffizienz unserer IT-Infrastruktur steigern.** Wir haben Ausfallzeiten von IT-Systemen, die reduziert werden sollen. Damit gemeint sind nicht nur technisch bedingte Ausfälle (Netzausfall, Internet-Zugang etc.), sondern insbesondere auch solche, die auf Anwendungsfehler (der Nutzer am Arbeitsplatz) zurückzuführen sind. Jeder wird bestätigen können, dass die Anzahl der Anwendungen, die in einem Unternehmen genutzt werden, sich antiproportional zum Grenznutzen dieser verhält. Anders ausgedrückt: Je mehr Programme auf den Rechnern installiert werden, desto mehr Probleme treten auf. Auf den ersten Blick scheint die Lösung hierzu auf der Hand zu liegen: Dann müssen die Anwender eben entsprechend geschult werden. Bei näherer Betrachtung macht es allerdings keinen Sinn, jeden Anwender zum Systemadministrator auszubilden. Besser wäre es, eine effektive Hotline (Help Desk) zu installieren, die jedem Anwender eine schnelle und effektive Hilfe (per Telefon oder Intranet) auf seine individuelle Problemstellung leisten kann.

2. Wir wollen unsere **Vertriebsleistung mit Hilfe von KM steigern.** Jedes abgegebene Angebot muss durch-

---

[35] Vgl. hierzu Abbildung 4: Top Down vs. Bottom Up.

schnittlich 5 mal nachgebessert werden. Dies hat folgende Gründe:

a. Die Kundenanforderung ist nicht ausreichend formuliert.

b. Die vergangenen Leistungen an diesen Kunden sind nicht ausreichend berücksichtigt worden.

    i. Projektberichte fehlen

    ii. Leistungsübersichten (Leistungen an Kundengruppen) fehlen

    iii. Projektmanager sind für Rücksprachen nicht verfügbar

c. Interne Innovationen sind bei der Angebotserstellung nicht verfügbar.

d. Aktuelle Kundenbedarfe (bspw. durch Informationen aus Projekten oder durch Gespräche Einzelner mit Vertretern des Kunden) sind nicht dokumentiert.

e. Die Abstimmung der Vertriebler untereinander ist nicht „rund". Wissen über Kunden wird für sich behalten und strategisch für interne Positionierung genutzt. Ein Anreizsystem „Wissen zu teilen" fehlt.

Oben genannte Beispiele verdeutlichen exemplarisch, dass durch Einsatz von KM unterschiedliche Arten von Wissensdefiziten behandelt werden können. Sicherlich ist KM nicht das Allheilmittel aller genannten Probleme, sondern wird lediglich in Teilbereichen unterstützen können. Dennoch ist bei den genannten Beispielen die unternehmerische Entscheidung zur Einführung von KM getroffen worden.

Als nächster Schritt gilt es nun, eine zweifelsfreie Zielsetzung des Vorhabens zu formulieren. Bei der Formulierung der Zielsetzung kommt es also darauf an, diese so auszudrücken, dass alle Beteiligten das gleiche darunter verstehen. Hierzu ist es manchmal sinnvoll, explizit auch diejenigen Dinge anzusprechen, die **nicht** behandelt werden sollen (Negativabgrenzung).

Ist eine strategische Entscheidung zu KM getroffen und eine Zielsetzung so formuliert, dass klar ist, was wie wann durch wen erreicht werden soll, wird damit begonnen, die einzelnen Phasen mit Inhalten zu füllen.

3.1.3 Phase I - Identifizieren

**Phase I
Identifizieren**

In der Phase I – Identifikation - geht es darum, relevante Wissensträger zu identifizieren bzw. zu lokalisieren. Üblicherweise sind Wissensträger mit Mitarbeitern des Unternehmens gleichzusetzen. Der größte Teil des Unternehmenswissens befindet sich in den Köpfen der Mitarbeiter. Ein kleiner Teil davon wird effektiv eingesetzt. Ein großer Teil bleibt ungenutzt. In Abhängigkeit der definierten Zielsetzung des KM-Vorhabens existiert hier eine größere Anzahl von Methoden, mit denen Wissensträger identifiziert werden können.

Bezugnehmend auf das genannte Beispiel 1 der möglichen Effizienzsteigerung der Nutzung der IT-Infrastruktur sind bspw. folgende Wissensträger relevant:

1. Mitarbeiter

    a. Administratoren

    b. Entwickler

    c. Sonstige Mitarbeiter mit technischer Affinität

    d. Hot-Line, Support (auch Externe)

2. Dokumente / Inhalte

    a. Prozesshandbücher

    b. Intern erstellte Gebrauchsanleitungen von spezifischen Anwendungen

    c. Präsentationen über interne SW-Einführungen

    d. Migrationspläne

    e. Customizing-Dokumentationen

    f. Installations- und Konfigurationsanleitungen

    g. Images von individuellen Arbeitsplatzkonfigurationen

    h. FAQ-Datenbanken (auch externe)

    i. Produktbeschreibungen

    j. Hilfe-Inhalte der Anwendungen

**Checkliste KM-
Träger**

Bezugnehmend auf das genannte Beispiel 2 der möglichen Optimierung der Vertriebsleistung sind bspw. folgende Wissensträger relevant:

1. Mitarbeiter mit Kundenkontakt:

      a. Vertriebler

      k. Projektmanager

      l. Projektmitarbeiter

      m. Evtl. after sales support

2. Dokumente

      a. Angebote

      b. Kalkulationen

      c. Projektberichte

      d. Sales-Listen

3. Datenbanken

      a. Produktdatenbank

      b. Vertriebssteuerungsdatenbank

      c. Kundendatenbank

      d. Projektdatenbank

      e. Leistungs- und Projektzeiterfassung

4. Externe Wissensquellen

      a. Kunden (Bedarfe, Entwicklung, Situationen,...)

      b. Markt, Branche (des Kunden)

      c. Wettbewerbsinformationen

      d. Verbandsinformationen (aus Kundensicht)

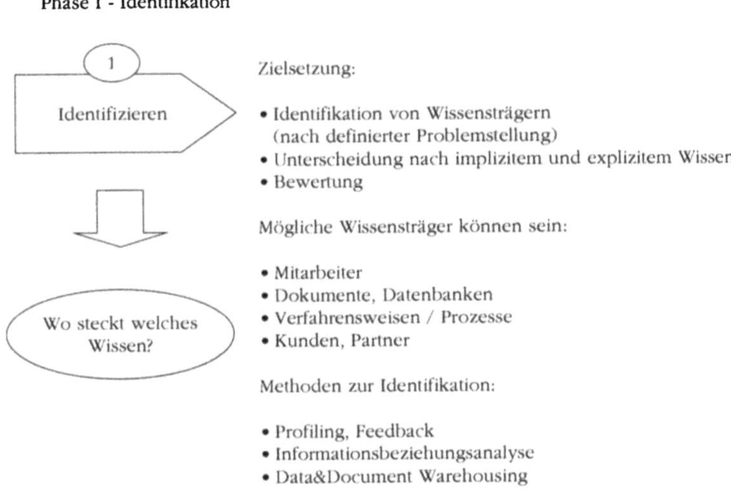

Abbildung 11: Phase I – Identifikation

3.1.4 Phase II - Explizieren

**Phase II
Explizieren**

In der Phase II – Explikation oder Explizieren - geht es darum, Wissensinhalte verfügbar zu machen, so dass diese in der Organisation genutzt werden können. Die in der Phase I identifizierten Wissensträger müssen hier mit Wissensinhalten (WI) ausgestattet werden. Die Inhalte sind dann in der Form zu klassifizieren und kodifizieren, dass sie eine Grundlage für die Phase III-Distribution bilden können. In der Praxis existieren eine Vielzahl von Systemen und organisatorischen Modellen, wie Wissen nutzbar gemacht werden kann. Man unterscheidet hier zwischen technischen Lösungen wie bspw. Anwendungen aus dem Bereich Dokumenten- oder Content Management und organisatorischen Modellen wie bspw. strukturierte Büro- und Arbeitsorganisation (ergebnis- und inhalteorientiert) sowie Vergütungs- und Anreizmodellen (zur „Bekämpfung" der „Wissen als Geheimwaffe"-Haltung). Insbesondere spielen aber aufbau- und ablauforganisatorische Strukturen und Verfahrensweisen eine große Rolle, da in der Organisation die Grundlage der Informations- und Wissensgenerierung und -austausche liegt (vgl. hierzu auch die Informationsbeziehungsanalyse in Kapitel 3). Nachstehende Abbildungen beschreiben die organisatorische Bildung von Kompetenzbereichen mit den typischen geforderten Eigenschaften der Mitglieder eines Kompetenzbereichs. Diese auch als „Think Tanks" genannten „Gruppen" sollen für die Entwicklung definierter Wissensgebiete verantwortlich sein. Hierbei ist auch die arbeitsorganisatorische „Verteilung", das strukturierte Reporting erarbeiteter Inhalte durch Gremien- und Meetingstrukturen exemplarisch dargestellt.

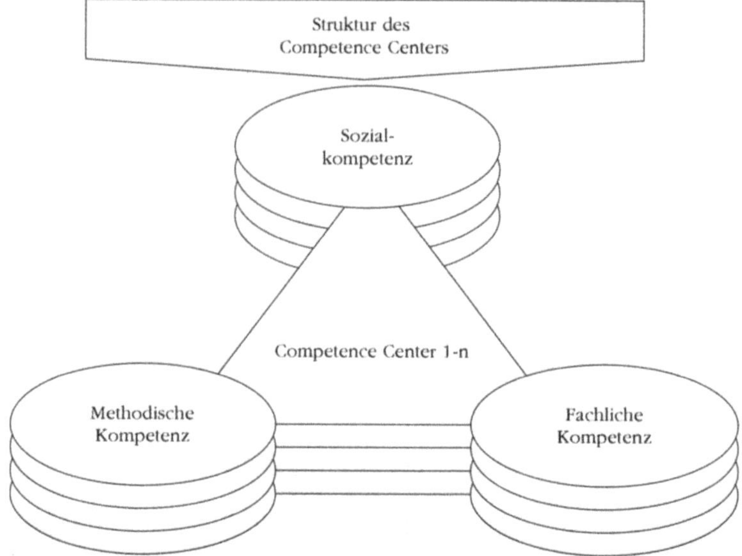

Abbildung 12: Struktur Kompetenzbereich

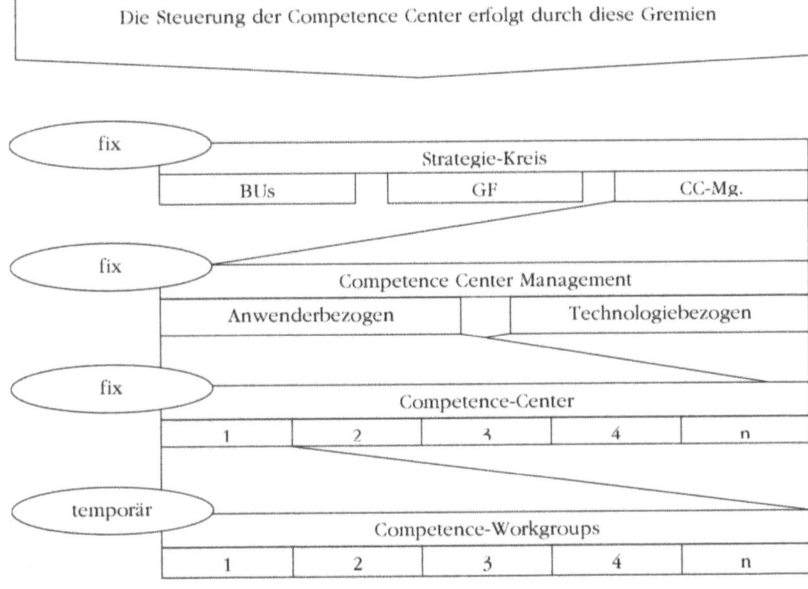

Abbildung 13: Steuerung der Kompetenzbereiche

Checkliste Maßnahmen

Bezugnehmend auf die vorher genannten Beispiele ergeben sich folgende Maßnahmen in der Phase II „Explikation":

1. Bildung von Kompetenzbereichen nach Technologiegebieten (Beispiel 1) und Vertriebsgebieten (Beispiel 2)

    i. Zuordnung Mitarbeiter zu Kompetenzbereichen

    ii. Ausstattung Kompetenzbereich mit Zielen, Ergebnis- und Budgetverantwortung

    iii. Honorierungs-, Sanktions- und Controllingmodelle zur Ergebnisüberwachung definieren

    iv. Aufgabenbeschreibung hinsichtlich Einsatz als 2nd-Level-Spezialisten

    v. Etablierung einer Kompetenzbereichsphilosophie: Es ist etwas besonderes, Mitglied in einem Kompetenzbereich zu sein. Eine Mitgliedschaft muss man sich verdienen.

2. Anpassung der IT/TK-Strukturen sowie organisatorische Einrichtungen je nach Anforderungen des Kompetenzbereichs

    i. ACD-Gruppe

    ii. CTI-Komponenten

    iii. Wissensdatenbank

    iv. Groupware

    v. Allgem. persönliche Arbeitsausstattung

    vi. Meetingräume

    vii. Arbeitsmaterialien

3. Definition von ablauforganisatorischen Regeln

4. Überführung der Aufgaben von Kompetenzbereichen in Stellenbeschreibungen

Phase II – Explizieren

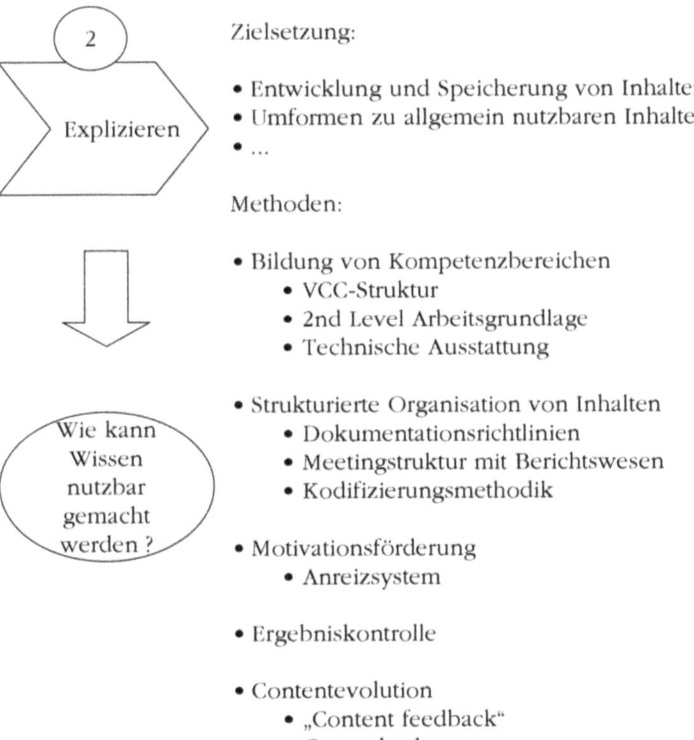

Abbildung 14: Phase II – Explizieren

3.1.5   Phase III – Publizieren

Phase III Publizieren

Die Phase III – Publizieren - kann auch als die Phase des konsequenten Distribuierens und Wissensaufbaus verstanden werden. Hier geht es darum, die definierten Inhalte zielgerichtet im Unternehmen zu verteilen. Das Besondere dabei ist, dass diese Inhalte nach zwei unterschiedlichen Verfahren distribuiert werden können:

1. Push-Verfahren: Hierbei wird die aktive, nach pädagogischen Gesichtspunkten orientierte, Ver-

mittlung von Inhalten geplant und durchgeführt. Es kommen also unterschiedliche Modelle der Informationsverteilung zum Tragen. Das wichtigste Instrument ist das strukturierte Lernen. Folgende Fragen sind zu beantworten:

   i. Welche Inhalte sind wem zu vermitteln?

   ii. Welche Inhalte können wie vermittelt werden?

   iii. Welche Maßnahmen eignen sich für welche Inhalte?

   iv. Welche maßnahmenkonforme Aufbereitung von Inhalten ist zu beachten?

   v. Welche Maßnahmen sind wann durchzuführen?

2. Pull-Verfahren: Hierbei erfolgt eine passive Vermittlung von Inhalten. Gemeint sind hiermit Mitarbeiterinformationen jeder Art:

   i. Online-Newsletter

   ii. Mitarbeiterzeitschriften

   iii. Informationen für das Intranet

Phase III – Publizieren

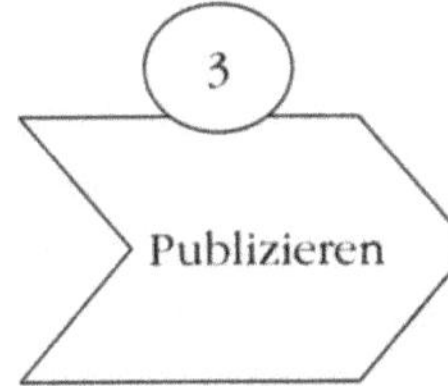

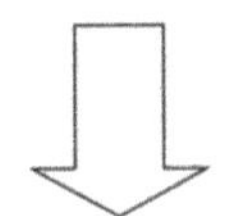

Zielsetzung:

- strukturierte Vermittlung von Wissen anhand KM Prinzipien
- aktive Nutzung vorhandenen Wissens fördern

Methoden:

- push / pull-Verfahren
  - MA-Information
    - Infoblätter
    - Intranets
    - Projektberichte
- MA-Qualifizierung durch strukturierte Lernmodelle
  - Kontinuierlicher Wissensaufbau
  - Feedbacksysteme
  - eLearning

Probleme:

- Qualität und Aktualität der Inhalte
- konsequente Durchsetzung
- Akzeptanzproblem
- langfristige Ausrichtung berücksichtigen

Abbildung 15: Phase III – Publizieren

**Betrachtungs-
ebenen**

3.1.6 Übersicht Betrachtungsebenen

Das auf den vorherigen Seiten beschriebene Phasenkonzept lässt sich besser verdeutlichen, wenn man sich auf einer zweiten Ebene, parallel zu den Phasen, die einzelnen Betrachtungsebenen vor Augen hält. Grundsätzlich berühren die einzelnen Phasen drei verschiedene Betrachtungsebenen in einem Unternehmen. Diese sind:

1. Organisation

2. Kultur

3. Technik

Matrix-Betrachtung

In der gängigen Literatur findet man für alle Betrachtungsebenen eine Vielzahl unterschiedlicher Modelle, die die Auswirkungen von Veränderungen auf die unterschiedlichen Ebenen beschreiben. Nachstehende Abbildung soll eine Übersicht der einzelnen Phasen und der Betrachtungsebenen darstellen. Wichtig ist hierbei frühzeitig einzuschätzen, inwiefern sich die individuellen Maßnahmen, die sich hinter den einzelnen Phasen verbergen, auf die Betrachtungsebenen auswirken.

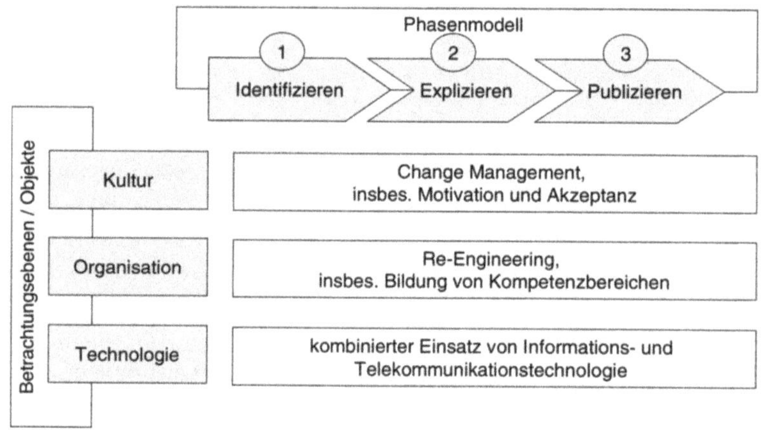

Abbildung 16: Betrachtungsebenen Übersicht

3.1.7   Kultur

Change Prozess

Im Gegensatz zur Organisationsgestaltung ist die Gestaltung der Unternehmenskultur dagegen ein vergleichbar schwieriges Unterfangen. Eine Unternehmenskultur ist eigentlich nicht zu steuern, sie entwickelt sich. Sie spiegelt die in einem Unternehmen manifestierten Wertvorstellungen wider. Dennoch existieren Modelle und Methoden, wie Wertvorstellungen und Verhaltensregeln in einer Organisation nachhaltig positiv beeinflusst werden können.

Gerade in Situationen von Veränderungen ist es unabdingbar, sich über Akzeptanz der Neuerungen Gedanken zu machen und frühzeitig Maßnahmen zur Akzeptanzförderung oder eine Sanktionierung zur Eindämmung von opponierendem Verhalten zu entwickeln. Bei der Einführung von Knowledge Management ist es ratsam stets darauf zu achten, dass die Vorteile einer KM-Einführung und der damit bedingten Veränderungen in der Organisation klar kommuniziert werden und typische Reaktionen bei Veränderungsprozessen analysiert werden (Näheres hierzu im Kapitel Change Management).

Betrachtungsebene Kultur

Ausgangsbasis	Erfolgserwartung
• Individuelle Fähigkeiten - Erfahrung - Wissen - Methoden-Know-how • Qualifikation • Team- und Konfliktfähigkeit	Beitrag des Unternehmens • Realistische Karriereziele • innovative Personalkonzepte • Trainingsmaßnahmen

Ergebniserwartung	Andere Erwartungen
• Herausfordernde Aufgaben • Umfeld • Prestige • Ansehen	• Stellenbezogene Anreize • Karriereentwicklung • finanzielle Anreize • Image

Methoden
• Arbeitsgruppen mit Teilverantwortung (VCC-Konzept) • Arbeitsverträge mit Themenverantwortung • Beurteilungsverfahren • Anreiz-, Sanktions-, Controllingmodelle • Akzeptanz- und Werteentwicklung (bspw. KM-Mitarbeiter des Monats)

Abbildung 17: Betrachtungsebene Kultur

3.1.8 VCC Organisation

VCC-Modell

Betrachtet man die organisatorische Verankerung des Knowledge Managements, so ist das Knowledge Management als interner Dienstleister anzusehen, der mit einer entsprechenden Ressourcenausstattung bestimmte Zielsetzungen verfolgen soll. Diese sind bspw.:

Zielsetzung des internen Knowledge Managements ist es grundsätzlich, vorhandenes Know-how im Unternehmen zu identifizieren, neues Know-how zu generieren, das gesamte Know-how des Unternehmens zu aggregieren, zu bewerten und zu archivieren sowie innerhalb des Unternehmens zielgerichtet zu distribuieren.

Es gilt stets, Synergien zu entdecken und effektiv nutzbar zu machen. Ein effektives Knowledge Management soll aus Sicht des gesamten Unternehmens einen Qualitäts- und Imagezugewinn bei Interessenten, Kunden und Partnern sowie eine nachhaltige Stärkung der Marktposition bewirken. Es dient weiterhin insbesondere der effektiven Einarbeitung neuer Mitarbeiter.

Zur Sicherstellung des internen Knowledge Managements sowie zur Generierung und Besetzung marktrelevanter Themenfelder werden innerhalb des Unternehmens unterschiedliche Kompetenzbereiche, sog. „virtual competence centers" (VCC), etabliert.

Thematisch sollen die VCCs zum einen anwendungs-, zum anderen technologiebezogene Themenfelder besetzen. Die VCCs sind organisatorisch der Organisationseinheit Informationsmanagement/Knowledge Management zugeordnet.

Aufgaben der VCCs sind die Identifikation, Aggregation, Bewertung, Generalisierung und Publikation spezifischer und aktueller Informationen zu den der VCCs zugeordneten Themengebieten. Hierbei sind die definierten Strukturen, Prozesse und Ergebniserwartungen zu berücksichtigen. Die Anzahl der VCCs, die zu etablierenden Themen eines jeden VCCs sowie deren zugeordnete Mitglieder und Kapazitätenausstattung wird von dem Management anfangs quartalsweise, später halbjährlich entschieden.

Organisatorisch besteht jedes VCC aus einem Know-how-Manager als VCC-Verantwortlichem und einem oder mehreren Mitgliedern. Es kommen grundsätzlich alle Mitarbeiter des Unternehmens für den Einsatz in VCCs in Betracht.

Idealerweise sollte die Mitgliedschaft in je einem technikorientierten VCC und in einem anwendungsbezogenen VCC vollzogen werden. Somit ist sichergestellt, dass Themengebiete von unterschiedlichen Sichtweisen betrachtet werden und sich gleichzeitig die VCCs als Informationskanal für alle Mitarbeiter etablieren und kontinuierlich an Bedeutung gewinnen können.

Aufbauorganisation VCC:

1.   Know-how-Manager (KHM), nur aktive Mitgliedschaft

2.   VCC-Mitglieder in aktiver und passiver Mitgliedschaft

Der Knowledgemanager als Initiator

Stellenbeschreibung Know-how-Manager:

Der KHM trägt die Gesamtverantwortung eines VCCs und ist somit für den VCC-internen Wissensaufbau verantwortlich. Er wird das dem VCC zugeordnete Thema inhaltlich vorantreiben. Er wird diese Position für die Dauer von mindestens 2 Jahren besetzen.

Ihm obliegen folgende zentrale Aufgaben:

Er ist verantwortlich für die zeit- und bedarfsgerechte Beschaffung, Aufbereitung, Aggregation und Archivierung relevanter Informationen aus internen Quellen

- Projekte
- Mitarbeiter
- Erfahrungsberichte
- Dokumentationen
- Handbücher

und aus externen Quellen:

- Veranstaltungen
- Messen
- Seminare
- Kunden
- Partner

Dazu zählen insbesondere die Kontaktaufnahme und –pflege zu VCC-themenspezifischen Herstellern.

Der KHM ist weiterhin für Zertifizierungen (aktive Mitglieder und Gesamtunternehmen) verantwortlich.

Die Bewertung der VCC-relevanten Themen verläuft in Abstimmung mit dem VCC-Koordinierungsausschuss. Es sind stets marktrelevante Themengebiete zu verfolgen und zu verdichten, sofern diese nicht zu den strategischen Zielsetzungen des Unternehmens in Konkurrenz stehen.

Der KHM ist weiterhin für die zeit- und bedarfsgerechte Bereitstellung und Verteilung der Informationen verantwortlich.

Die gerechte Bereitstellung der Informationen richtet sich sowohl an VCC-Mitglieder als auch an sämtliche Mitarbeiter. Die Art der Bereitstellung von Informationen wird noch definiert.

Ziel dieser Maßnahmen ist es erstrangig, einen internen Wissenstransfer, sowohl innerhalb eines VCC als auch VCC-übergreifend, zu gewährleisten. Derartige Maßnahmen werden entweder durch Mitarbeiter eines VCC oder durch den KHM selbst für andere Mitarbeiter, in Ausnahmefällen auch für Kunden und Partner durchgeführt.

Der KHM ist in jedem Fall für die Organisation der VCC-internen Maßnahmen verantwortlich und hat diese gemäß der entwickelten Projektplanung vorzubereiten und durchzuführen. Veranstaltungen mit externer Beteiligung sind sowohl inhaltlich als auch organisatorisch mit dem Management abzustimmen.

Der KHM ist für den Aufbau und die Pflege von Know-how-Datenbanken verantwortlich. Die Anforderungen an die Struktur der Know-how-Datenbanken werden von dem VCC-Koordinierungsausschuss und dem Management vorgegeben.

Der KHM ist für eine zeit- und bedarfsgerechte Distribution verantwortlich. Die Mitglieder der VCC-Arbeitsgruppen werden ihn dabei unterstützen.

Der KHM ist weiterhin für die Qualifizierung der VCC-Mitglieder verantwortlich. Der KHM hat den VCC-Mitgliedern den Zugang zu relevanten Informationsquellen und –inhalten zu ermöglichen. Dies geschieht stets in Abstimmung mit der Personalabteilung. Der KHM wird im halbjährlichen Turnus einen VCC-spezifischen Qualifizierungsplan entwerfen und dem Personalverantwortlichen vorlegen.

In Abstimmung mit der unternehmensweiten Qualifizierungsstrategie und dem hierfür bereitgestellten Budget wird dem KHM ein definiertes Budget zugewiesen. Für die Organisation und Umsetzung der Qualifizierungsmaßnahme ist der KHM verantwortlich.

KHM-Eigenschaften

Know-how-Manager zeichnen sich durch folgende persönlichen und fachlichen Eigenschaften aus:

- Sie besitzen besondere kommunikative Fähigkeiten, können die VCC-Mitglieder begeistern und motivieren

- Sie sind von dem VCC-Thema überzeugt und besitzen den Anreiz, andere ebenfalls davon zu überzeugen

- Sie können strukturiert denken und diese Gedanken „für andere lesbar zu Papier bringen"

- Sie sind in der Lage, ihren VCC-Mitgliedern Wissen abzuverlangen und dieses ebenfalls strukturiert darzustellen

- Sie sind in der Lage, das gesammelte Wissen zu bewerten

- Sie können das aggregierte Wissen durch rhetorische und didaktische Fähigkeiten Dritten vermitteln

- Sie repräsentieren ihr VCC bei Mitarbeitern, Kunden, Lieferanten, Partnern und Interessenten

- Sie besitzen organisatorische Fähigkeiten

- Sie sind hochmotiviert und lassen sich durch nichts aufhalten

- Sie verfolgen das Motto „VCC inside"

Stellenbeschreibung VCC-Mitglieder Variante aktive Mitgliedschaft:

Arten von VCC-Mitgliedern

Eine aktive Mitgliedschaft zeichnet sich insbesondere durch die Übernahme bestimmter Tätigkeitsbereiche aus. Aktive VCC-Mitglieder werden für mindestens 1 Jahr diese Position bestreiten. Ihre Zielsetzung ist es, in enger Abstimmung mit dem KHM den ihnen zugeordneten Aufgaben gewissenhaft nachzukommen und ein hohes Qualitäts- und Verantwortungsbewusstsein innezuhaben. Die VCC-Mitglieder sind die Instanz, die das VCC mit „Leben" füllen und am „Leben" erhalten. Dies geschieht durch eine kontinuierliche Unterstützung des KHMs, welche dazu beiträgt, das VCC inhaltlich stetig voranzutreiben und im Unternehmen zu etablieren.

Anforderung aus Prozessen

Die VCC-Mitglieder werden den KHM bei folgenden Aktivitäten unterstützen:

- Identifikation von Informationsträgern: Mitarbeiter-Skills, Projekte, Hersteller, Dokumentationen, Handbücher

- Aggregation von Informationsmaterial

- Bewertung aggregierter Informationen

- Aufbereitung und Archivierung der Inhalte nach definierten Strukturen

- Publikation:

    o Push: Informationsveranstaltungen, Trainings, Seminare inhaltlich konzipieren und gemeinsam mit dem KHM für ausgewählte Teilnehmer durchführen.

    o Pull: Mitarbeiterinformationssysteme, wie bspw. Datenbanken, Informationsbroschüren.

Stellenbeschreibung VCC-Mitglieder passive Mitgliedschaft:

Eine passive Mitgliedschaft zeichnet sich durch eine reine Informationsaufnahme aus Sicht des VCC-Mitgliedes aus. Das passive VCC-Mitglied führt i. d. R. keine Tätigkeiten zugunsten des VCC durch, sondern nimmt lediglich Leistungen des VCC in Anspruch. Dies bedeutet bspw. die Teilnahme an VCC-Veranstaltungen, die Aufnahme in einen VCC-Verteiler (Newsletter o. ä.), allgemein die Nutzung von VCC-Publikationsmechanismen. Das passive VCC-Mitglied unterliegt innerhalb des VCC keiner Verpflichtung zu einer aktiven Mithilfe bei VCC-fördernden Tätigkeiten.

3.1.9 Technik

Anforderung an eingesetzte Technik-Systeme

Die Betrachtungsebene Technologie lässt sich in zwei Bereiche unterteilen:

1. **Informationstechnologie** - hier dargestellt am Beispiel von Internet- und E-Mail-Funktionen in einem VCC-Help Desk[36]:

    - Beantwortung beliebiger HTML-Ereignisse (bspw. Telefax senden, Telefongespräch führen, E-Mail generieren)

    - Funktionen für Anwendungen mit interaktiven Webseiten bereitstellen (bspw. mit Informationen über den aktuellen Status oder Online-Fragebögen)

    - Funktionen, um Abfragen in einer beliebigen Datenbank durchzuführen und diese Datenbank zu aktualisieren, während sich der Nutzer auf einer HTML-Seite befindet

    - Integrierter Chat-Server, bei dem Chats in derselben Warteschlange wie Telefonanrufe an die Mitarbeiter weitergeleitet werden

    - Für Chats sind Texte vordefinierbar, damit ein Mitarbeiter schnell häufig gestellte Fragen beantworten kann

    - In die Chat-Session kann ein Bild des Mitarbeiters eingefügt werden

    - Der Nutzer kann in einer Chat-Session durch Browsersteuerung mit dem Gesprächspartner auf jede beliebige Webseite gehen

    - Integration von Sprache und Video über das Internet durch die Nutzung von Microsoft Netmeeting

    - E-Mails können in Abhängigkeit von Mitarbeiter-Skills verteilt werden

    - E-Mails können automatisch generiert werden

---

[36] In Anlehnung an: Reiner Dumke, Software Engineering, 3. Auflage, Vieweg-Verlag, 2001.

- E-Mails können in Abhängigkeit von Datenbankereignissen generiert werden

- Integrationsfähigkeit zu E-Mail-Technologien wie Microsoft Exchange, Lotus Notes

- Generierte E-Mails können Datenbankfelder enthalten

2. **Telekommunikation** – hier dargestellt am Beispiel von ACD-Funktionen in einem VCC-Help Desk

- Konfiguration von Mitarbeitern, Mitarbeitergruppen

- Konfiguration von Warteschlangen

- Konfiguration von Weiterleitungsplänen

- Definition der Anzahl von Schritten pro Weiterleitungsplan

- Konfiguration von Wartemusikstücken

- Konfiguration von Nachrichten, die Anrufern in Warteschlangen vorgespielt werden

- Skill-based Routing

- Weiterleitung von Anrufen zu Mitarbeitern (z. B. Weiterleitung zu einem anderen Help Desk)

- Weiterleitung von Anrufen an Mitarbeiter in Abhängigkeit von speziellen Merkmalen

- Weiterleitung von Anrufen auf der Grundlage der automatischen Rufnummernanzeige

- Weiterleitung von Anrufen auf der Grundlage des Wählnummernanzeigedienstes

- Weiterleitung von Anrufen in Abhängigkeit von Nachschlageoperationen in einer Groupware-Datenbank

- Vergabe von Prioritäten für einen Anruf in Abhängigkeit von einem Datenbankattribut des Anrufers (bspw. Kundenstatus)

- Auswahlmöglichkeiten für Anrufer in der Warteschlange

- Anrufer, die sich in der Warteschlange befinden, können per Tonwahlverfahren jederzeit eine Nummer drücken, um andere Optionen auszuführen

- Automatische Information an die Anrufer über den Status der Warteschlange (bspw. voraussichtliche Wartezeit, Anzahl der Anrufer in der Warteschlange)

- Andere Objekte können ebenfalls in Warteschlangen verwaltet werden (bspw. Gewinnspiele, Web-Chats, ...)

- Anrufern kann die Möglichkeit eines automatischen Rückrufs angeboten werden

- Überlaufende Anrufe können an eine andere Warteschlange oder Mitarbeiter mit einem anderen Skill weitergeleitet werden

Telekommunikation + Informationstechnologie

Betrachtet man den Markt der KM-Anwendungen, so kommen fast alle diese Anwendungen aus dem Bereich Informationstechnologie. In diesem Buch wird der Gedanke eines Help Desk-basierten Knowledge Managements verfolgt.

Der **Projektkompass** stellt innerhalb der organisatorischen und kulturellen Gesichtspunkte (Kommunikation und Struktur) insbesondere **wichtige grundlegende Vorüberlegungen zur Konzeption der IT heraus**. Zur endgültigen Umsetzung müssen diese dann in die entsprechenden Fachkonzeptionen und Datenmodellierungen überführt werden. Ein kurzer Leitfaden zur Erstellung dieser Unterlagen befindet sich weiter hinten in diesem Buch.

Durch den Help Desk-basierten Ansatz zur Einführung von Knowledge Management ist der Bereich der Telekommunikationsanwendungen ist gleichsam mit dem der informationstechnologischen Seite zu berücksichtigen.

Nachstehende Abbildung zeigt eine Übersicht exemplarischer **IT-Anwendungen und Lösungen, die für KM-Zwecke genutzt werden können**. Dargestellt aus den beiden Bereichen **Informationstechnologie** und **Telekommunikation**.

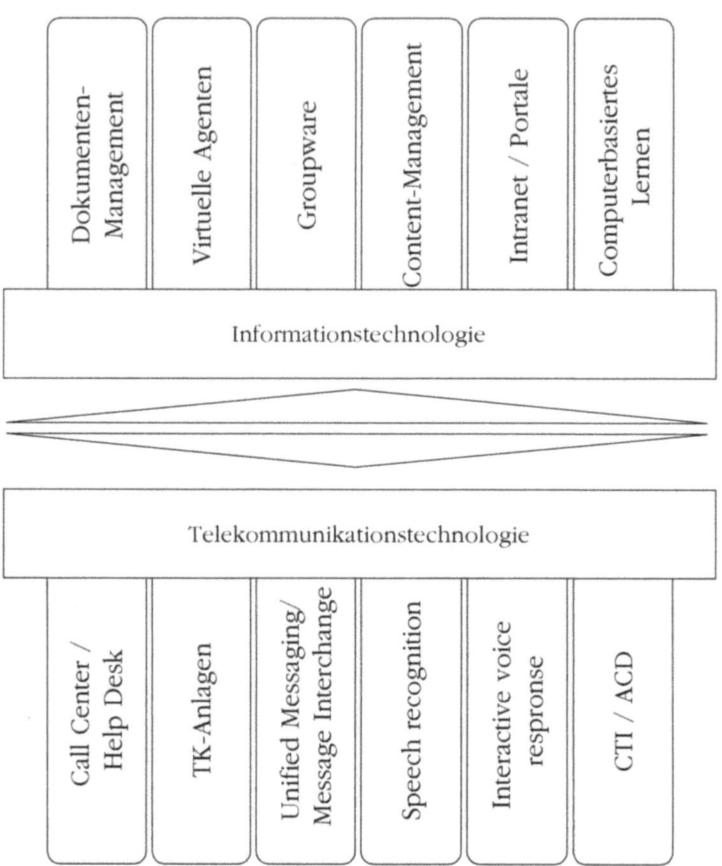

Abbildung 18: Betrachtungsebene Technologie

3.2 Promotoren- und Opponentenmodell

3.2.1 Einführung

Veränderungen können oftmals den Erwartungen und der dadurch entstandenen Euphorie nur eingeschränkt gerecht werden. Anfangs ist die Erwartungshaltung hoch und ernüchtert sich im Laufe jeder (negativen) Veränderung. Dies macht sich auch schon bei kleinen Veränderungen bemerkbar, welche bspw. in oder durch einzelne Projektierungen geschehen können. Es dürfte jedem bekannt sein, dass Projekte gewissen Lebensphasen unterliegen. Diese bestehen aus „guten und schlechten Zeiten". Während in guten Zeiten die „Befürworter" die Oberhand haben, kehrt sich die Situation in schlechten Zeiten um und die Widersacher gewinnen an Boden. Als Projektleiter muss man sich diesen Situationen stellen und sie unter Einhaltung der vereinbarten Planstellung erfolgreich meistern.

Promotoren und Opponenten findet man nicht nur im beruflichen Umfeld. Sie umgeben uns in unserem gesamten Leben. Im betrieblichen Umfeld, in Organisationen unterliegen Promotoren und Opponenten gewissen Verhaltensmustern, die in ihren Grundzügen nicht erst seit heute bekannt sind. Ganz im Gegenteil. Sie lassen sich in motivations- und demotivationspsychologische Aktionen gliedern. Diese können auf bestimmte Menschentypen übertragen werden. Über menschliche Verhaltensmuster in Gesellschaften und deren mögliche Ausprägungen wird schon seit längerem geforscht (vgl. Konrad Lorenz; Irenäus Eibl-Eibesfeld).

Die Überraschung in Krisenphasen fällt also weitaus geringer aus, wenn man sich im Vorfeld über Eventualitäten bewusst geworden ist. Jeder, der schon Erfahrungen in Projekten gesammelt hat, wird bestätigen, dass mit einem gewissen Spürsinn Gefahrenpotenzial frühzeitig erkannt werden kann. Naturgemäß können Veränderungen aus Projekten nicht jeden Vorstellungen und Erwartungen gerecht werden. So wird manch einer nun einmal benachteiligt werden können, wenn bestimmte Situationen eintreten oder Entscheidungen getroffen werden, deren Auswirkungen und deren Tragweite im Vorfeld nicht absehbar waren.

3.2.2 Die Unternehmenskultur als Erfolgsfaktor

Unternehmenskultur und die damit zusammenhängende Corporate Identity (CI) sind entscheidende Faktoren im Unternehmensgeschehen. Das KM berührt die Unternehmenskultur, da KM erstrangig mit Menschen zu tun hat. Selbst bei technologiegetriebenen KM-Vorhaben (und das ist die Mehrzahl) spielen die Menschen (die Mitarbeiter eines Unternehmens) eine zentrale Rolle. Ein erfolgreiches KM heißt nicht, dass die KM-Technologie funktioniert. Ohne aktive Nutzung durch die Menschen ist die Technik wertlos. Wenn im folgenden von Möglichkeiten zur Forcierung der Nutzung von KM-Werkzeugen gesprochen wird, betrifft das Möglichkeiten zur (positiven) Beeinflussung der Unternehmenskultur. KM-Vorhaben werden nur erfolgreich sein, wenn dem Thema KM eine gewisse **Wertschätzung** beigemessen wird. Eine positive KM-Philosophie mit allen dazugehörigen (Umsetzungs-) Maßnahmen soll etabliert werden. Neue Werte werden im Unternehmen aufgebaut, neue Leitbilder müssen geschaffen werden. Man spricht auch von der Gestaltung einer Unternehmenskultur.

Der Kulturgestaltung sollte grundsätzlich eine hohe Bedeutung in der strategischen Unternehmensentwicklung zukommen. Die Unternehmensführung muss im Rahmen der Unternehmensentwicklung einen kulturellen Entwicklungs- und Lernprozess steuern, d. h. gleichzeitig strategisch und kulturbewusst handeln.[37] Möglichkeiten und Grenzen einer „gesteuerten kulturellen Selbstgestaltung", also deren Beeinflussung durch „hard facts", wie Strategie und Struktur, sind bekannt. Im sog. Change Management Prozess werden insbesondere Fragen zur Behandlung und Beeinflussung von weichen Faktoren (soft facts) beantwortet werden.

3.2.3 Kultur in KM-Projekten

Der Erfolg eines KM-Projektes hängt also nicht nur von der IT/TK-Ausstattung und der (neuen) Organisation ab, sondern in besonderer Weise von dem Zusammenwirken der beteiligten Personen. Anders ausgedrückt existiert also ein entscheidender Erfolgsfaktor in dem motivationspsychologischen Verhalten der Mitarbeiter, welches einen Teil der Unternehmenskultur ausmacht. Die partizipative Vereinbarung und Durchsetzung gemeinsamer Ziele fördert die Einsatzbereitschaft aller Beteiligten.[38] Eine Kultur wird bestimmt durch die Handlungsweisen des involvierten menschlichen Verhaltens von innen und von außen durch die Gesellschaft, in der sie sich befindet. Grundsätzlich ist die Unternehmenskultur erfahrbar und von neuen Mitarbeitern erkennbar, auch wenn vieles nur indirekt bzw. unbewusst aufgenommen wird. Die wichtigsten Elemente, die eine Unternehmenskultur nachhaltig beeinflussen können, sind:

---

[37] Vgl.: Bromann, P., Piwinger, M.: Gestaltung der Unternehmenskultur, 1992, S. IX.

[38] Heil, A., H.; Kleinbeck, U.; Lezius, M.; Rößl, D.; Wille, H.: Management unternehmerischer Partnerschaften, in: Müller-Böling, D.; Nathusius, K. (Hrsg.): Unternehmerische Partnerschaften-Beiträge zu Unternehmensgründungen, S. 286.

**Anreize
schaffen**

1. Aufbau von zeitgemäßen Führungs- und Kommunikationsstrukturen

   • demokratischer Aufbau

   • ungehinderte Kommunikation

   • kooperative Führung

   • Beteiligung von Mitarbeitern an Entscheidungsprozessen

2. Möglichkeit der Selbstverwirklichung

3. Übernahme von Selbstverantwortung

4. Honorierung von Leistungsbereitschaft

5. Nachhaltige Qualitätssteigerung

6. Klar definierte Zielorientierung

7. Wertebezogene Anerkennung

8. Karriereorientierte Personalentwicklung

3.2.4 Die Kultur als Kernproblem im Change

**Erfolgreiches
KM-Projekt**

Die Zahl der KM-Projekte steigt seit einigen Jahren. Allerdings gibt es Aussagen, nach denen weniger als die Hälfte der KM-Projekte über mehrere Jahre erfolgreich sind. Die Gründe dafür sind vielfältig, sie liegen beispielsweise in der Unterschätzung der Bedeutung der Unternehmenskultur und des Humanpotentials, aber sicher auch daran, dass Werte und Einstellungen, die im Unternehmen als sehr positiv angesehen werden, nur schwer auf kulturelle und organisatorische Neuerungen übertragbar sind. Als relativ „gesichert" gilt in der Praxis, dass KM-Projekte, die in den ersten 2-3 Jahren positiv verlaufen, mit großer Wahrscheinlichkeit auch weiterhin erfolgreich bleiben oder anders ausgedrückt, diejenigen KM-Projekte, die scheitern, werden in den ersten 2-3 Jahren ihres Bestehens eingestellt.[39] Die unterschiedlichen Unternehmenskulturen mit ihren spezifischen, individuell verschiedenen Eigenschaften üben insgesamt einen großen Einfluss auf Erfolg oder Misserfolg der Implementierung von Veränderungen aus, so dass nach herrschender Meinung die Unternehmenskultur

---

[39] Vgl.: Kobi, J. M.: Humanpotential und Unternehmenskultur bei Zusammenschlüssen entscheidend, in: io Management Zeitschrift, Heft 5/91, S. 34-36.

als Kernproblem des Change Managements angesehen werden kann[40].

Im Gegensatz zu den finanziellen, technologischen oder marktbezogenen Aspekten werden die Unternehmenskulturen selten näher untersucht. Die zahlreichen Konzepte zu Unternehmensanalysen berücksichtigen meist nur das Quantifizierbare, die sog. harten Faktoren. Zwar sind Normen und Werte, Einstellungen, Gepflogenheiten und Traditionen (weiche Faktoren) eines Unternehmens nur schwer bewertbar (und wahrscheinlich aus diesem Grund oftmals zu wenig beachtet), doch leider wird häufig unterschätzt, dass die Motivation der Mitarbeiter unmittelbar durch die im Unternehmen vorhandene Unternehmenskultur beeinflusst wird.

Im Folgenden werden nun die in der Praxis vorkommenden, kulturellen und mentalen Barrieren der Implementierung diskutiert.

3.2.5 Unternehmensweite Barrieren

Unternehmenskultur

Die Unternehmenskultur wird in der Literatur „...als eine unternehmensweite, gedankliche Summe der von allen Unternehmungsmitgliedern geteilten Werte (shared values), Überzeugungen und Verhaltensmustern..." dargestellt. Je stärker eine Unternehmenskultur ausgeprägt ist, desto wirkungsvoller ist sie zwar, um so schwerer ist sie aber auch zu ändern. Werte und Überzeugungen können soweit verfestigt sein, dass sie zu einem „genetischen Code" des Unternehmens werden. Dieser „genetische Code" (auch „Belief-System" genannt) kann sich z.B. auch auf Überzeugungen hinsichtlich der Struktur des Wettbewerbs, der Art der Wettbewerbsvorteile, der Erfolgsträchtigkeit bestimmter Strategien oder der Geeignetheit von Organisationsstrukturen erstrecken. Wenn die externe Situation eine Änderung erfordert, wirkt dieser Code u. U. wandlungshemmend oder wandlungsverhindernd.[41] So kann z.B. in einem Unternehmen die Kultur

---

[40] Vgl.: Bleicher, K.: Unternehmenskultur und strategische Unternehmensführung, in: Hahn, D., Taylor, B. (Hrsg.): Strategische Unternehmensplanung / Strategische Unternehmensführung: Stand und Entwicklungstendenzen, 6. Auflage, 1992.

[41] Vgl.: Krüger, W.: Implementierung als Kernaufgabe des Wandlungsmanagements, in: Vorlesungsskript, JLU-Giessen, WS1996, S. 9.

den Charakter eines „Hemmschuhs" annehmen. Gerade bei Unternehmen, die multinational operieren, tritt dieses Problem in verstärktem Maße auf, da die sozialen und kulturellen Eigenheiten des Gastlandes mit den Werthaltungen und Normen des Heimatlandes i. d. R. nicht übereinstimmen. In einer solchen Situation kollidiert dann ein Verhalten, das dem eigenen Rechts- und Wertesystem entspricht, mit den Erwartungen und Werthaltungen des Gastlandes. Es stellt sich somit die Frage, welche Werthaltungen des Unternehmens als kulturinvariant eingefordert werden können und welche Werte im Umgang mit anderen Kulturkreisen zur Disposition gestellt werden müssen (moralisch-ethische Standards).

3.2.6 Charakter eines Unternehmens

Kulturelle Eigenheiten

Ein Unternehmen stellt als soziales Gebilde eine Kultur dar oder hat kulturelle Eigenheiten, die es von anderen Unternehmen unterscheidet. Ein KM-Projekt stellt in seinen Auswirkungen ein Gebilde dar, das von der Unternehmenskultur beeinflusst wird. Es wäre falsch zu glauben, dass durch die simple Einführung eines unternehmensweiten KM, mit neuen Wertvorstellungen, die zum Vorteil aller dienen sollen, eine „bessere" Kultur entsteht. In praxi sieht es vielmehr so aus, dass die Kultur die Auswirkungen und Ergebnisse eines KM-Projektes prägen wird. Sie bestimmt, in welcher Art und Weise KM im Unternehmen gelebt wird oder nicht.

Unternehmenskulturen können in unterschiedlicher Weise auf Veränderungen reagieren. Insbesondere bei Veränderungen, die wie ein Paradigmenwechsel auf eine Kultur wirken, können folgende Reaktionen eintreten:

1. Die Unternehmenskultur steht vor einer Zerreißprobe bei zu hohen Anforderungen. „Wenn wir das jetzt wirklich umsetzen, dann gehe ich."

2. Bei zu geringer Tragweite besteht die Gefahr einer Nichtbeachtung. „Das bringt doch sowieso nichts, außerdem betrifft es mich nicht."

3. Es können Subkulturen gebildet werden. „Die da drüben können das ja gerne machen. Wir machen weiter wie bisher."

4. Es entsteht eine Antipathie bei ausbleibenden (aber vorher versprochenen) Erfolgen. „Jetzt muss ich schon

wieder zu so einem komischen KM-Arbeitskreis, bei dem sowieso kein Ergebnis herauskommt."

3.2.7 Managementbarrieren

Eine gravierende Managementbarriere ist allenthalben die mangelnde Einsicht in die Notwendigkeit von Veränderungsprozessen (Einstellungsbarriere). Ferner stellen auch Problemerkennung sowie Problembewältigung weitere zentrale Managementbarrieren dar, wobei die Problemerkennung vielfach durch die Fokussierung auf die Tagesarbeit behindert wird. Aber auch wenn Probleme erkannt werden, treten typische Schwierigkeiten auf, die als das „Kenner-Macher-Syndrom" beschrieben werden: Beim Auftreten von neuartigen Problemen greift der Kenner auf die erfolgreichen Konzepte der Vergangenheit zurück, ohne zu merken, dass sich die Situation verändert hat. Der Problembewältigung steht weiterhin die Furcht vor einem eventuellen Positions- oder Gesichtsverlust bei Misslingen der Aktion entgegen. Verursacht durch Ungewissheit und dem damit verbundenen Risiko sind außerdem Verantwortungsscheu und Unsicherheit als Barrieren zu nennen („Kompetenz-Angst-Syndrom"), verstärkt durch fehlende Objektivität (Betriebsblindheit).

3.2.8 Mitarbeiterbarrieren

Die Einsicht in die Notwendigkeit von Veränderungen und die Akzeptanz von Veränderungsprozessen stellen grundlegende Probleme der Mitarbeiter dar. Es kann davon ausgegangen werden, dass viele dieser Problemstellungen mit subjektiver Unsicherheit und Furcht vor dem Ungewissen in Verbindung stehen und im Kern gleichgelagerte Erklärungen haben wie die Managementbarrieren.

Es macht durchaus Sinn, sich typische Verhaltensweisen in Organisationen mit deren unterschiedlichen Ausprägungen anzusehen:

Arten von Mitarbeitern

1. Die **„Zufriedenen"**: Mit diesen sind Veränderungen nur schwer zu bewirken, weil sie fest daran glauben, dass das, was sie zu Erfolg und Zufriedenheit gebracht hat, sie auch erfolgreich bleiben lassen wird. Diese Mitarbeiter werden daher als „Quasi-Opponenten" bezeichnet, da ihre engstirnige Meinung zu Erneuerungskonzepten in mangelnder Information bzw. Aufklärung resultiert

und nur durch gezielte Schulung und Information verändert werden kann.

2. Die „**Verwirrten**": Sie wurden beeinflusst durch eine Vielzahl gängiger Verbesserungskonzepte, wie z.B. Lean Management, KVP, TQM, Business Transformation etc. Sie wissen, dass diese Konzepte jeweils einen Aspekt eines umfassenden Produktivitätsmanagements betonen und individuelle Vorteile für sie bringen können. Demzufolge wechseln sie häufig ihre Meinung, sind egoistisch und beanspruchen den besten Weg für sich. Diese Mitarbeiter werden auch als „Quasi-Promotoren" bezeichnet, da sie ebenfalls durch detaillierte Aufklärung dazu bewegt werden können, an der Umsetzung spezifischer Verbesserungs- bzw. Neuerungskonzepte aktiv mitzuwirken, die gemeinschaftliche Erfolge bringen.

3. Die „**Immer Ablehnenden**": Diese permanente Ablehnung von allen Neuerungen beruht auf Willens-, Fähigkeits- oder Lernbarrieren, die häufig in eine undefinierbare Angst vor Veränderungen münden. Sie werden als „Opponenten" bezeichnet. Auch mit Opponenten ist ein Wandel nur schwer durchführbar.

4. Die „**Erneuerungsfreudigen**": Sie werden als „Promotoren" bezeichnet und sind bereit, sich neuen Anforderungen zu stellen. Leider müssen sie dabei häufig die negative Erfahrung machen, dass Neuerungen oft als Meinung von Minderheiten betrachtet werden.

5. Die „**Question Marks**": Sie sind weder Promotoren noch Opponenten. Sie sind unentschlossen und behalten sich Ihre Entscheidung (sofern sie jemals eine eindeutige Entscheidung treffen können) soweit vor, bis die für sie relevante Mehrheit eine Entscheidung getroffen hat. Im Idealfall handelt es sich hierbei um Mitläufer, die durch gezielte interne PR zu einer positiven Meinung bewegt werden können.

Promotoren und Opponenten

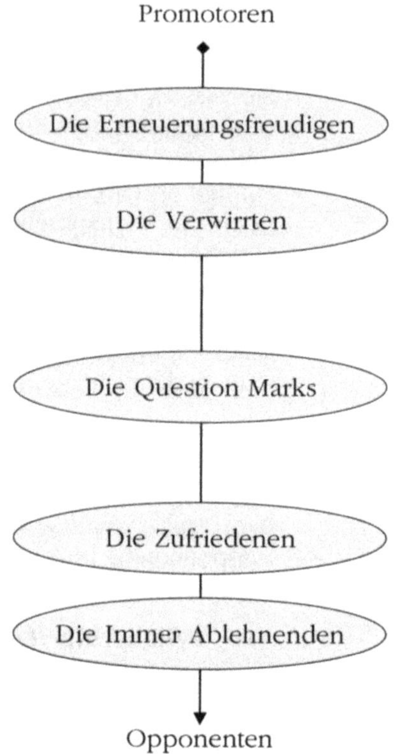

Abbildung 19: Einordnung Promotoren und Opponenten

3.2.9 Wissensbarrieren: Information und Kommunikation

Barriere Information

Information, Überblick und Einfluss prägen häufig das persönliche Engagement im Unternehmen. Vollständige Information, Überblick und Einfluss sind jedoch meistens nur in den oberen Führungsebenen vorhanden. Folge: Das unternehmerische Denken und Handeln wird in den mittleren und unteren Ebenen – also an der Basis – konsequent durch Wissensentzug unterbunden.[42] Das Top-Management kann oftmals die kritischen Bereiche des KM nicht erkennen, die eigentlichen Problemfelder nicht richtig einschätzen. Diese unvollständige Kenntnis der KM-Belange führt zu unrealistischen Entscheidungsvorgaben für eine KM-Realisierung und folglich zu mangelhafter Zusammenarbeit und mangelnder Motivation. Der Unternehmensführung fehlt die erforderliche Prozesstransparenz. Oftmals werden in der Folge die KM-Realisierer (Projektmanager) mit unrealistischen Forderungen konfrontiert. Den Fachbereichen fehlt die KM-Transparenz und das hierzu notwendige Verständnis. So entstehen in KM-Projekten folgende Probleme:

- Fehlendes Verständnis füreinander (Rollenverständnis, Zusammenarbeit)

- Kommunikationsprobleme durch „unterschiedliche Sprachen"

- Nicht wirklich vorbereitet für eine KM-Einführung

- Verstärktes Macht- und Bereichsdenken als Barriere

3.2.10 Kongruenz zwischen Strategie, Struktur und Kultur im KM-Projekt

Der richtige „fit"

Alle oben aufgeführten Barrieren stehen in einem direkten Zusammenhang und sind daher ganzheitlich zu betrachten. Eine Optimierung einzelner Dimensionen bringt keinen Erfolg. Die Barrieren der Dimensionen Strategie und Struktur sind theoretisch, „am runden Tisch", sicherlich einfacher zu erarbeiten und zu überschauen, als das wirkliche menschliche Verhalten auf diese Änderungen. Doch genau dort liegt das eigentliche Problem. Die Betroffenen müssen dazu gebracht werden, die Neuerungen zu akzeptieren und die Bedeutung von KM für das Unternehmen erkennen. Aufgabe des Change Managements ist es infolgedessen, ein System zu entwickeln, das das „Nicht Wollen", „Nicht Wissen" und „Nicht Können" wirkungsvoll verhindert und die aktive Mitarbeit oder zumindest die gedankliche Verankerung fördert[43].

---

[42] Vgl.: Doppler, K., Lautenburg, C.: Change Management, 1994, S. 121.

[43] Vgl.: Michael Peter Schmidt, Knowledge Communities, Addison-Wesley-Verlag, 2000.

Interdependente Unternehmensdimensionen

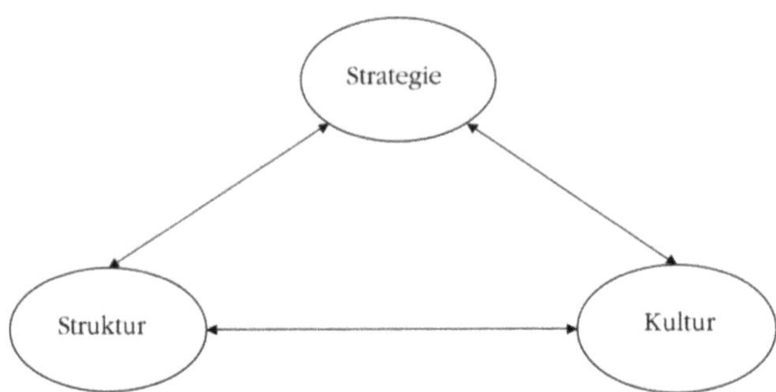

Abbildung 20: Unternehmensdimensionen (KM-Projektdimensionen)

Zusammenfassung:

Zur Sicherstellung einer Kongruenz von Strategie, Struktur und Kultur müssen folgende kritische Fragen an alle KM-Beteiligten gestellt werden:[44]

1. Sind die Projektmitarbeiter ernsthaft motiviert und bereit zusammenzuarbeiten? Manche denken nicht daran, ihr eigennütziges Streben zu unterlassen, selbst wenn dieses Streben zu Lasten der anderen geht und damit dem gesamten KM-Vorhaben schaden könnte.

2. Können es sich die Beteiligten erlauben zusammenzuarbeiten? Trotz guter Absichten kann der Fall eintreten, dass die Projektmitarbeiter bereits alle ihre Möglichkeiten derart ausgereizt haben, dass sie keine andere Wahl haben, als bestimmte Interessen zu vernachlässigen.

---

[44] Vgl. im Folgenden: Lorange, P., Roos, J.: Stolpersteine beim Management Strategischer Allianzen, in : Bronder, C., Pritzl, R.: Wegweiser strategischer Allianzen, 1992, S. 354.

3. Besteht zwischen den unmittelbar Beteiligten (Projekt-mitarbeitern) ein gegenseitiges Vertrauen? → Selbst wenn die Bereitschaft zur Kooperation vorhanden ist, kann trotzdem unkooperativ gehandelt werden, z.B. als Vorsichtsmaßnahme gegen Ausbeutung oder Benachtei-ligung.

4. Wurde bereits vor der KM-Projektierung sichergestellt, dass es gemeinsame Werte der Unternehmenspolitik zwischen den Beteiligten gibt und werden diese Werte in der Organisation akzeptiert?

3.2.11 Wissensmarkt

Anreizmodell Installation eines unternehmensinternen Wissensmarktes ist als probates Mittel zur Förderung der Akzeptanz der Umsetzung eines KM-Vorhabens geeignet.

Wenn man diesen virtuellen Wissensmarkt einmal ein wenig genauer unter die Lupe nimmt, wird man nicht umhin kommen, sich nach der Klärung des offensichtlichen Sinns und Zwecks einer solchen Einrichtung den Protagonisten und Benutzern dieses Marktes zuzuwenden. Wer macht da eigentlich mit? Es handelt sich hierbei allerdings nicht wie bei einem „normalen" Markt um relativ leicht einzuordnende Gruppierungen, sondern es sind vielmehr in diesem speziellen Fall zusätzlich noch diverse, mehreren Bereichen zugehörige Personen auf dem Wissensmarkt aktiv. Die wichtigsten Teilnehmer allerdings lassen sich in drei Hauptgruppen einteilen.[45]

*   Einkäufer: In vielen Unternehmensbereichen tauchen immer wieder ebenso komplexe, wie komplizierte Fragestellungen und Probleme auf, die nicht ohne weiteres von einzelnen Mitarbeitern oder Abteilungen gelöst werden können, sondern zusätzliches internes Unternehmenswissen erfordern. Die Einrichtung eines Wissensmarktes liegt hier also auf der Hand, denn in seiner Funktion als zentrale Wissensschaltstelle kann er dem Einkäufer so schnell und zuverlässig zu einer effizienteren Analyse der Problematik verhelfen, ohne dass dieser sich langwierig und nur wenig wirtschaftlich selbst durch die verschiedensten Instanzen „durchfragen" muss.

---

[45] In Anlehnung an www.KM4u.net , basierend auf T.H. Davenport und L. Prusak, „Working Knowledge", 2000.

Diesbezügliche Studien haben ergeben, dass Führungskräfte und Manager in etwa ein Fünftel ihrer Arbeitszeit mit der Suche nach bestimmten Details und Besonderheiten einer bestimmten Aufgabenstellung verbringen.

- Verkäufer: Jedes Unternehmen besteht aus den unterschiedlichsten Mitarbeitern mit den unterschiedlichsten Aufgabengebieten. Vom Top-Manager bis hin zu Fahrern oder Schreibkräften verfügt jeder über ein spezielles und fachspezifisches Wissen, das an den verschiedensten Stellen im Unternehmen benötigt werden kann. Es unterliegt dabei keinerlei Wertigkeit, wer über welche Informationen verfügt; was in diesem Falle zählt, ist die Verfügbarkeit der Information innerhalb des Unternehmens und deren Einsatzkompetenz. Mit einer Zusammenführung von Ein- und Verkäufer ist es aber häufig nicht getan, denn oftmals geht die Preisgabe eines bestimmten Wissens beim Verkäufer mit der Furcht vor einem potenziellen Machtverlust einher. Das mag oft eine irrationale Furcht sein, ist aber trotzdem unternehmenspolitischer Alltag. Es macht daher Sinn, dem Wissensanbieter bewusst zu machen, dass sich die Weitergabe von problemorientierten Informationen lohnt, man „an einem Strang zieht". Eine Tatsache, die auch bei der Unternehmensführung als eine Art Anreizkriterium berücksichtigt werden sollte.

- Makler: Mitarbeiter, die nicht hauptsächlich als Wissenshändler oder explizit als offizielle Wissensanlaufstelle in einem Unternehmen gesehen werden können, sondern sich mehr oder weniger aus einer gewissen Kommunikationsfreudigkeit darüber informieren, wer über welches Wissen verfügt, sind sowohl quantitativ als auch qualitativ in einem Unternehmen nicht zu unterschätzen. Sie haben aufgrund ihres Interesses an betrieblichen Vorgängen oftmals einen sehr guten Überblick über das jeweilige Angebot und die Nachfrage in Bezug auf die Lösung unternehmensinterner Problemstellungen. Belohnt wird eine solche Wissensweitervermittlung in diesem Fall häufig mit innerbetrieblicher Anerkennung.

3.2.12 Das Preissystem des Wissensmarktes

Virtuelles Preissystem

Ein richtiger Markt mit Angeboten und Nachfragen braucht natürlich ein Preissystem. Wie beschrieben, kommt es also auf dem Wissensmarkt zu unternehmensinternen Informationstransaktionen. Und wie bereits angedeutet, gibt es die verschiedensten Anreize an einem solchen Wissensverkehr teilzunehmen. Lassen Sie uns daher an dieser Stelle noch einmal etwas genauer auf die verschiedenen Motivationen der Verkäufer eingehen. Auch hier kann man wiederum vier verschiedene Hauptcharakteristika unterscheiden. Dies sollen anfangs nur modellhaft die Grundprinzipien eines Wissensmarktes verdeutlichen:

- **Monetarisierung**: Die Bereitstellung von Wissensinhalten muss in irgend einer Form einen monetären Vorteil bewirken. Dieser muss in Abhängigkeit der Qualität der Inhalte und des daraus entstandenen Nutzens definiert werden (die Nachfrage). Die Schwierigkeit bei der Nutzenbestimmung liegt insbesondere darin, dass ein unmittelbarer Nutzen auf Anhieb wahrscheinlich nicht immer ersichtlich ist. Daher muss eine Instanz gebildet werden, die die eingestellten (angebotenen) Wissensinhalte bewertet. Viele Unternehmen haben hierzu einen Knowledge-Manager installiert, der quasi als Schirmherr für alle Aktivitäten auf dem internen Wissensmarkt verantwortlich ist. Die Einführung derartiger Modelle darf nicht nur auf dem Reißbrett entstehen. Ein derartiges Monetarisierungsvorhaben muss sukzessive entwickelt und verbessert werden. Anfangs ist es meist ausreichend, die Nutzung des Marktes als solches zu bewerten und jeweils im Rahmen von Jahresgesprächen entsprechend der Karriereentwicklung anteilig zu entlohnen.

- **Gegenseitigkeit**: Die Gegenseitigkeit bzw. die Gegenverrechnung, die dem Verkäufer in einem solchen Fall als Motivation dient, kann verschiedenartig gelagert sein. Es kann dem Wissensträger zum Beispiel darum gehen, dass der Käufer aus Gefälligkeit etwaige Aufgabengebiete des Verkäufers mit übernimmt und ihm damit als Gegenleistung zum kostbaren Faktor Zeit verhilft. Allgemein kann hier vielleicht festgehalten werden, dass die Bereitschaft zu einer Transaktion, von welcher Seite auch immer, in den meisten Fällen davon abhängig ist, wie hoch letztendlich der Wert des mitgeteilten bzw. des zu erwartenden Wissens ist. Aber eine solche Gegenseitigkeit muss sich natürlich nicht immer zwingend zwischen zwei Personen abspielen. Wenn der Wissensverkäufer beispielsweise Miteigentümer des Unternehmens ist, kann sich die Gegenseitigkeit auch durchaus darauf belaufen, den Marktwert des gesamten Unternehmens und damit die eigenen, auf der Hand liegenden Vorteile zu steigern.

Social fit

- **Ansehen**: Eitelkeit ist ein nicht zu unterschlagender Faktor auf dem Wissensmarkt. Ein Verkäufer ist häufig daran interessiert, im Kollegenkreis als kompetente Anlaufstelle für die unterschiedlichsten unternehmerischen Problematiken anerkannt und damit gleichsam auch geschätzt zu werden. Durch diesen höheren innerbetrieblichen Stellenwert können sich allerdings auch durchaus materielle Vorteile für den Wissensverkäufer bieten, bspw. die Sicherheit des eigenen Arbeitsplatzes durch ein für jedermann erkennbares hohes Maß an Fachkundigkeit, oder einfach nur durch besondere Kollegialität oder Solidarität mit dem Unternehmen.

- **Lehrfreudigkeit**: Im Idealfall arbeiten in einem Unternehmen ausschließlich Mitarbeiter, die engagiert in ihren jeweiligen Bereichen über eine hohe Fachkompetenz verfügen und diese oft und gerne auch an andere Mitarbeiter weitergeben. Nun ist dieser Idealfall natürlich nicht die Norm, doch in den meisten Unternehmen gibt es eben auch jene Mitarbeiter, die in einer Art Lehrerfunktion selbstlos das Gelernte beziehungsweise ihr Fachwissen innerhalb, aber auch außerhalb ihres eigenen Zuständigkeitsbereiches weitervermitteln. Um eine solch positive Entwicklung von unternehmerischer Seite her zu fördern, empfiehlt sich eine umfassende Anerkennung der bereits vorhandenen Basis, etwa im Rahmen von diversen Vergütungen oder offiziellen Belobigungen, die wiederum auch, bezogen auf den vorangegangenen Punkt, das Ansehen des jeweiligen Mitarbeiters fördern.

Motivations-faktoren

Doch neben den oben aufgeführten einzelnen Motivationsfaktoren gibt es noch einen ganz ausschlaggebenden Punkt, der geradezu eine unabdingbare Voraussetzung für einen funktionierenden Wissensmarkt bildet und ohne den - gleichgültig wie gut Wissensinitiativen auch von organisatorischer oder technologischer Seite her unterstützt werden - Informationstransfers so gut wie gar nicht möglich sind: Vertrauen. Vertrauen, das für die Mitarbeiter in mehreren Ebenen sichtbar sein sollte.

    1. Vertrauen muss immer greifbar und verlässlich sein.

2. Mitarbeiter müssen erkennen, dass sich die Weitergabe von Wissen unternehmerisch, ebenso wie zwischenmenschlich lohnt und daher Anerkennung in den unterschiedlichsten Formen mit sich bringt.

3. Vertrauen muss sich durch alle Unternehmensbereiche und Etagen ziehen.

Vertrauen schaffen

Wenn auch nur ein Rad in diesem äußerst fragilen Wissensgebilde mangels Vertrauenswürdigkeit nicht in das andere greift, verzerrt sich der gesamte Wissensmarkt und verliert erheblich an Effektivität. Vertrauen und Glaubwürdigkeit müssen von der Unternehmensspitze her ausgehen. Derjenige, der Wissensinitiativen einsetzen will, muss die auf dem Wissensmarkt herrschenden Regeln auch verstehen, um so letztendlich für sämtliche Mitarbeiter ein Optimum an Informationsmöglichkeiten im Rahmen innovativer und unternehmensspezifischer Strukturen zu schaffen.

Wie aber geht die eigentliche Installation eines Wissensmarktes vonstatten?

Beispiel für Umsetzung

Anhand eines Beispiels lässt sich die praktische Einführung eines unternehmensinternen Wissensmarktes relativ leicht verdeutlichen. Man unterscheidet im Allgemeinen drei verschiedene Phasen der Installation.

*   Phase 1 beschäftigt sich primär mit Unterstützung der early adopters, der ersten Anwender also, deren Fokussierung sich hauptsächlich auf den Idealismus der Idee des Wissensmarktes beruft. Es gilt Mitarbeiter zum Mitmachen zu motivieren und mit einem kontinuierlichen Aufbau die Basisqualität zu sichern. Auch die technische Umsetzung, d. h. bspw. die Einrichtung virtueller Unternehmens-Dollars, in der Anwendung (mit Kontostand, Zu- und Abgängen, etc.) und deren betriebsinterne Vernetzung werden in dieser ersten Phase etabliert.

*   Phase 2 Nachdem man eine größere Anzahl der Mitarbeiter vom Nutzen des Wissensmarktes überzeugt hat, gilt es das interne Preissystem so zu entwickeln, dass Zweifel und Widersprüche in der Bewertung ausgeräumt werden, dass erste direkte monetäre Auswirkungen (für die early adopters) verzeichnet werden können und diese dann in der Organisation breit kommuniziert werden.

- Phase 3 Nachdem sich der betriebsinterne Wissensmarkt im Unternehmen soweit etabliert hat und auch dementsprechend von den verschiedensten Mitarbeitern regelmäßig genutzt wird gilt es, die Einrichtung als festen und wesentlichen Bestandteil des Unternehmens zu stabilisieren und konsequent auszubauen. Hierbei muss das Verständnis des anfangs noch spielerisch aufgenommenen Wissensmarktes nun in unternehmerische Realität überführt werden (bspw. als spürbar fester Bestandteil des Entlohnungsmodells).

3.3 Change Management

Von Christian Katz, Egnach (CH), Dezember 2001.

Die Einführung des in diesem Buch beschriebenen Ansatzes des Help Desk basierten Knowledge Management ist mehr als ein Informatikprojekt.

Die installierten technischen Hilfsmittel bringen den erwarteten Nutzen nur, wenn die Ebenen

Kultur Menschen, Sprache und Kommunikation, Ethik und Glaubenssätze

Organisation Prozesse, Strukturen, Funktionen

Ressourcen Technik, Räume, Kapital

bei der Gestaltung und Einführung gleichermaßen berücksichtigt und aufeinander abgestimmt werden.

Wie können wir dies erreichen?

Ein kurzer Exkurs in verschiedene Veränderungsmodelle im Zusammenhang mit IT-Projekten hilft, Antworten auf diese Frage zu finden.

3.3.1 Herkömmlicher Ansatz zur Einführung von IT-Anwendungen

In der Regel durchläuft die Einführung von IT-Anwendungen einen linearen Prozess:

1. Design der Geschäftsprozesse mit Reengineering Methoden. Ziel: Optimale Geschäftsprozesse, die zur IT-Anwendung passen.

2. Parametrisierung bzw. Customizing der IT-Anwendung.

3. Gleichzeitige Einführung von neuer IT-Anwendung und neuen Geschäftsprozessen.

4. Unverständnis der betroffenen Anwender, evtl. sogar Widerstand gegen die Veränderung, weil die neuen Prozesse nicht in den Arbeitskontext der Anwender passen.

5. Besänftigung der betroffenen Anwender.

6. Evtl. Anpassung der Geschäftsprozesse und der IT-Anwendung.

Leider sind die negativen Auswirkungen dieses Vorgehens auf die Motivation der Anwender und die Arbeitsqualität so bekannt, dass wir sie als grundsätzlich gegeben hinnehmen.

Das beschriebene Vorgehen basiert auf folgenden Grundannahmen:

- Das Unternehmen funktioniert wie eine Maschine.

- Menschen verhalten sich "vernünftig" und lassen sich von Experten bis ins Detail steuern.

- Veränderung lässt sich verordnen.

Das Unternehmen ist keine Maschine

Folgende Grafik soll dieses Vorgehen provokativ darstellen:[46]

---

[46] Quelle: Ursula Schneider, Die 7 Todsünden im Wissensmanagement, Frankfurter Allgemeine Zeitung, Verlagsbereich Buch, 2001.

Herkömmlicher Ansatz

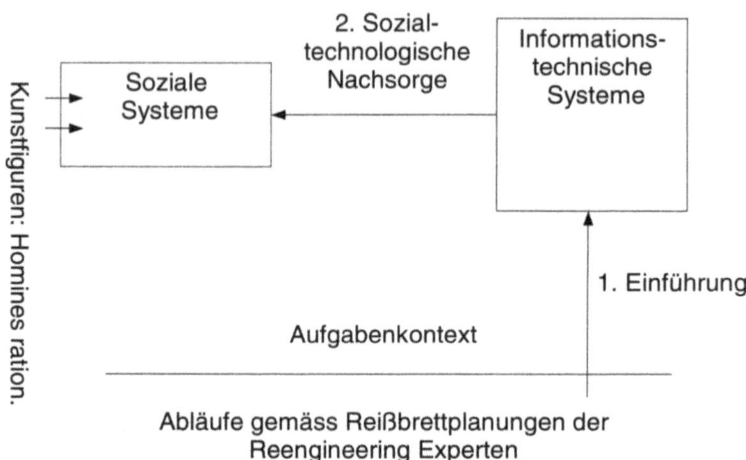

Abbildung 21: Herkömmlicher Ansatz

3.3.2 Integrierender Ansatz zur Einführung von IT-Anwendungen

Für einen Ansatz, der Mensch, Organisation und Technik integriert, gehen wir von zweckmäßigeren Grundannahmen aus:

Komplexität statt Linearität

- Ein Unternehmen ist ein komplexes (also nicht exakt plan- und steuerbares), sozio-technisches System.

- Kompetente Mitarbeiter wissen über ihre Arbeitsaufgaben am besten Bescheid.

- Veränderung liegt nicht in der Natur eines Unternehmens.

Dies hat Konsequenzen für die Gestaltung des Einführungsprozesses und die Veränderung des Unternehmens:

Integrierter Ansatz

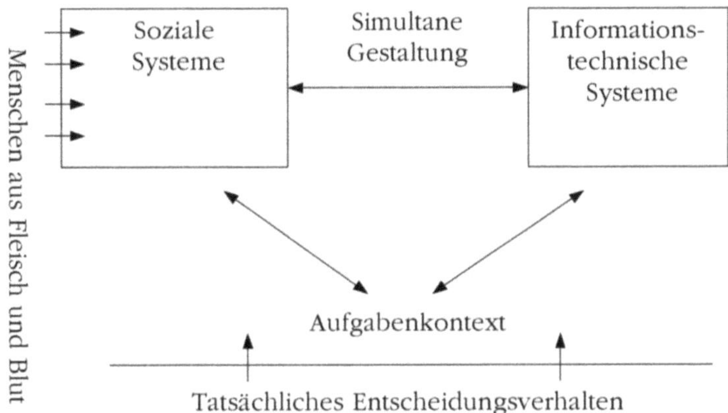

Abbildung 22: Integrierender Ansatz

- Der Fokus liegt nicht primär in der Lösung technischer Probleme, sondern darin, das Unternehmen für die Zukunft fit zu machen.

- Dem Veränderungsprozess wird von Anfang an die nötige Beachtung geschenkt.

- Ausgewählte Mitglieder des sozio-technischen Systems helfen mit, sowohl das soziale System als auch das IT-System zu gestalten.

- Basis für diese Gestaltung sind nicht auf dem Reißbrett entstandene ideale Prozesse, sondern der reale Aufgabenkontext.

- Diese Gestaltung ist kein geradliniger, sondern ein iterativer Prozess mit einer Vielzahl von Feedbackschleifen.

Wie wir aus den obigen Ausführungen gesehen haben, ist es hilfreich, ein Grundverständnis für Veränderungen in Organisationen zu erlangen, denn die größte Herausforderung besteht darin, den im Unternehmen anzustoßenden Veränderungsprozess konstruktiv zu gestalten.

3.3.3 Veränderung und Emotionen[47]

Was löst Veränderung bei uns aus?

Wie reagieren wir, wenn wir erhöhtem Veränderungsdruck ausgesetzt sind?

- **Status quo:** Vertrautheit, Kontrolle, Sicherheit

- **Veränderung:** Verlust der Kontrolle, Unsicherheit, Angst

Der Status quo ist uns vertraut. Wir kennen die Wirkung unserer Aktionen und Reaktionen, wir fühlen uns kompetent und sicher. Im Gegensatz dazu sind Veränderungen durch Unsicherheit, Verlust von Kontrolle und Selbstzweifel gekennzeichnet. Vertraute Verhaltensmuster sind plötzlich überholt. Bisherige Fähigkeiten reichen nicht mehr aus. Gefühle der Unzulänglichkeit, der Besorgnis oder der Angst kommen auf.

Nach Claes Janssen, einem schwedischen Sozialpsychologen, lebt jede Person und jedes Unternehmen in einer „Vierzimmer-Wohnung". Dieses Modell zeigt uns, dass sowohl Menschen als auch Unternehmen am liebsten im Status quo verharren. Es zeigt uns auch, dass zielstrebige Planung allein nicht genügt, eine Veränderung zu durchlaufen.

---

[47] Julius Thomann, Christian Katz, Robert Stadler, Total Quality Management in Informatikunternehmen, Eigenverlag Robert Stadler, 2000.

Vier-Zimmer Wohnung

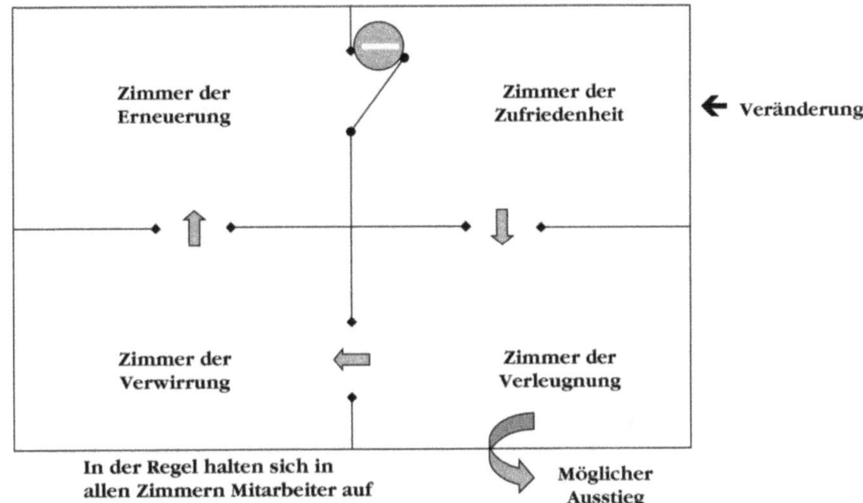

Abbildung 23: Die Vierzimmerwohnung nach C. JanssenIm Status quo leben wir im **Zimmer der Zufriedenheit**. Kommt eine Veränderung auf uns zu, sei es durch Fusion, Reorganisation, neue Vorgesetzte, neue Prozesse und Systeme, den drohenden Verlust des Arbeitsplatzes oder andere negativ wahrgenommene Veränderungen, gehen wir ins **Zimmer der Verleugnung**.

Wir sagen uns "Das kann doch nicht wahr sein!" und verleugnen die Probleme der Situation so lange, bis wir der Veränderung nicht mehr ausweichen können. Das führt uns dann in das Zimmer der Verwirrung. Dieser Übergang kann auch begleitet sein von Wut: "Was fällt denen eigentlich ein. Das können die mit uns nicht machen!".

Es gibt keinen direkten Weg zur Erneuerung

Im **Zimmer der Verwirrung** bereinigen wir die Widersprüche und wir ordnen die verwirrenden Aspekte neu, integrieren die gemachten Erfahrungen und lernen daraus. Wir zeichnen sozusagen eine neue innere Landkarte, an der wir uns besser orientieren können. Erst jetzt öffnet sich die Tür ins **Zimmer der Erneuerung**.

Die Vierzimmerwohnung: Was tun als Verantwortlicher?

Praxistipps

Zimmer der Ver- leugnung	Zimmer der Ver- wirrung	Zimmer der Erneuerung
Respekt für den Einzelnen	Angstgefühle ernst nehmen	Focus auf Zukunft
Intensive Einzelge- spräche	Auf persönliche An- liegen eingehen	Ideen der Mitarbei- ter aufnehmen und umsetzen
Mit der Realität kon- frontieren	Nach Zielen und Perspektiven fragen	Mitarbeiter unter- stützen
Gründe für Verän- derung darlegen	Betroffene zu Betei- ligten machen	Erfolge kommuni- zieren und feiern
Ziele der Verände- rung	Gruppendiskussion	
Keine "gutgemein- ten" Ratschläge	Erfahrungsaustausch	

3.3.4 Logik der Veränderung

Ein Unternehmen als soziales System verfügt über kein "Verände-
rungs-Gen". Es verändert sich nicht automatisch. Veränderung
findet nur dann statt, wenn damit das soziale System durch reak-
tive oder pro-aktive Anpassung sein Überleben sichern kann.

Lohnt sich die Veränderung?

Die Frage, ob eine Veränderung nötig wird, und die Frage, ob
die Anpassung gelingen wird, kann nur von Innen beantwortet
werden. Die betroffenen Mitglieder des sozialen Systems werden
einem Veränderungskonzept erst dann folgen, wenn es sich für
sie unmittelbar lohnt: Der Gewinn der Veränderung muss für das
Unternehmen und die Mitarbeiter höher sein als der Gewinn,
den Status quo zu erhalten; die Kosten, den Status quo zu erhalten, müssen höher sein als die Kosten der Veränderung. Dabei
sollen die Begriffe "Gewinn" bzw. "Kosten" nicht nur quantitativ,
sondern subjektiv (aus der Sicht der Betroffenen) und qualitativ
verstanden werden.[48]

---

[48] Quelle: Alfred Janes, Karl Prammer, Michael Schulte-Derne, Transformations-Management, Springer Verlag 2001.

3.3.5 Veränderung von Innen oder von Außen

Wenn das Management aufgrund von strategischen Überlegungen eine Veränderung des Unternehmens herbeiführen will, so ist das für die Betroffenen eine Einwirkung von Außen.

Dies führt bei ihnen zu Emotionen wie Verleugnung, Wut und Verwirrung. Klassisches Change Management, wie es im Zusammenhang mit Informatik mehrheitlich betrieben wird, setzt sich nicht mit den durch die Veränderung ausgelösten Emotionen auseinander.

Emotionen bewegen

Oft scheitern hoch elaborierte Konzepte in der Umsetzung am Widerstand der betroffenen Führungskräfte und Mitarbeiter, präziser formuliert an deren Gefühlen. Emotionen bewegen – wie schon die Herkunft des Wortes (lat. e-movere) verrät: Entweder sie tragen das geplante Neue mit oder sie stellen sich ihm mit aller Kraft entgegen.

Wollen wir, dass die Betroffenen die geplante Veränderung mittragen, so müssen wir sie systematisch in die Vorbereitung und den Prozess der Veränderung einbeziehen. Dies muss so intensiv geschehen, dass die Veränderung, auch wenn der Impuls von Außen kommt, durch die Betroffenen selbst gestaltet wird. Auf diese Weise geht der Prozess der Veränderung von Innen aus.

Gezielt ausgewählte Mitglieder

Die Gestaltung, also das Entwickeln neuer Lösungen beginnt bereits in der Konzeptphase. Dies geschieht nur in integrativen, offenen und hierachiefrei moderierten Kommunikationsprozessen. Die Beteiligten sind gezielt ausgewählte Mitglieder des zu verändernden Teils des Unternehmens.

So entstehen Lösungen, die allein schon deshalb anschlussfähig sind, weil sie von innen heraus entstanden sind. Sie sind nicht systemfremd.

3.3.6 Die Veränderungsenergie

Der Veränderungsprozess wird energetisch von innen genährt. Das bedeutet, dass die Veränderung von der Energie lebt, die im Unternehmen bzw. in dem von der Veränderung betroffenen Unternehmensbereich dafür vorhanden ist.

Die Veränderungsenergie kann verstanden werden als Analogie zur Bereitschaft des Unternehmens und seiner Mitarbeiter, die Veränderung wirklich zu vollziehen.

Fehlt diese Energie, ist die Veränderung nicht möglich. Deshalb ist es wichtig, das relevante Energieniveau bezogen auf ein gemeinsames Ziel und einen gemeinsamen Weg zu beobachten.

Wie können wir dieses Energieniveau messen bzw. wie können wir die Bereitschaft zur Veränderung beurteilen?

Ein nützliches Modell liefert folgende Abbildung:

Veränderungsenergie

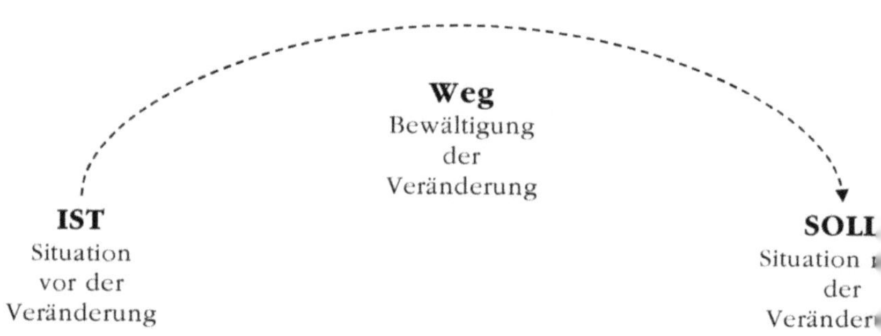

Abbildung 24: Veränderungsenergie

IST	Stellt die Situation vor der Veränderung einen Mangel dar, der Handlungsbedarf signalisiert?
SOLL	Ist das Ziel, der Zustand nach der Veränderung genügend attraktiv?
Weg	Ist der Weg vom IST zum SOLL realistisch machbar und attraktiv?

Genügend Veränderungsenergie ist nur dann vorhanden, wenn die relevanten Betroffenen schätzen,

- dass in der Ist-Situation ein Mangel herrscht oder bald herrschen wird **und** dass der Soll-Zustand attraktiv ist

oder

- dass in der Ist-Situation ein Mangel herrscht oder bald herrschen wird **und** dass der Weg attraktiv und realistisch ist

oder

- dass in der Ist-Situation ein Mangel herrscht oder bald herrschen wird **und** dass der Soll-Zustand attraktiv ist **und** dass der Weg attraktiv und realistisch ist.

Eine notwendige Bedingung für genügend Veränderungsenergie ist also die Einsicht, dass in der Ist-Situation ein Mangel herrscht oder bald herrschen wird. Zusätzlich muss das Ziel oder der Weg als hinreichend attraktiv eingeschätzt werden.

Für diese Einschätzungen sind die relevanten Betroffenen auf Informationen aus ihrer Umwelt angewiesen und auf einen Rahmen, in dem sie diese Informationen sinnvoll interpretieren und die eigene Situation reflektieren.

Vertrauenskultur

Fehlende Bereitschaft zur Veränderung kann also bedeuten, dass die Betroffenen nicht ausreichend informiert sind oder dass sie die Informationen zu wenig mit ihrer Situation verknüpfen können. Voraussetzung dafür ist wiederum, dass im Unternehmen ein respektvoller Führungsstil und eine Kultur des Vertrauens herrschen. Zudem sind die Informationen in einer für die Betroffenen verständlichen Sprache zu kommunizieren.

Mangelbewusstsein pflegen

Im Unternehmen muss eine Sprache mit zweckmäßigen Begriffen vorhanden sein, in der eine qualifizierte Auseinandersetzung mit dem Mangel möglich ist. Im gemeinsamen Dialog darüber kann das Mangelbewusstsein wachsen. Je deutlicher die Betroffenen den Mangel wahrnehmen, desto höher ist die Bereitschaft zur Veränderung.

Auseinandersetzung mit dem SOLL

Für die Einschätzung der Attraktivität des Soll-Zustandes braucht es eine ausformulierte Vision bzw. ein realistisches Ziel. Wenn sich die Betroffenen aktiv mit der Vision bzw. dem Ziel auseinander setzen, gewinnt der Soll-Zustand für sie an Sinn und Bedeutung. So zeigt sich deutlich, ob der Soll-Zustand für sie genug attraktiv ist.

Zuversicht in der Verunsicherung

Wie sehr sich die Mitarbeiter auf den Veränderungsprozess einlassen, hängt auch davon ab, ob sie den Weg zum Ziel als realistisch einschätzen. Diese Einschätzung ist subjektiv und hängt einerseits von selbst erlebten oder kommunizierten vergangenen Erfahrungen ab, andererseits von den Beziehungen, wer mit wem die Veränderung durchlaufen wird. Wichtig ist, das Spannungsfeld zwischen Verunsicherung und Sicherheit aufmerksam auszuloten. Der Weg wird durch klare, Sicherheit stiftende Vereinbarungen oder ein langsames pilot-artiges Vorgehen machbarer. Bei zu viel Sicherheit kann jedoch das nötige Engagement erlahmen.

Die Einschätzungen von Ist-Situation, Soll-Zustand und Weg sind nicht von einander unabhängig, sondern beeinflussen sich gegenseitig: Durch eine intensive Auseinandersetzung mit der Zukunft kann das Mangelbewusstsein bezüglich der Gegenwart wachsen. Wenn der Weg leichter gangbar erscheint, geht man eher eine Veränderung ein. Ein großes Mangelbewusstsein kann zur Folge haben, dass Hindernisse auf dem Weg kleiner erscheinen. Deshalb ist es empfehlenswert, dass es die gleichen Personen sind, die diese Einschätzungen von IST, SOLL und Weg machen.

Ist immer noch nicht genügend Veränderungsenergie vorhanden, so ist es nicht sinnvoll, die Veränderung direkt anzugehen:

- Zusätzliche Informationen über die Ist-Situation sind zu beschaffen und zu interpretieren. Der Handlungsbedarf ist zu klären.

- Das Ziel ist in Frage zu stellen, evtl. zu modifizieren.

- Andere Wege vom IST zum SOLL sind zu suchen.

3.3.7 Die relevanten Betroffenen

In den obigen Abschnitten war die Rede von den "Betroffenen" bzw. den "relevanten Betroffenen".

In der Regel ist es nicht sinnvoll, alle Betroffenen als Beteiligte aktiv in den Veränderungsprozess einzubeziehen.

Welche Betroffenen sollen zu ihrer Einschätzung der Veränderungsbereitschaft befragt werden?

Welche Betroffenen sollen bei der Gestaltung des Veränderungsprozesses beteiligt werden?

Nicht alle Betroffenen beteiligen! Diese Auswahl hängt vom spezifischen Unternehmen (bzw. Unternehmensbereich) ab, das sich verändern soll, von der Ausgangslage und vom Ziel, das erreicht werden soll.

Aktiv beteiligt werden sollen:

+ Führungskräfte,

+ Fachkräfte mit Verantwortung,

+ interne Berater (Personal und Organisation),

+ Mitarbeiter, die Neuem gegenüber positiv eingestellt und kommunikativ sind,

+ einflussreiche Mitarbeiter, unabhängig von ihrer Stellung in der Hierarchie,

+ einflussreiche Mitarbeiter, auch wenn sie am liebsten den Status quo erhalten möchten.

Nicht aktiv beteiligt werden sollen:

- Mitarbeiter und Führungskräfte, die Veränderungen gegenüber gleichgültig sind,

- Mitarbeiter und Führungskräfte, die nicht gestaltend wirken,

- Mitläufer.

Nicht alle Beteiligten haben die gleichen Rollen im Veränderungsprozess. Die Rollen sind auch von der Persönlichkeit, vom Charakter der Personen abhängig.

Die Rollen der Beteiligten

+ Führungskräfte sollen auch im Veränderungsprozess ihre Führungsverantwortung wahrnehmen.

+ Fachkräfte können mit ihrer Erfahrung und Kompetenz sowohl den Soll-Zustand als auch den Übergang dorthin mitgestalten.

+ Interne Berater haben grundsätzlich die Funktion, die Veränderung zu unterstützen.

+ Kommunikative Mitarbeiter werden ihre Begeisterung oder Bedenken weitergeben.

+ Einflussreiche Mitarbeiter werden mit ihrer Meinung andere betroffene Mitarbeiter beeinflussen.

+ Einflussreiche Mitarbeiter, auch wenn sie am liebsten den Status quo erhalten möchten, sind möglichst frühzeitig mit relevanten Informationen zu versorgen und ins Gespräch einzubeziehen, damit sie den Sinn und die Notwendigkeit der Veränderung einsehen. So lässt sich vermeiden, dass sie als Bremsklötze wirken.

Spezielle Charaktere

Machertypen sollen darauf achten, dass sie den Blick aufs Ganze behalten und dass sie auch den anderen genügend Raum lassen, sich einzubringen.

Kreative Typen sollen darauf achten, dass sie mit den realen Problemen und Herausforderungen in Verbindung bleiben.

3.3.8 Umgang mit Widerstand

Nur in seltenen Fällen ist es möglich, alle Betroffenen für die Veränderung zu gewinnen.

Kritische Masse und Schneeballeffekt

Indem wir ausgewählte Betroffene zu Beteiligten machen, wollen wir jedoch eine kritische Masse von Mitarbeitern, die hinter der Veränderung steht, erreichen. Durch zweckmäßiges Kommunizieren und Verhalten kommt ein Schneeballeffekt in Gang, der alle mitnimmt.

Dazu einige Anregungen für Führungskräfte:

- Liefern Sie den Betroffenen genügend Anhaltspunkte zum Mangelzustand. Verdeutlichen Sie die Dringlichkeit des Handlungsbedarfs.

- Vermitteln Sie eine griffige Vision und ergebnisorientierte Vorgaben.

- Leben Sie die Vision glaubhaft vor. Machen Sie diese sichtbar.

- Richten Sie Ihre Handlungen und Führungsentscheide konsequent auf die zukünftigen Anforderungen aus.

- Übernehmen Sie die Verantwortung für den Veränderungsprozess selbst. Delegieren Sie Entscheide weder an interne noch externe Berater.

- Suchen Sie Rückmeldungen aller Art. Bereiten Sie diese auf. Reflexion hilft, von- und miteinander zu lernen.

- Bilden Sie Koalitionen mit allen, die für die Veränderung einstehen.

- Zeigen Sie, dass der Zug schon fährt. Inszenieren und feiern Sie Erfolgserlebnisse auf dem Weg. Doch vermeiden Sie, den Sieg vor dem Ende der Veränderung zu verkünden.

3.3.9 Externe Berater

Es ist kein simples Unterfangen, den Veränderungsprozess eines Unternehmens bzw. eines Unternehmensbereiches zu gestalten. Neben speziellem Wissen und Können ist auch der Blick eines Außenstehenden hilfreich. Betriebsblindheit ist gefährlich.

Nicht jeder Berater ist geeignet

Doch nicht alle Berater eignen sich für die Gestaltung und Begleitung eines Veränderungsprozesses.

Merkmale geeigneter Berater sind:

- Sie versetzen sich in die Welt ihres Kunden.

- Sie ziehen in die gleiche Richtung wie das Management.

- Sie wissen, dass sie nur unterstützend wirken, dass sie die Veränderung weder "machen" noch "managen" können.

- Sie verstehen ein Unternehmen als ein komplexes, sozio-technisches System.

- Sie fordern und bringen Klarheit.

- Sie denken auch das noch nicht Gedachte und sprechen es aus. Sie sind lösungsorientiert und kreativ.

- Sie bewahren ihre Unabhängigkeit, sie kommunizieren offen.

- Sie halten ihr Wissen nicht zurück.

- Sie arbeiten systematisch und nutzen alle Möglichkeiten, um den Prozess vorwärts zu bringen.

- Sie messen sich an den tatsächlich erreichten Ergebnissen.

- Nach Abschluss des Projektes verschwinden sie wieder.

3.4 Profiling

Wissensträger identifizieren

In der Praxis existieren einige Methoden und Modelle, Wissen bzw. Wissensträger zu identifizieren und das Wissen Einzelner für die Gesamtheit bzw. für das Unternehmen nutzbar zu machen. In diesem Kapitel sollen einige dieser Methoden vorgestellt werden. Primär geht es hier um das Wissen, welches dem Wissensträger „Mitarbeiter" zuzuordnen ist. Daher ist auch hier die Rede vom sog. Profiling. Dahinter verbirgt sich eine umfassende Analyse, deren Ergebnis weit über ein einfaches Fähigkeitsprofil hinausgeht. Vielmehr werden neben dem direkten Know-how (im Sinne von Ausbildung, Erfahrung ...) auch verhaltenstypische Merkmale in der Unternehmensorganisation erfasst.

Qualifikationsverzeichnis

Zielsetzung dieser Profiling-Maßnahmen ist die Erstellung eines unternehmensinternen Qualifikationsverzeichnisses. Ähnliches ist derzeit schon unter der Bezeichnung „Gelbe Seiten" in manchen Intranets vorhanden. Die Qualität der dort vorhandenen Inhalte ist allerdings nach heutiger Praxis sehr unterschiedlich. Die Inhalte erstrecken sich von einfachen Telefonverzeichnissen (die dann elektronisch abgebildet im Intranet oder in diversen Adressbüchern von Kommunikations- und Groupwareanwendungen zu finden sind, bspw. Outlook, Lotus Notes) bis hin zu umfassenderen Informationsangeboten, die bspw. auch organisatorische oder technologische Aspekte beinhalten (wie Produkt-, Kunden-, Themen-, Technologiewissen).

In diesem Kapitel geht es aber nicht um die Art der Darstellung der Informationen (in irgendwelchen SW-Anwendungen) und auch nicht um die Art der Inhalte, sondern um **Möglichkeiten der Beschaffung von Inhalten und deren Verknüpfung zu Mitarbeitern**.

Einige Beispiele zur Verdeutlichung:

1. Strukturierte **Mitarbeiterbefragungen** können aussagekräftige Profile sowohl auf sach-rationaler als auch auf sozio-emotionaler Ebene entwickeln.

2. Analyse und Auswertung von **Lebensläufen, Projektberichte, besuchte Fortbildungsmaßnahmen**, Jahresgespräche, individuelle Karriereziele und Interessen etc. können Ergebnisse aus Befragungen ergänzen. (Anm.: wird in diesem Buch nicht weiter betrachtet).

3. Die Darstellung von **Kommunikationsbeziehungen** zwischen einzelnen Mitarbeitern oder Abteilungen gibt Aufschluss darüber, wie kommuniziert wird. Hierbei unterteilt man in prozessuale Kommunikationsbeziehungen (basierend auf Prozesshandbüchern) und realen Kommunikationsbeziehungen (basierend auf tatsächlichen Informationsströmen).

4. Die konsequente **Dokumentation** von Projekten (von der Akquise bis zum Projektende und nicht nur die Abschlussdokumentation), von sämtlichen Projektmeetings, der entwickelten Ergebnisse, Ressourceneinsatz (intern und extern) enthält eine Fülle von Inhalten, die die Fähigkeiten der Belegschaft repräsentieren, meist aber nicht mehr einzelnen Mitarbeitern zuzuordnen sind. (Anm.: wird in diesem Buch in den Kapiteln Kick off Workshop und Lastenheft / Pflichtenheft ansatzweise betrachtet).

5. Die strukturierte **Archivierung** von Dokumenten inklusive der Verknüpfung von Dokumenten zu einzelnen Mitarbeitern.

6. Die technische Analyse des **Kommunikationsverhaltens** der Mitarbeiter untereinander sowie nach außen zu Kunden, Partnern, Lieferanten etc. schafft eine – zwar nach deutschem Recht äußert fragwürdige - Profilerstellung, deren Ausmaß nach näherer Betrachtung wahrscheinlich die umfassendste Möglichkeit der Generierung von aktuellen Informationen über Mitarbeiter beinhaltet. Nach heutigem Technologiestand lässt sich diese unterteilen in:

   a. Analyse des E-Mail-Verkehrs

   b. Analyse des Telefonieverhaltens

   c. Analyse des Groupware-Kommunikationsverhaltens (Task-Listen, Meetingplanung, Calendaring, gemeinsame Dokumentenbearbeitung ...)

3.4.1 Organisatorische Kommunikationsanalyse

Kommunikation fördern

Wissen entsteht durch das Verknüpfen von Informationen. Der Informationsfluss bildet demnach eine wichtige Basis für das Knowledge Management. Wird die Informations- und Kommunikationssituation im Unternehmen analysiert, können „wissensrelevante" Informationsströme identifiziert und Schwachstellen bezüglich der Informationsströme und somit der Wissensbildung bzw. -verknüpfung ausfindig gemacht werden.

Als Hilfsmittel dazu dient ein Diagramm, welches die Informationsbeziehungen zwischen den verschiedenen Funktionseinheiten und Geschäftsbereichen im Unternehmen aufzeigt.

Anhand von Interviews kann ermittelt werden, zwischen welchen Funktionseinheiten welche Informationsbeziehungen bestehen. Um diese darzustellen wird ein Diagramm angefertigt, welches die verschiedenen Geschäftsbereiche aufzeigt, die in Beziehung zu den existierenden Funktionseinheiten gestellt werden. Das Diagramm stellt die Informationsbeziehungen zwischen Geschäftsbereichen / Funktionseinheiten dar. Dabei wird sowohl von formellen als auch von informellen Informationsflüssen im Unternehmen ausgegangen. Die Darstellung zeigt, wo aufgrund der Schnittstellen Informationsbedarf besteht und wo tatsächlich wie intensiv kommuniziert wird.

Informationen leiten

Die grafische Darstellung von Informationsbeziehungen gibt einen Überblick über die derzeit praktizierten Informations- und Kommunikationsprozesse. Der Ist-Zustand wird zum einen durch aktive Befragungen der Mitarbeiter ermittelt. Ergänzt werden kann dieser durch die auf den folgenden Seiten beschriebene technische Kommunikationsanalyse. Gleicht man diese Ergebnisse mit den Aufgabenbeschreibungen der einzelnen Funktionseinheiten (existierende Stellenbeschreibungen und Prozessdefinitionen) ab, kann nun festgestellt werden, welche Differenzen zwischen Ist- und Soll-Zustand bestehen.

Ergebnisübersicht Kommunikationsbeziehungsanalyse

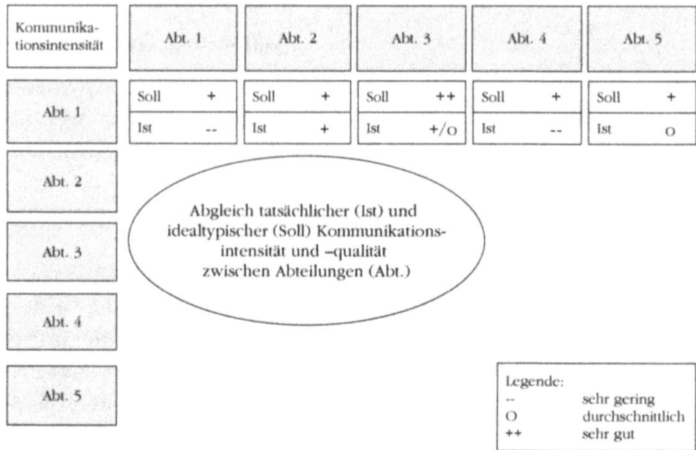

Abbildung 25: Kommunikationsbeziehungsdiagramm

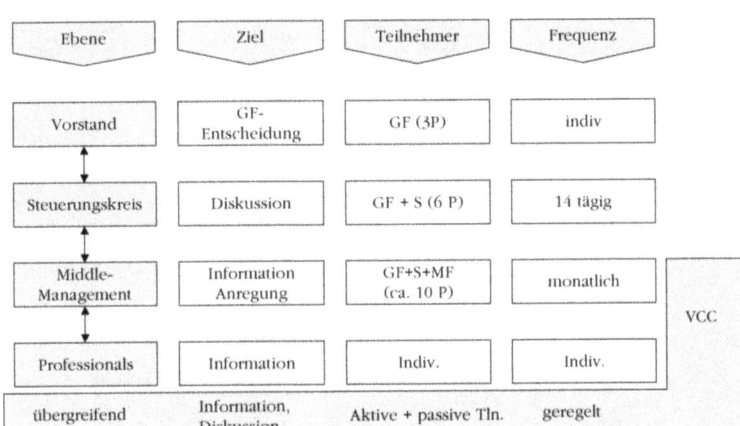

Abbildung 26: Organisatorische Informationsflüsse

Durch die Beschreibung der Objekte in Bezug auf die einzelnen Stellen wird die Grundlage für die Anbindung an das Knowledge Management geschaffen. Die einzelnen Stellen können nun gezielt an Wissensquellen und an Systeme zur Wissensspeicherung und –bereitstellung angeschlossen werden. Damit wird sichergestellt, dass das benötigte Wissen (sofern vorhanden) zur Verfügung gestellt und entstandenes Wissen gespeichert werden kann.

Kommunikation zwischen Abteilungen und Organisationseinheit

Bei den Tätigkeiten bzw. Informationsinhalten sollte vermerkt werden, ob es sich um Informationen handelt, welche in der jeweiligen Funktionseinheit entstehen (also als Input für andere Einheiten dienen) oder von dieser benötigt werden (Output anderer Einheiten).

Übersicht Kommunikationsbeziehungsanalyse

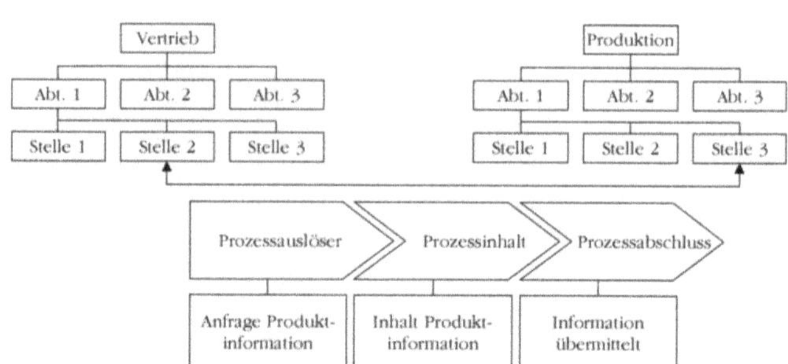

Welche Informationen, welche Quelle, welcher Ansprechpartner, Org.-E.
Bearbeitungsdauer (Gesamtprozess)
Qualität der Antwort, Rückfrage nötig
Anzahl Anfragen zu diesem Thema insgesamt (über Zeitraum t)
Insgesamt beteiligte Personen, Org.-E.
Informationsübermittlung über welche Medien

Abbildung 27: Organisatorische Kommunikationsbeziehungsanalyse

3.4.2 Technische Kommunikationsanalyse

**Vorsicht
Log-files!**

Die rasante Entwicklung der Informations- und Kommunikationstechnologie ermöglicht es uns heute, durch Analyse des Nutzungsverhaltens der unternehmensinternen Kommunikationsinfrastruktur äußerst aussagekräftige (und auch tlw. erschreckende) Ergebnisse zu produzieren. Denn der eingangs angesprochene „gläserne Mitarbeiter" ist (rein technisch gesehen) heutzutage durchaus realistisch.

Betrachtet man den wirtschaftlichen Nutzen, der hierbei realisierbar erscheint, eröffnen sich ungeahnte Möglichkeiten, bspw. bei der Beantwortung der bekannten Problemsstellung „Wenn Siemens wüsste, was Siemens weiß".

Nachfolgend werden drei Ansätze zur Analyse des Kommunikationsverhaltens näher betrachtet. Alle diese sind nach heutigem Stand technisch möglich. Sie befinden sich teilweise noch im Versuchs- und Prototypenstatus, teilweise aber auch schon im produktiven Einsatz oder sind als Standardprodukte bereits im Markt erhältlich.

E-Mail Profile

1. **Analyse des E-Mail-Verkehrs**: Durch Analyse sämtlicher E-Mail-Posteingangsordner aller Mitarbeiter des Unternehmens nach bestimmten Schlüsselbegriffen können je nach Häufigkeit oder auch je nach Kontextbezug Rückschlüsse auf behandelte Themen je Mitarbeiter gezogen werden. Folgende Szenarien lassen sich so konstruieren:

   a. Heutzutage werden E-Mail-Prosteingangsfächer oftmals als File-Server umfunktioniert, wenn E-Mails nicht explizit gesichert werden (und das ist meist ein aufwendiger Arbeitsschritt, der im Alltag behindert; Volumen von 700 MB im E-Mail-Postfach sind tlw. üblich). Somit sind E-Mail-Posteingänge (wie natürlich auch Postausgang, gesendete und gelöschte Objekte, etc.) ein wertvoller Wissensträger, den es zu nutzen gilt.

   b. Folgende Frage kann mit Hilfe solcher Lösungen beantwortet werden: Wer ist mit wem wann per E-Mail zu welchen Inhalten und Themen wie intensiv in Kontakt getreten und welche neuen Erkenntnisse wurden dabei generiert?

   c. Mit speziellen Filterfunktionen können Privates und Geschäftliches getrennt, wie auch einzelne Gruppen (bspw. alle E-Mails an Kunde A oder zum Thema B) gebildet werden.

   d. Scann-Programme können neben der stupiden Recherche nach key-words auch inhaltliche Zusammenhänge der E-Mail-Texte erkennen (ähnlich zu wissensbasierten Systemen) und diese im entsprechenden Kontext dokumentieren. Damit kann die Fehlerquote reduziert werden.

   e. Key-words aus Emails können mit den Ergebnissen aus Dokumenten-Management- und Archivierungslösungen, die bereits eine Volltextindizierung von Dokumenten durchgeführt haben, verglichen werden.

Merkmale

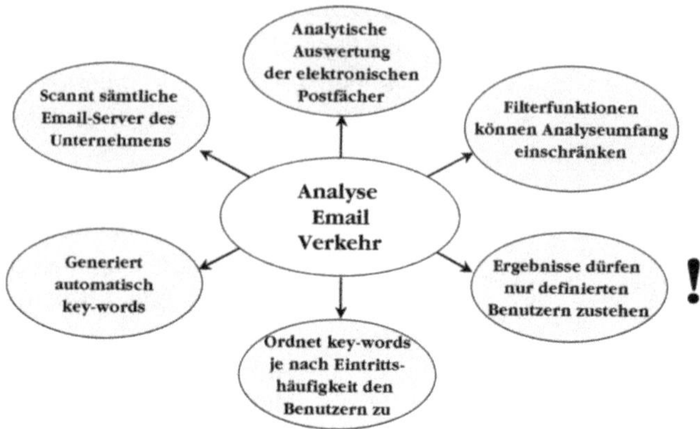

Abbildung 28: Merkmale Analyse E-Mail-Kommunikation

**Telefonie
Profile**

2. **Analyse des Telefonieverkehrs:** Moderne Telekommunikationsanlagen lassen umfangreiche Datenerfassungen von ankommenden und abgehenden Telefonaten zu. So kann ermittelt werden, wer mit wem wie oft und wie lange telefoniert hat. Kombiniert man diese Ergebnisse mit Personen, die bestimmte Themen bearbeiten, so kann ein Rückschluss über den entsprechenden Bearbeitungsumfang bestimmter Themengebiete gezogen werden. Die Telefonnummern können demzufolge bspw. Kunden und damit Arbeitsinhalten zugeordnet werden. Weiterhin lässt der derzeitige Entwicklungsstand von Spracherkennungslösungen eine Suche nach bei einem Telefonat genannten Schlüsselbegriffen (=**key word speech recognition**) zu. Damit kann ein direkter inhaltlicher Bezug hergestellt werden. Folgende Szenarien lassen sich somit beispielhaft konstruieren:

a. Durch eine technische Verkehrsanalyse kann jede Nebenstelle und jedes Mobiltelefon unternehmensweit detailliert ausgewertet werden.

b. Erreichbarkeit bestimmter Rufnummern (erfolgreiche, erfolglose Kontaktversuche).

c. Eigene Erreichbarkeit, weitergeleitete Gespräche, Auswertung der Anrufbeantworter (wer hat wann wie oft und wie lange welche Nachrichten hinterlassen)

d. Bei Nutzung sog. Universal Inboxes (kombinierte Anrufbeantworter für Voice, E-Mail, Fax) kann direkter Bezug von Sprachaufzeichnungen zu E-Mail-Inhalten hergestellt werden.

e. Mitarbeiter wurde x-mal von Rufnummer xxxx (damit verknüpft ist ein kombinierter Adress-Datensatz mit Verlaufs- und Inhalthistorie) kontaktiert.

f. Bei genanntem Schlüsselwort oder Wortkombination in definiertem Kontext, Eintrag in Datenbank, dass über dieses Thema x-mal gesprochen wurde.

g. Anzahl, Dauer, Umfang, Inhalte von Telefonkonferenzen mit Übersicht der Konferenzteilnehmer (in Kombination mit der jeweiligen Agenda sowie zeitpunktbezogener Projektberichte der Konferenz ist eine Ermittlung der Diskussionstiefe einzelner Themen möglich).

h. Zuordnung von Telefonaten bzw. gewählten Telefonnummern zu einzelnen Projekten und Projektphasen (auch für Projektcontrolling relevant).

i. Abgleich mit Ergebnissen aus der Informationsbeziehungsanalyse (vgl. vorheriges Kapitel) ermöglicht Ergebnis-Validierung und vor allem eine permanente Aktualisierung der Informationsflüsse im Unternehmen.

j. Auswertung sämtlicher Help Desk-Aktivitäten (insbes. des virtuellen 2nd-Level Supports) nach

i. Umfang (wer wurde wie oft von wem wann kontaktiert?).

ii. Inhalt (welche Themengruppe war besonders stark frequentiert bzw. welche Themen wurden wie oft behandelt?).

iii. Erfolgseintritt (bspw. durch Anzahl Wiederholungen).

Merkmale

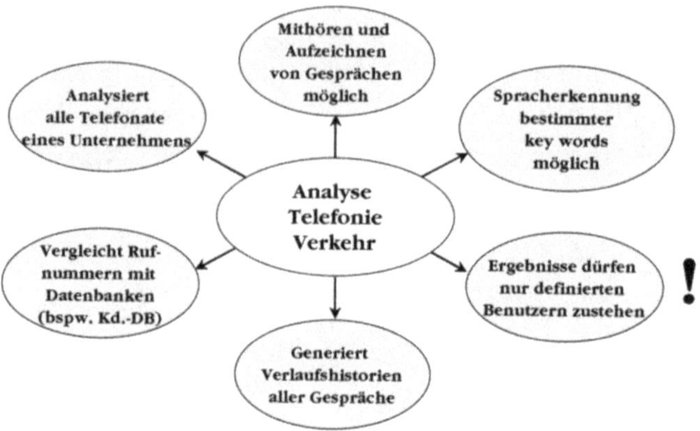

Abbildung 29: Merkmale Analyse Telefonie-Verhalten

Groupware Profile

3. **Analyse des Groupware-Kommunikationsverhaltens**: Werden Groupwaresysteme unternehmensweit konsequent genutzt, können diese auch entsprechend ausgewertet werden. So kann die Nutzungshäufigkeit und der themenbezogene Einsatz bestimmter Groupwarefunktionen statistisch erfasst und ausgewertet werden. Erweitert man diese Möglichkeit der Datenerfassung um bspw. die Auswertung unternehmensinterner Suchmaschinen, die eine unternehmensweite Aggregation von Suchergebnissen vollziehen, so lassen sich eine Vielzahl interessanter Szenarien entwickeln:

a. Suchergebnisse werden auch anderen zur Verfügung gestellt. So entfällt des erneute Selektieren von Suchergebnissen, wenn bspw. der Kollegennach dem gleichen Suchbegriff recherchiert. (Evtl. ist eine thematische Unterteilung nach einzelnen Organisationseinheiten und Gruppen sinnvoll.)

b. Einträge in Gruppenterminkalender können mit jeweiligen Tagesordnungen und Protokollen kombiniert ausgewertet werden. (Wer hat wann, wie oft, worüber, wie lange konferiert?)

c. Die Verknüpfung von Task-Listen (bspw. vor Meilensteinterminen) mit entstandenem Telefonieverkehr und abgehaltenen Veranstaltungen (aus Meetingplanungen) geben wertvolle Informationen für die Gesamtprojektplanung.

d. Eine Volltextindizierung sämtlicher E-Mails inklusive deren Anhänge ist eine wertvolle Ergänzung zu den Ergebnissen der Archivierungs-, Content Management- und Dokumenten-Management-Lösungen.

Merkmale

Abbildung 30: Merkmale Analyse Groupware-Kommunikation

3.4.3 Mitarbeiterbefragung

Persönliche Profile

Die Verhaltensforschung hat in den letzten Jahren auf eindrucksvolle Art und Weise bewiesen, dass diejenigen Menschen in Beruf und Privatleben am erfolgreichsten sind, die ihre Stärken und Schwächen besonders gut einschätzen können, die sich selbst „kennen." Ein solches Wissen, bzw. die Erlangung eines solchen Wissens, das Profiling, ist für einen Arbeitnehmer, ebenso wie für einen Arbeitgeber, bei der Entwicklung erfolgreicher Strategien auf dem Weg zum Erfolg von äußerster Wichtigkeit. Der Zweck eines Profilings liegt also im Unternehmensbereich für beide Seiten klar auf der Hand: Dem Beurteilten hilft es, seine Stärken zu erkennen und zu maximieren und im gleichen Rahmen seine eventuellen Schwächen zu minimieren. Es hilft dementsprechend auf Bereiche aufmerksam zu machen, deren Potenzial gegebenenfalls noch nicht voll ausgeschöpft ist. Der Mitarbeiter kann für sich selbst und damit auch für das gesamte Unternehmen erfolgreicher und wirtschaftlicher arbeiten. Die Identifikation des Einzelnen mit der Firma wird mit steigendem Erfolg ebenso wachsen, wie die persönliche Zufriedenheit mit der eigenen Arbeit. Profilingerkenntnisse aus Befragungen unterteilen sich in auf die Aufgabenstellung abgestimmte und definierte Fähigkeitsbereiche, auf die anhand eines sogenannten 360 Grad Feedbacks oder der 360 Grad Analyse eingegangen wird. Es handelt sich dabei, grob unterteilt, um folgende Bereiche:

- Fähigkeiten persönlicher und fachlicher Natur

- Erfahrung in den verschiedensten unternehmerischen Bereichen

- Typus des Mitarbeiters

Ein Profiling kann also den effektiven Ressourceneinsatz fördern. Auch die Besetzung der im vorigen Kapitel beschriebenen Help Desks lässt sich durch gezieltes Profiling nahezu optimal lösen. Eventueller Schulungsbedarf wird ebenso offensichtlich wie „versteckte" Fähigkeiten, von denen vielleicht sogar der entsprechende Mitarbeiter selbst noch nichts wusste. Man mag an dieser Stelle die Idee des Profilings, trotz all seiner immensen Vorteile, allerdings evtl. auch ein wenig kritisch hinterfragen, liegt doch der Gedanke zu einem „gläsernen Mitarbeiter" auf den ersten Blick hin nicht allzu fern. Solche Bedenken sind bei genauerem Hinsehen jedoch recht schnell in einem anderen Licht zu sehen, denn wenn man einmal genauer darüber nachdenkt, sind letztlich auch im privaten Bereich Therapeuten oder Psychoanalytiker, die man konsultiert, um sich bei diversen privaten Problemstellungen helfen zu lassen, nichts anderes als Menschen, die ein Profiling von ihren Patienten erstellen. Es wird also im Rahmen eines Profilings nichts Verwerfliches praktiziert und beileibe kein „gläserner Mitarbeiter" angestrebt, sondern vielmehr eine freiwillige Hilfestellung angeboten, um bestimmte unternehmensinterne Schwierigkeiten - durch gezielte Information - aus der Welt zu schaffen und so für **beide** Seiten ein befriedigenderes Arbeitsumfeld herzustellen. Denn schließlich sitzen Unternehmer und Mitarbeiter alle „in einem Boot" mit dem gemeinsamen Kurs in Richtung Erfolg. Ein beiderseitiges wirtschaftlicheres Arbeiten stärkt Zusammenhalt, Moral, Zufriedenheit und nicht zuletzt auch materielle Sicherheit in jedem Unternehmen.

3.4.4   360 Grad Analyse

Bei der 360 Grad Analyse handelt es sich um eine detaillierte Betrachtung eines Mitarbeiterprofils auf sozio-emotionaler (Soft Skill) und auf sach-rationaler Ebene (Hard Skill). Durch Einsatz der Fragebogentechnik (online oder offline) wird ein auf spezielle Aufgabenstellungen abgestimmtes und in verschiedene Fähigkeitsgebiete unterteiltes Profil eines Mitarbeiters ermöglicht.

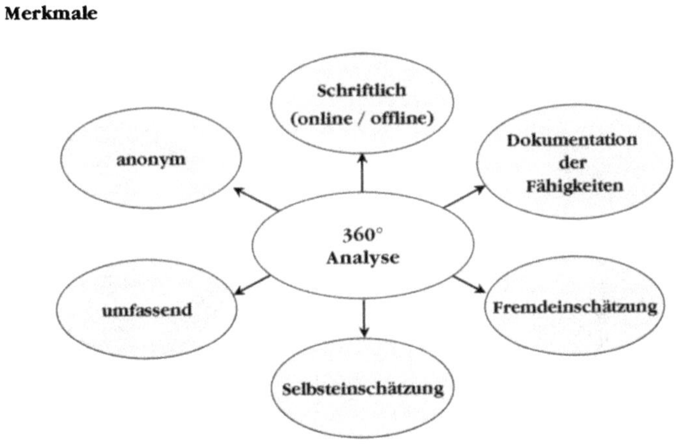

Merkmale

Schriftlich
(online / offline)

Dokumentation
der
Fähigkeiten

anonym

360°
Analyse

Fremdeinschätzung

umfassend

Selbsteinschätzung

Abbildung 31: Merkmale 360 Grad Analyse

Selbst- und Fremdein-schätzung

Wie die Bezeichnung 360 Grad Analyse unschwer erkennen lässt, sind darin sämtliche arbeitstechnischen und für das Unternehmen relevanten zwischenmenschlichen Fähigkeits- und Erfahrungsbereiche enthalten. Der „Fragebogen" wird, um ein so breit gefächertes und so objektiv wie mögliches Bild zu erhalten, von vier verschiedenen Unternehmensparteien ausgefüllt:

1. Vom Mitarbeiter selbst, dessen subjektive Selbsteinschätzung durch die zeitgleiche Beurteilung der anderen drei Gruppen oftmals erstaunliche Abweichungen vom eigentlichen Selbstbild hervorbringt.

2. Vom direkten Vorgesetzten, dessen Einschätzung bezüglich der an den zu Beurteilenden delegierten Aufgabengebiete von großer Bedeutung ist.

3. Von einem direkt untergebenen Mitarbeiter, dessen Erfahrungen in punkto Führungsqualitäten des zu Beurteilenden das Bild in erheblichem Maße mit beeinflussen.

4. Von einem gleichrangigen Mitarbeiter, dessen Einschätzung in den Bereichen Teamwork, Kompetenzfragen etc. das Profil des zu Beurteilenden adäquat abrunden.

360ºAnalyse: Vier-Ebenen-Auswertung

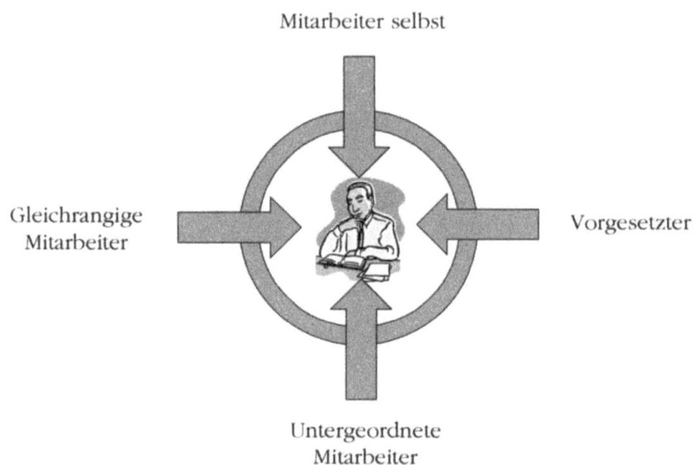

Abbildung 32: Vier-Ebenen-Auswertung

Durch diese Vier-Ebenen-Auswertung besteht also die Möglichkeit, ein möglichst objektives Profil eines Mitarbeiters zu erhalten. Selbst betriebsinterne Unstimmigkeiten und Antipathien sind im Rahmen einer 360 Grad Analyse auf diese Art und Weise aufzudecken. Wie zuvor erwähnt, ist eine 360 Grad Analyse in mehrere unterschiedlich definierte Aufgabenbereiche unterteilt und gegliedert, die ein möglichst komplettes Bild des zu Beurteilenden ermöglichen sollen. Man kann hier zwischen zwei großen Gebieten unterscheiden, wobei natürlich beide unabdingbar im alltäglichen Arbeitsprozess miteinander verwoben sind: dem unternehmenstechnischen und damit fachkenntnistechnischen Bereich und dem kommunikativ-sozialen Bereich. In Abhängigkeit der individuellen Zielsetzung einer 360 Grad Analyse Maßnahme können folgende 10 Fähigkeitsbereiche in Betracht kommen:

Checkliste

- **Kommunikation**: d. h. hört anderen zu. Ermutigt Mitarbeiter, ihre Ideen und Fragen mitzuteilen. Hört sich alle Standpunkte offen an, ohne Gesprächspartner zu unterbrechen. Fasst Informationen zusammen und vergewissert sich, sie verstanden zu haben. Verarbeitet Informationen. Konzentriert sich auf das Wesentliche. Wägt Vor- und Nachteile gegeneinander ab, zieht dabei kurz- und langfristige Auswirkungen von Entscheidungen in Betracht. Entwickelt logische und klare Schlussfolgerungen.

- **Führungsqualitäten**: d. h. erweckt Vertrauen. Hält zuverlässig Versprechen ein und bewahrt Stillschweigen. Ist ehrlich und setzt hohe ethische und moralische Maßstäbe. Gibt Richtungen vor. Legt eindeutige Erwartungen und angemessene Arbeitsbelastungen fest. Plant die zur Erreichung von Zielen notwendigen Schritte und behält dabei die Gesamtvision im Blick. Delegiert Verantwortung. Vergibt Aufgaben an dafür geeignete Mitarbeiter. Erlaubt Mitarbeitern selbstständig zu arbeiten und Probleme eigenhändig zu lösen, ohne die Kontrolle zu verlieren.

- **Anpassungsfähigkeit/Flexibilität**: d. h. passt sich den Umständen an. Kann sich an unterschiedliche Arbeitsstile und verschiedenartige Umgebungen anpassen. Geht konstruktiv mit Rückschlägen um und kommt Veränderungen zuvor. Denkt kreativ. Bringt Phantasie in die Tätigkeit ein und regt zu Innovationen, Risiken und kreativen Problemlösungen an.

- **Beziehungen**: d. h. baut persönliche Beziehungen auf. Nimmt auf die Gefühle anderer Mitarbeiter Rücksicht, ist vorurteilsfrei und übt auf taktvolle Weise Kritik. Bleibt auch unter Anspannung gelassen. Fördert den Erfolg des Teams. Löst Konflikte auf gerechte Weise und in einem Geist der Zusammenarbeit. Schafft Übereinstimmung und führt ein Team durch das Aufstellen angemessener Ziele. Rekrutiert Mitarbeiter auf effektive Art und macht klugen Gebrauch von den Begabungen innerhalb einer Gruppe.

- **Aufgabenmanagement**: d. h. arbeitet effizient. Nutzt verschiedenste Technologien und externe Ressourcen auf wirtschaftliche Weise. Vermeidet Verzögerungen und setzt Prioritäten. Arbeitet kompetent. Beherrscht die Tätigkeit. Kann neue Methoden und Informationen schnell und sicher auf entsprechende Aufgaben anwenden.

- **Produktion**: d. h. handelt tatkräftig. Erkennt den richtigen Zeitpunkt für den Anstoß einer Aktivität. Bewältigt Probleme mit Selbstbehauptung und trifft Entscheidungen rechtzeitig und mit Entschlossenheit. Erzielt Ergebnisse. Überwindet Hindernisse, um Ziele zu erreichen, die hohe Maßstäbe für Mitarbeiter setzen und einen positiven Einfluss auf das Unternehmen haben.

- **Förderung der Entwicklung anderer:** d. h. fördert Begabungen und Mitarbeiter auf effektive Art und Weise und sorgt für Weiterbildungsmöglichkeiten. Gibt den Mitarbeitern rechtzeitig Rückmeldung über deren Leistungen. Motiviert erfolgreich. Äußert Anerkennung für hervorragende Arbeit und besondere Anstrengungen. Besitzt Begeisterungsfähigkeit, die eine positive Wirkung auf andere hat.

- **Intuition**: d. h. kann den richtigen Zeitpunkt einer Entscheidung unmittelbar erkennen und die sich daraus ergebenden Zusammenhänge und Konsequenzen eines komplexen Prozesses erfassen und dementsprechend effektiv darauf eingehen. Handelt verantwortungsbewusst. Identifiziert sich mit seiner Aufgabe und handelt auch im kommunikativen Bereich nach effektiven Gesichtspunkten.

- **Technik**: d. h. geht auf den eventuellen eigenen Schulungsbedarf bereitwillig ein und versucht möglichst alle zur Verfügung stehenden unternehmensinternen und externen Informationsmöglichkeiten so konstruktiv wie möglich zu nutzen. Arbeitet auf hohem Niveau. Bedient sich der zur Verfügung stehenden Mittel und hat eine große Affinität zu modernen Technologien. Organisiert seinen persönlichen Arbeitsbereich.

- **Persönliche Entwicklung**: d. h. zeigt Engagement. Bringt ein hohes Maß an Energie in die Arbeit ein, ist beharrlich und bewahrt eine positive Einstellung. Erstrebt Verbesserungen an. Lernt aus Fehlern und konstruktiver Kritik. Sucht nach Möglichkeiten zur beruflichen Verbesserung und Weiterentwicklung. Schränkt das eigene Potenzial nicht ein.

Report

Die Ergebnisse der Untersuchung werden dann in einem Feedback-Report dargestellt. Dieser kann in drei Einzelberichte untergliedert werden. Nachstehende Abbildung verdeutlicht dies exemplarisch.

- **Summary**: Ein Vergleich der erreichten Punktzahlen der einzelnen Gruppen untereinander sowie Darstellungen von deren jeweiligen Abweichungen

- **Profil & Kompetenzanalyse**: In diesem Hauptteil werden die Ergebnisse der 10 Fähigkeitsbereiche untersucht, wobei die erreichte Punktzahl der Selbsteinschätzung des Teilnehmers mit der durchschnittlichen Punktzahl der Gruppe verglichen wird. Weiterhin werden die erreichte Gesamtpunktzahl angegeben sowie die eventuell darin enthaltenen Abweichungen des Feedbacknehmers zur Gruppe „aller Befragten". Die Profil- und Kompetenzanalyse erklärt die Auswertung der einzelnen Fähigkeitsgruppen nach bestimmten Fähigkeitsgebieten auf sozio-emotionaler und sach-rationaler Ebene. Welche besonderen Begabungen tauchen bei der Auswertung in welchen Gruppen auf? Daraus ergibt sich ein Erkennen der Talente, aber auch der eventuellen Defizite der einzelnen Gruppen.

- **Status Quo und Entwicklung**: Die Ergebnisse aller Untersuchungselemente basierend auf der Situation des Feedbacknehmers. Darin werden die Stärken, Schwächen und deren Entwicklungsbedarf in den 10 Fähigkeitsbereichen beschrieben und Empfehlungen und gegebenenfalls Anleitungen zu einem persönlichen Entwicklungsplan gegeben.

Report Übersicht

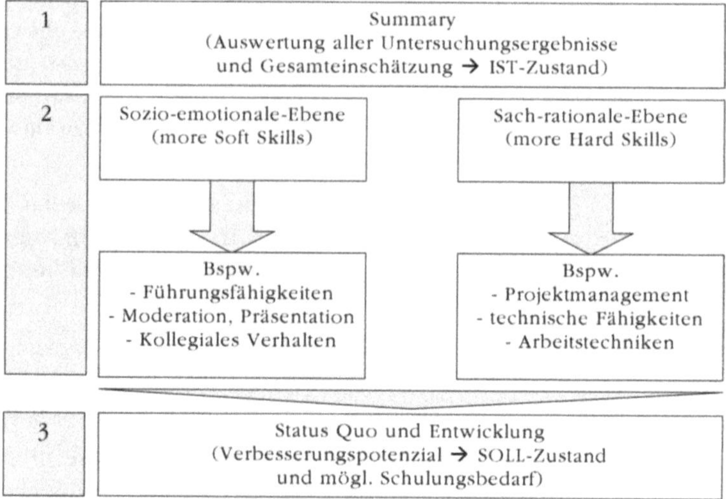

Abbildung 33: Report Übersicht

Die Ergebnisse von sämtlichen im Unternehmen erstellten 360
Grad Analysen können dann in ein unternehmensinternes Qualifikationsverzeichnis eingepflegt werden. Auf dieses Qualifikationsverzeichnis kann dann bspw. wiederum bei der Besetzung
einer neuen unternehmensinternen Stelle zurückgegriffen werden. Man kann ersehen, welcher Mitarbeiter das für die Stelle
notwendige Anforderungsprofil erfüllt.

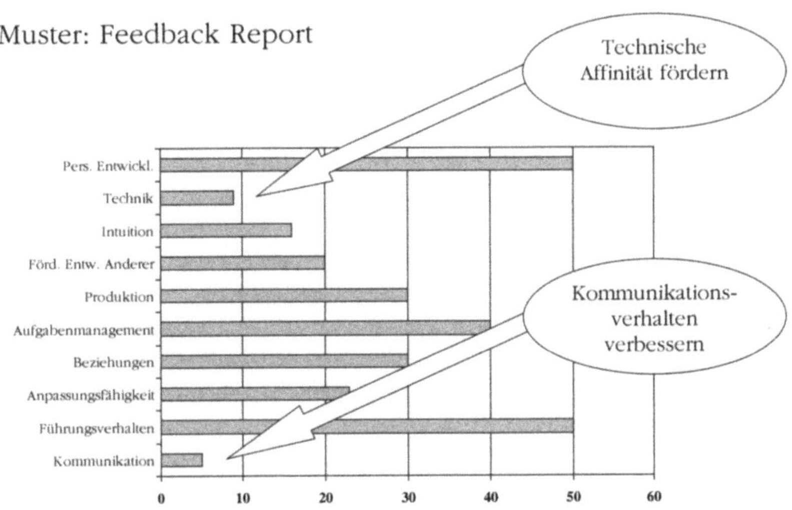

Abbildung 34: Muster Feedback Report

3.4.5 Feedback geben

**Aktives
Zuhören**

Es ist ratsam den Feedbackreport dem „Feedbacknehmer" in einem Mitarbeitergespräch zukommen zu lassen, um so gemeinsam die erzielten Ergebnisse zu analysieren und evtl. eine neue Ziel- und Verhaltensorientierung einvernehmlich in die Wege zu leiten. Bei der gemeinsamen Besprechung der Ergebnisse mit dem „Feedbacknehmer" sollten jedoch ein paar Regeln beachtet werden:

- **Vier-Augen-Gespräch**: Keine Kritik vor anderen, es geht um persönliche Dinge, die nur zu zweit besprochen werden sollten.

- **Wertungsneutral verhalten:** Keine Vorwürfe und negative Bewertung. Es geht um ein positives Feedback. Kritikpunkte werden sachlich und in einem ruhigen Tonfall angesprochen.

- **Schwachstellen direkt ansprechen**: Reden Sie nicht um den heißen Brei herum, sondern sprechen das Thema direkt an.

- **Stärken- / Schächen-Analyse**: Versuchen Sie gemeinsam eine Liste von Positivem und Negativem zu erstellen. Beachten Sie hierbei eine (psychologisch bedingte) Ausgewogenheit der Stärken und Schwächen.

- **Aktives Zuhören:** Geben Sie Ihrem Mitarbeiter eine Chance, den Sachverhalt aus seiner Sicht darzulegen; hören Sie zu und unterbrechen Sie nicht. Fragen Sie nach, ob Sie seine Meinung richtig verstanden haben.

- **Gemeinsamer Lösungsweg:** Versuchen Sie eine Lösung gemeinsam zu erarbeiten, wie die Schwachstellen beseitigt werden können und erstellen Sie einen ersten Maßnahmenplan für die berufliche Weiterentwicklung.

- **Harmonisches Gesprächsende:** Lassen Sie Ihren Mitarbeiter die Ergebnisse zusammenfassen und danken Sie ihm für seine Kooperationsbereitschaft.

3.4.6 Qualifikationsverzeichnis

Knowledge Map

Sämtliche Ergebnisse aus Profiling-Analysen können dann in einem sogenannten Qualifikationsverzeichnis oder auch Wissenslandkarten bzw. Knowledge Maps zusammengeführt werden. Wie eingangs angesprochen existieren derzeit in praxi derartige Verzeichnisdienste in Form von Gelben Seiten oder auch in Form von Personaldatenbanken. Die Integration solcher Dienste wird meist in die vorhandene Intranet- bzw. Groupware-Infrastruktur erfolgen. Das hier beschriebene Qualifikationsverzeichnis soll auch weniger eine Anleitung zur Auswahl und Gestaltung der Front Office-Anwendung sein, sondern ein Leitfaden, welche Wissensquellen integriert werden können. Qualifikationsverzeichnisse dienen erstrangig zum Lokalisieren von Wissensträgern. Die Inhalte sind innerhalb der Wissensträger vorhanden[49].

Knowledge Maps sind jedoch mehr als nur ein „Organigramm" oder ein Mitarbeiter-Telefonverzeichnis, das durch die jeweiligen Stellenbezeichnungen ergänzt wird. Sicher mag so etwas ein erster Schritt sein, es stellt jedoch noch lange keine Wissenslandkarte dar.

---

[49] In Anlehnung an: Michael Peter Schmidt, Knowledge Communities, Addison-Wesley-Verlag, 2000.

Wissenskarten könnten nach ihrer Art nochmals unterteilt werden in:[50]

- Wissensträgerkarten

- Wissensbestandskarten

- Knowledge Flow Maps

- Wissensstruktur- und Argumentationskarten

Unter *„Wissensträgerkarten"* werden „Wissenstopographien", „Skill Maps"[51] usw. verstanden. Sie stellen dar, welches Wissen (Bereich und Qualität) bei welchem Wissensträger vorhanden ist. Dabei können sowohl interne als auch externe Personen oder Partnerfirmen einbezogen werden.

„Wissensbestandskarten" identifizieren und kategorisieren die gespeicherten Wissensbestände (in Systemen und Dokumenten).

„Knowledge Flow Maps" zeigen die Wissensflüsse im Unternehmen auf. Dies kann in Form der Darstellung der wissensrelevanten Wertschöpfungsprozesse, der Wissensflüsse, prinzipiell bei Ablauf der Prozesse im Unternehmen oder auch des Aufzeigens von Verknüpfungen zwischen Funktionen bzw. Aufgabengebieten der Mitarbeiter geschehen.

Unter **„Wissensstrukturkarten"** werden z.B. „Relationship Maps" oder „Learning Maps" verstanden. Learning Maps sind strategische Pläne, die in weniger komplexe Objekte und Aktivitäten aufgesplittet werden. Relationship Maps zeigen die organisatorischen und funktionalen Beziehungen im Unternehmen auf, um ein besseres Verständnis der Organisation und den zugrundeliegenden „Communities of Practice" zu geben.

Erstellung von Knowledge Maps

Wie stellt man nun jedoch eine solche „Knowledge Map" auf?

Zum einen muss man sich darüber im Klaren sein, auf „welches Wissen" (unternehmensrelevant bzw. erfolgsrelevant) verwiesen werden soll, zum anderen müssen auch andere Wissensthemen (aus dem Wissenspool der Mitarbeiter und Systeme) objektiv aufgenommen werden. Denn oft entstehen aus Projekten Problematiken, welche bisher noch nicht im Unternehmen aufge-

---

[50] vgl. Gilbert Probst, Steffen Raub, Kai Romhardt [Wissen managen, 1998] S.108.

taucht sind und deshalb evtl. auch nicht als „unternehmensrelevante Themen" in die „Yellow Pages" mit einbezogen wurden.

Es muss demnach ein Querschnitt über Systeme und Mitarbeiter mit den Themen erstellt werden, die

1. unternehmensrelevantes und

2. „objektives" Wissen

bzw. Erfahrungen darstellen.

Welches Wissen unternehmensrelevant ist, geht zum einen aus den Geschäftsfeldern, den Branchen, in welchen das Unternehmen tätig ist, den Projekten, Produkten, angebotenen Dienstleistungen, aber auch den Zielen, der Wertschöpfungskette und aus den Kooperationen des Unternehmens hervor. Bei der Erarbeitung dieser Themen sollten nach Möglichkeit Mitarbeiter verschiedener Bereiche (Funktionen) und Hierarchien beteiligt werden.

Der zweite Schritt beinhaltet dann das Einordnen des Wissens von Mitarbeitern und Systemen. Oft nutzen Unternehmen Befragungen, um zu ermitteln, **welches** Wissen die Mitarbeiter **besitzen, welches** sie zusätzlich zur Ausübung ihrer Tätigkeit **benötigen** bzw. **woher** sie es bekommen (Systeme, Dokumente usw.).

Einsatzfelder

Wissenslandkarten mit Kernkompetenzen

Wissenslandkarten ermöglichen es, Kernkompetenzen, aber auch Kompetenzlücken aufzudecken. Ein nützlicher „Nebeneffekt" ist, dass das Unternehmen und die Mitarbeiter zu besseren „Nutzern" von Trainings- bzw. Weiterbildungsangeboten innerhalb und außerhalb der Organisation werden, weil die Knowledge Maps zugleich auch Mitarbeiterziele (hinsichtlich eines Kompetenzaufbaus) widerspiegeln können.

Qualifikationsverzeichnisse und Wissenslandkarten geben also eine Übersicht über vorhandene Ressourcen (wie oben beschrieben). Bündelt man diese mit Anforderungen aus unternehmerischen Tätigkeiten, wie bspw. Funktionen, Stellenbeschreibungen oder Projektanforderungen, lässt sich daraus ableiten, welche Skills benötigt werden. Zwei Fragen können also beantwortet werden:

Was haben wir? und **Was brauchen wir?**

Sinngemäß kann aus diesen Informationen ein Bedarf an Ressourcen und Skills ermittelt werden. Um diesem gerecht zu werden gibt es zwei Möglichkeiten:

1. Durch Schulung vorhandener Mitarbeiter

2. Durch Rekrutierung neuer Mitarbeiter

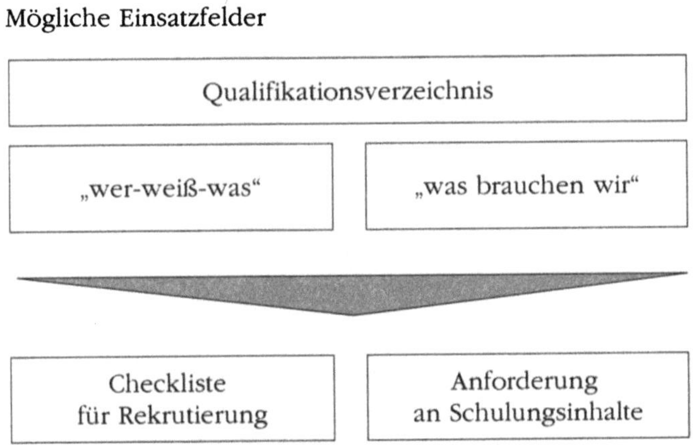

Mögliche Einsatzfelder

Abbildung 35: Einsatzfelder Qualifikationsverzeichnis

Gap-Analyse: Bildungsbedarf

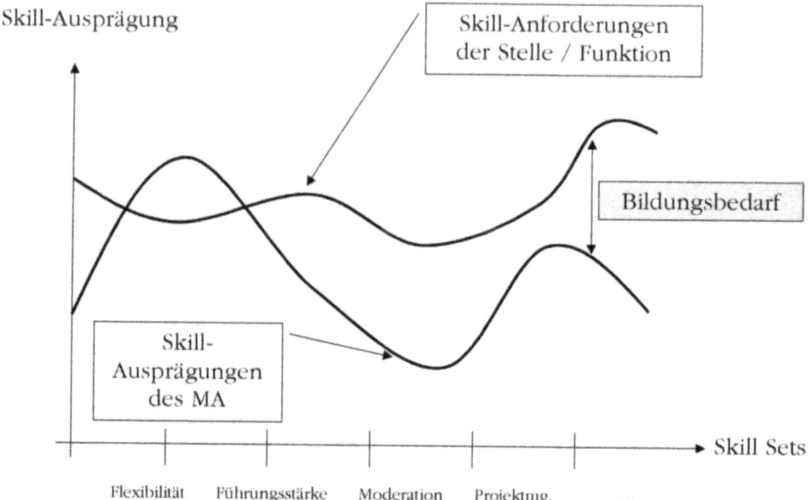

Abbildung 36: Analyse Bildungsbedarf

Bereits im Unternehmen vorhandene „Skill Maps" können sehr gut in die zu erstellende Wissenslandkarte eingepasst werden, denn sie decken bereits den Part des Mitarbeiterwissens ab. Skill Maps geben Aufschluss über die Art und Qualität des Wissens der Mitarbeiter. Dabei werden die Kenntnisse und Erfahrungen in so genannte „Skill-Level" eingeordnet (z.B. Basiskenntnisse, Anwenderwissen, Expertenwissen), um eine möglichst klare Abgrenzung zu erhalten und die Qualifikationen „messbar" zu machen. Zusätzlich kann die Erfahrung dort auch mittels Angabe der Dauer des Einsatzes in Projekten und einem Vermerk zum Zeitpunkt des letzten praktischen Einsatzes qualifiziert werden.

Beispielvorlage Skill-Bewertung für Qualifikationsverzeichnis

Name:..................	Bearbeiter:..................	Status:..................	Datum

Beschreibung:

Skill Set	Beschreibung	Summary Skill-Levels							Email	Telefonie	GW	360 Grad
		Expert		Intermediate		Low			Soll / Ist	Soll / Ist	Soll / Ist	Soll / Ist
		1	2	3	4	5	6					
SUM	HFK 24			X					⟶	⟶	⟶	⟶

Bemerkung:

Abbildung 37: Vorlage Skill-Map

Checkliste Qualifikationsverzeichnis

Übersicht möglicher Bestandteile des Qualifikationsverzeichnisses:

- Ergebnisse der Telefonie-Auswertung pro Mitarbeiter

- Ergebnisse der E-Mail-Auswertung pro Mitarbeiter

- Stellen- und Anforderungsprofile

- Übersicht besuchter Schulungen pro Mitarbeiter

- Durchgeführte Schulungen durch Mitarbeiter (Übersicht möglicher Inhouse-Seminare)

- Ergebnisse GAP-Analyse Bildungsbedarf

- Funktion im Unternehmen (organisatorische Einordnung und Stellenbeschreibung)

- Qualifikationen (Fachkenntnisse, Fähigkeiten, Methodenwissen, Prozess-Know-How, persönliche Merkmale)

- Schwerpunkte, Interessengruppen (Zugehörigkeit zu „Communities of Practice" o. ä.)

- Erfahrungen (aus Lebenslauf und Projekten) und damit verbunden zurückliegende Projekte, in denen der Mitarbeiter eingesetzt wurde (Themen, Technologien, Kunden bzw. Branchen)

Ein so genanntes „Dictionary" oder ein „Thesaurus" sollten außerdem eingesetzt werden, damit sich die Mitarbeiter in einer einheitlichen Begriffswelt bewegen. Der gemeinsam genutzte Kontext wird klarer abgegrenzt, Definitionen oder Beispiele gegeben und somit erzwungen, dass die Mitarbeiter ein identisches Vokabular nutzen. So wird ein „Aneinander-Vorbeireden" vermieden, die Verständigung und somit auch der Wissenstransfer erleichtert.

Durch die Nutzung von Wissenslandkarten haben die Nachfrager von Wissen die Möglichkeit, gezielt auf die Wissensträger zuzugehen, um dieses Wissen in Erfahrung zu bringen. Dies ist ohne Wissenslandkarten bzw. Qualifikationsverzeichnisse nur schwer möglich. Natürlich werden auch entsprechende Anforderungen an die Wissenslandkarte gestellt – sie muss dynamisch sein, damit Änderungen entsprechend eingepflegt werden können, außerdem muss sie es dem Benutzer ermöglichen, sich durch sie hindurch zu „navigieren". Aus diesem Grund sind elektronische Knowledge Maps nützlicher als „Papier-Dokumente", denn Organisationen sind dynamisch; „Papier-Dokumente" sind daher meist schon veraltet, sobald sie erstellt wurden und können im Gegensatz zu elektronischen Dokumenten schlecht angepasst werden. Abgesehen davon können die Mitarbeiter auf elektronisch angelegte Wissenslandkarten leichter bzw. von überall her zugreifen (z.B. über Intranet oder Internet).

Die Erstellung einer Knowledge Map ist aufgrund dessen, dass sich sowohl das Unternehmen als auch dessen Mitarbeiter weiterentwickeln und verändern, nicht als einmaliger Akt, sondern als fortschreitender Prozess zu sehen.

Die Erstellung eines Qualifikationsverzeichnisses ist allerdings eine unternehmensindividuelle Angelegenheit. Eine allgemeingültige Musterlösung gibt es nicht. Letztendlich muss eine Entscheidung getroffen werden, welchen Umfang ein derartiges Verzeichnis haben soll. Wichtig ist nur, dass die darin enthaltenen Informationen (und sei es nur eine einfache Telefonliste) stets aktuell sind (und daher permanent zu pflegen), damit sie dem Anwender von Nutzen sein können. Denn wird die Notwendigkeit durch mangelnden Nutzenzugewinn einmal in Frage gestellt, finden spätere Qualitätsverbesserungen meist nur geringe Akzeptanz.

Jedoch sollte es auf jeden Fall vermieden werden, Wissenslandkarten als „Überwachungswerkzeug" zum Prüfen von Lernbereitschaft oder Wissensstand zu benutzen. Denn der Erfolg (und Wahrheitsgehalt) von Wissenslandkarten ist unter diesem Gesichtspunkt eher zweifelhaft.

Knowledge Maps sind ein sensibles Thema. So ist außerdem zu bedenken, dass sie Gebiete im Unternehmen beeinflussen, indem sie diese sowohl definieren als auch beschreiben.[52]

---

[52] vgl. Thomas H. Davenport, Laurance Prusak [Working Knowlegde,1998], Page 79.

3.5 Lernen

Qualität durch Qualifikation

Wie bereits mehrfach in vorangegangenen Kapiteln angedeutet ist und bleibt der wichtigste Garant für den Erfolg eines Unternehmens, gerade im IT-Bereich, die Qualität der Belegschaft. Nun mag man an dieser Stelle vielleicht etwas die Nase rümpfen und den Begriff „Qualität" in Verbindung mit Menschen als ein wenig zu pragmatisch ansehen, aber es bleibt dennoch eine Tatsache, dass eben diese Qualität ein erheblicher Erfolgsfaktor im „people-driven-Business" ist.

Wenn man die Umschreibung Qualität allerdings durch Qualifikation ersetzt, wird sich für jedermann offensichtlich der Kreis zu einem kontinuierlichen Wissens- und damit Fähigkeitsaufbau schließen.

Das Thema Lernen ordnet sich unter dem ganzheitlichen KM-Gesichtspunkt (vgl. Phasenmodell aus Kapitel 3) in die letzte Phase der „Distribution" ein. Eine effektive Wissensvermittlung kann nur durch strukturierte Lernmethoden erfolgen. Dabei sollten nicht nur die klassischen Präsenztrainings berücksichtigt werden, sondern insbesondere auch moderne Lernmethoden bspw. eLearning. Eine Kombination von klassischen und modernen Lernmethoden erscheint am wirkungsvollsten.

Wissen über die eigene Verfassung

Nicht außer Acht zu lassen ist in diesem Zusammenhang die Bedeutung der körperlichen Verfassung als Grundlage zur effektiven Wissensaufnahme und –generierung. Denn nur mit einem gesunden Körper und Geist lernt es sich am effektivsten. Was liegt da näher als sich mit der eigenen körperlichen Verfassung zu befassen und zu verstehen, wie und wann der eigene Organismus zur Wissensaufnahme am besten bereit ist.

Zeitgleich zu einer permanenten Wissensentwicklung, nimmt aber in unserer heutigen schnelllebigen Zeit die Haltbarkeit des Wissens immer mehr ab. Was allerdings bei der Unsumme an Informationen auch wiederum nicht weiter verwunderlich ist, denn das menschliche Gehirn besitzt nun einmal nur eine begrenzte Aufnahmekapazität.

Aus diesem Grund ist ein effizientes und gut strukturiertes Lernen verbunden mit den notwendigen Voraussetzungen aus der individuellen körperlichen Verfassung, der sog. physischen und psychischen Lernfähigkeit geradezu unerlässlich. Durch ein „Verinnerlichen" der Information verliert diese den Charakter einer „irgendwo verstaubenden" Wissenseinheit, zugunsten einer permanenten Präsenz, die so unmittelbar in die verschiedensten arbeitstechnischen Entscheidungen miteinbezogen werden kann.

Lernkonzept Doch wie konstruiert man eine strukturiertes Lernkonzept? Am besten erscheint der Ansatz, sich anfangs zu verdeutlichen, wie ein Mensch lernen kann. Jeder von uns weiß, dass Weiterbildungsseminare, bei denen sich der Lernprozess auf das reine Zuhören beschränkt nur einen geringen Erinnerungswert haben. Insbesondere nach dem Mittagessen sinkt die Aufnahmefähigkeit drastisch ab. Man befindet sich im sog. „Suppenkoma".

Neben dem reinen Frontalunterricht erreicht das gemeinsame Erarbeiten von Problemsstellungen dagegen einen weitaus höheren Wirkungsgrad. Die nachfolgende Abbildung soll schematisch verdeutlichen, wie Lernerfolge gesteigert werden können durch Betrachtung der notwendigen Lernmittel. Anzumerken ist, dass es sich hierbei nicht um ein pädagogisch hergeleitetes und erwiesenes Modell handelt, sondern lediglich die eigenen Erfahrungen wiederspiegelt. Selbstverständlich ist der Lernerfolg von den individuellen Eigenschaften des Lernenden abhängig!

Wie lernt man effektiv?

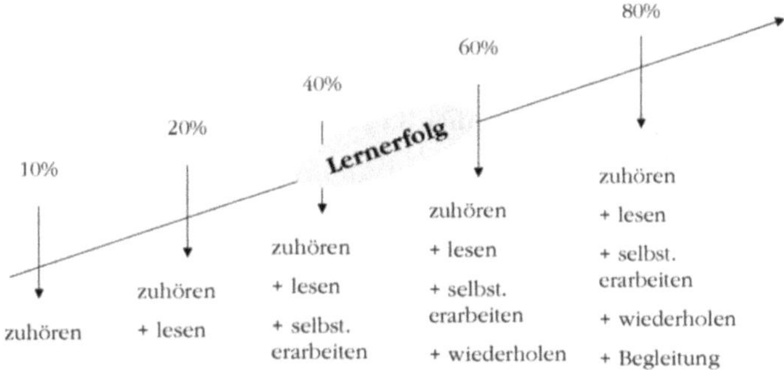

Abbildung 38: Wie lernt man effektiv

Den Luxus Bildung, respektive Weiterbildung lediglich als Kostenfaktor und nicht als Investitionsmöglichkeit zu sehen, kann sich heute kein Unternehmen mehr leisten. Je schneller und gezielter ein Mitarbeiter auf neue Entwicklungsprozesse eingehen kann, desto besser.

Um den Faktor Bildung (im weitesten Sinne) in der Organisation zu manifestieren, wird seit einigen Jahren der Ansatz der lernenden Organisation diskutiert. Allerdings ist der Erfolg nur schwer messbar.

Externe Wissensvermittler Doch durch die effektive Nutzung des Faktors Bildung steigen selbstverständlich auch die Ansprüche an die Wissensvermittler. So wird häufig auf externe Berater zurückgegriffen, die als Coach eine professionelle Begleitung bieten sollen. Das Erkennen der individuellen Lernstärken des Einzelnen kann ebenso zum neuen Aufgabengebiet der Coaches gehören, wie die Anpassung oder Umstellung des bereits vorhandenen betriebsinternen Bildungskonzepts an aktuelle Knowledge Management-Anforderungen.

In der heutigen Praxis werden anstehende Weiterbildungsseminare häufig nach dem sogenannten „Gießkannenprinzip" verteilt, d.h wenn man Glück, oder wahlweise Pech hat, trifft es einen. Vollkommen gleichgültig ob ein eventueller Bedarf tatsächlich vorhanden ist. Für sämtliche Aufgabenstellungen und Positionen sollte daher idealerweise ein genaues Anforderungsprofil vorhanden sein, um einen möglichst effizienten Nutzen aus den Gegebenheiten zu ziehen und diesen durch gezieltes, strukturiertes Lernen ständig weiter zu optimieren. Eine detaillierte Erstellung von Anforderungsprofilen wurde bereits im Kapitel 3 – Profiling ausführlich beschrieben.

Notwendige Voraussetzung strukturierter Lernmodelle ist wie in vielen Bereichen das Committment des Managements und der Belegschaft. Die Bedeutung einer kontinuierlichen Wissensentwicklung muss sowohl für die Unternehmensleitung, als auch für den gesamten Mitarbeiterstab gegenwärtig sein, und daher auch mit entsprechendem Ressourceneinsatz gewürdigt werden.

3.5.1 Kontinuierlicher Wissensaufbau

Im Rahmen der permanenten Weiterentwicklung gibt es ein ebenso simples, wie einleuchtendes und effektives Modell, das größtmögliche Effizienz durch ein mehrdimensionales Konzept gewährleistet. Allerdings sind damit natürlich Aufendungen verbunden, die über das bisherige Lernbudget hinausgehen.

Großunternehmen verfügen heutzutage über konzerninterne Universitäten, sogenannte Corporate Universities, eine Option die sich mittelständischen Unternehmen aufgrund fehlender finanzieller Kapazitäten natürlich in dieser Form nicht bietet. Allerdings besteht doch auch für weniger finanzstarke Unternehmen die Möglichkeit, in kleinen Schritten voranzuschreiten und in Abhängigkeit der erzielten Erfolge das System weiter auszubauen. Denn eines muss man bedenken: bei der Einführung von Knowledge Management ist die gezielte Wissensverbreitung absolut erfolgskritisch. Es macht keine Sinn hier zu sparen. Ich möchte hier auf das vorher genannte Phasenmodell verweisen. Anhand der drei Phasen der KM-Einführung können erste Budgetkalkulationen erstellt und Mittelverwendungen ausreichend geplant werden, denn erfahrungsgemäß ist in den letzten Phasen von Projekten immer das Geld knapp.

Checkliste Lernmodell

Auf den folgenden Seiten wird nun ein praxiserprobtes Modell zum kontinuierlichen Wissensaufbau in Organisationen vorgestellt. Das Modell zeichnet sich durch folgende Eigenschaften aus:

- Kontinuität

- Abwechslung von Theorie und praktischen Einsatz (Nutzenkontrolle durch Praxisbezug)

- keine einmaligen Aktionen (Lehrveranstaltungen)

- langfristige Betrachtung in der Konzeption (min. 1 Jahr)

- Permanente Erfolgskontrolle durch strukturiertes Feedback

- Permanente Konzeptanpassung nach Auswertung Feedbackrunden

- Einsatz klassischer und moderner Lehrmethoden

- Zentralisierte Steuerung aller Bildungsmaßnahmen

- Strukturierte Auswahl (und permanente Anpassung der Auswahl) von Kursteilnehmern (Homogenität der Teilnehmerfähigkeiten und -interessen!)

- Berücksichtigung der körperlichen Aufnahmefähigkeit

Ein Beispiel soll den Ablauf verdeutlichen:

In einem Unternehmen wird ein gewisser Schulungsbedarf bei diversen Mitarbeitern erkannt (bspw. durch Profiling, vgl. Kap. 3), die dementsprechend auf ein Weiterbildungsseminar geschickt werden.

**Feedback-
Schleifen
einbauen**

Nach diesem Seminar und drei Wochen erneuter Praxis im regulären Job kommt es zu einem Feedback, beziehungsweise einer Rücksprache über das abgeleistete Seminar mit einem externen Coach/Trainer oder einem internen Wissensmanager. Innerhalb dieser Feedbackrunde wird mit den einzelnen Seminarteilnehmern über die Effizienz dieses Seminars reflektiert und damit gleichsam dessen Nutzen für den alltäglichen Aufgabenbereich analysiert. „Hat mir das Seminar überhaupt etwas gebracht und wenn ja, was?"

Aufgrund dieses Feedbacks kann der objektive Coach eine eventuelle Konzeptanpassung entwickeln und die Defizite des vorangegangenen Seminars überarbeiten. In den Folgeveranstaltungen wird auf die unterschiedlichsten Medien und Lernmethoden zurückgegriffen, denn es sollte keinesfalls außer acht gelassen werden, dass unterschiedliche Menschen natürlich auch unterschiedliche Lernmethoden bevorzugen. Der Eine lernt alleine besser als in der Gruppe, ein Anderer wiederum verbucht beim gemeinsamen Lernen innerhalb einer Gruppe die größeren Erfolge. Diese individuellen Eigenschaften werden dann im Rahmen einer permanenten Konzeptanpassung nach den Feedbackrunden berücksichtigt.

Nach erneuter Praxisphase kommt es wiederum zu einem Feedback, das nach den gleichen Prinzipien abläuft. So ist permanente Anpassung an einen kontinuierlichen Wissensaufbau für den individuellen Lernbedarf gewährleistet, die von einem unabhängigen Coach in Zusammenarbeit mit den Mitarbeitern erkannt, bearbeitet und so immer weiter optimiert werden können.

Der wesentliche Unterschied in einem solchen Qualifizierungskonzept liegt in Qualitätskontrolle, die die gesamten Vorgänge begleitet. Im Rahmen eines geschlossenen und in sich schlüssigen Konzeptes kann so an einer permanenten Weiterentwicklung der einzelnen Mitarbeiter, sowie an einem kontinuierlichen Aufbau der gesamten Wissensentwicklung gearbeitet werden.

kontinuierlicher Wissensaufbau

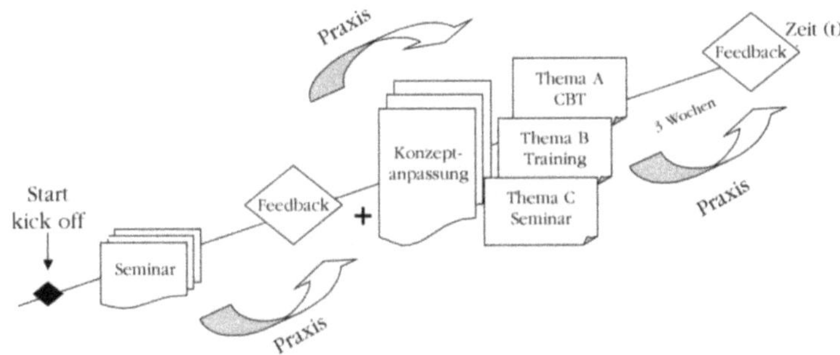

▸ mehrdimensionales Konzept: Inhalt, Zeit, Medium

▸ permanente Anpassung

▸ Qualitätssicherung durch Feedbackrunden

Abbildung 39: Kontinuierlicher Wissensaufbau

3.5.2 Zielgruppenadäquates Lernmodell

Bildungsmaßnahmen in Unternehmen berühren unterschiedliche
Zielgruppen und unterschiedliche Motivationen in einem Unternehmen. So benötigen Berufseinsteiger andere Qualifikationsin-
halte als Mitarbeiter mit Berufserfahrung. Fachkräfte wiederum
verlangen nach Spezialisierung, während andere eher generelle
Fähigkeiten erlernen und verbessern müssen. Um die Tragweite
ganzheitlicher Lernansätze zu verdeutlichen bedient man sich
des bewährten Lebenszyklusmodells von Mitarbeitern. Diese beginnt bei der Einstellung und endet bei dem definierten Karriere-
ziel.

Betrachtet man bspw. Neueinsteiger, so benötigen diese anfangs
ein sogenanntes Starter Kit, um sich schnell im Unternehmen zu-
recht zu finden. Auszubildende und Trainees verlangen wiederum ein völlig anderes Modell der Ausbildung. Nachfolgende Abbildungen zeigen verschiedene Strukturen und Inhalte samt bei-
spielhafter (grober) Projektplanungen von möglichen Aus- und
Weiterbildungskonzepten.

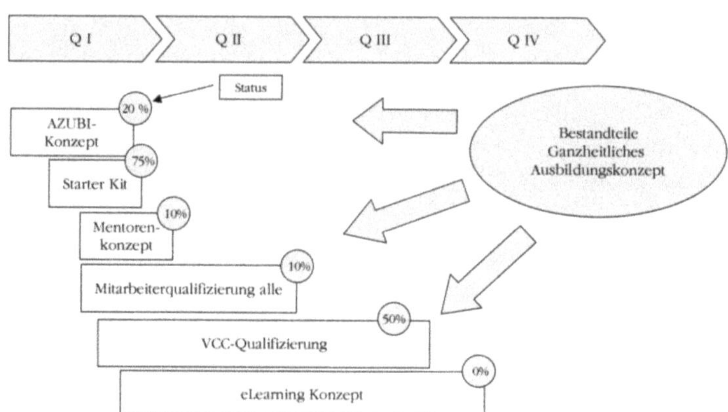

Abbildung 40: Ganzheitliches Ausbildungsmodell

Projektmana-gement

Ein ganzheitliches Ausbildungskonzept besteht neben den o. g. Maßnahmen stets auch aus Umsetzungsplänen, die den zeitlichen Ablauf zeigen. Strukturierte Maßnahmepläne, die den inhaltlichen Aufbau beschreiben zeigt die folgende Abbildung am Beispiel eines Qualifizierungsmodells für Mitarbeiter eines aufzubauenden Kompetenzzentrums (VCC). Hierbei ging es insbesondere darum, in kurzer Zeit einen qualitativ hochwertigen Arbeitskreis von Experten mit unterschiedlichem Fachwissen auf eine einheitliche Arbeitsweise zu trainieren. Nach einem Jahr Ausbildung wird das Ausbildungskonzept komplett restrukturiert und mit neuen Inhalten zur Spezialisierung versehen.

Verpflichtende und optionale Maßnahmenpakete zur kontinuierlichen
Vermittlung von Fachkompetenz und Methodenwissen

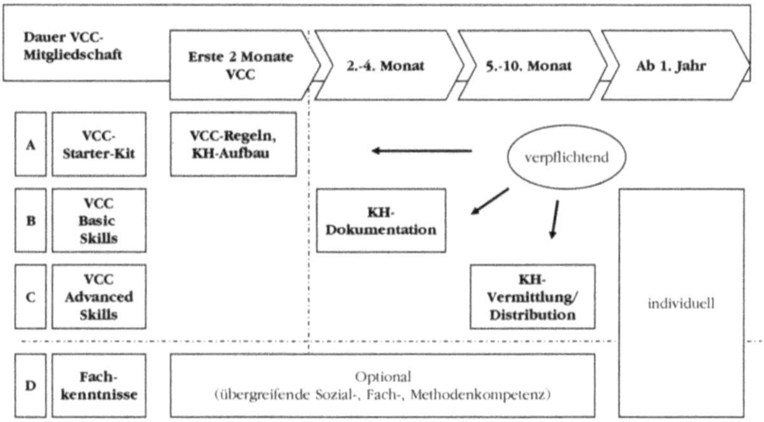

Abbildung 41: VCC-Qualifizierung

Auswahl von Lerninhalten

Die Auswahl von Lerninhalten gestaltet sich erfahrungsgemäß
meist schwierig, denn

- Die große Anzahl verfügbarer Lehrmittel erschwert die
  Suche.

- Die Lehrmittel stehen nicht zum gewünschten Zeitraum
  zur Verfügung.

- Die Dozenten entsprechen meist nicht der Idealvorstel-
  lung des Lehrgangsorganisators.

- Die Beschaffenheit der Lehrinhalte steht meist nicht im
  direkten Zusammenhang mit den Aufgaben des Tagesgeschäftes. Anpassungen sind notwendig.

- Die Anpassungen können nicht einfach von selbst erstellt werden, da die Voraussetzungen hierfür im eigenen
  Hause meist nicht vorhanden sind (Didaktik, Methodik,
  redaktionell, Fachwissen,...).

Übersicht der Lernbedarfe

Zuallererst lässt sich jedoch am einfachsten anhand einer Übersicht der relevanten Lehrinhalte kombiniert mit realisierbaren
Lernmedien erkennen, welche Einheiten grundsätzlich sinnvoll

sind und welche Kapazitäten diese erfordern. Erfahrungsgemäß wird der errechnete Budgetbedarf sowieso um 30-50% gekürzt.

Beispiel Lerninhalte

Nachstehende Abbildung verdeutlicht am Beispiel eines Systemhauses die notwendigen Bildungsmaßnahmen.

Zusammenstellung der Inhalte

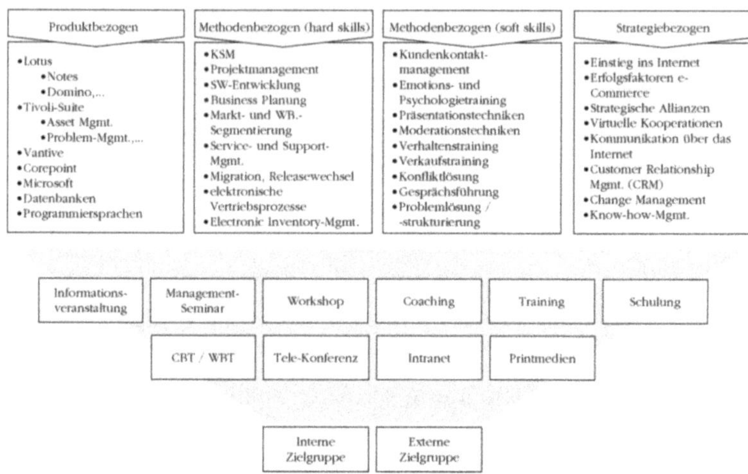

Abbildung 42: Inhaltestruktur

Inhalte-Medien-Paket

Nachdem man sich einen Überblick notwendiger Lerninhalte verschaffen hat und nachdem eine erste Priorisierung erfolgt ist werden Inhalte-Medien Pakete zusammen gestellt. Das Inhalte-Medien-Paket besteht aus den Lerninhalten sowie aus einer Grobbeschreibung der aktiven oder passiven Lernmethode (Frontalunterricht, Intranet, Dokumentation, Training, Telefonkonferenz, etc.).

Sind einzelne Pakete gebündelt worden geht es im nächsten Schritt darum, ein Projektmanagement (im Sinne einer Zeit- und Aktivitätenplanung) skizzenartig zu entwickeln und die Umsetzung anzustoßen. Am Beispiel eines Starter Kits für neue Mitarbeiter verdeutlicht die folgende Abbildung eine Grobstruktur der Projektplanung.

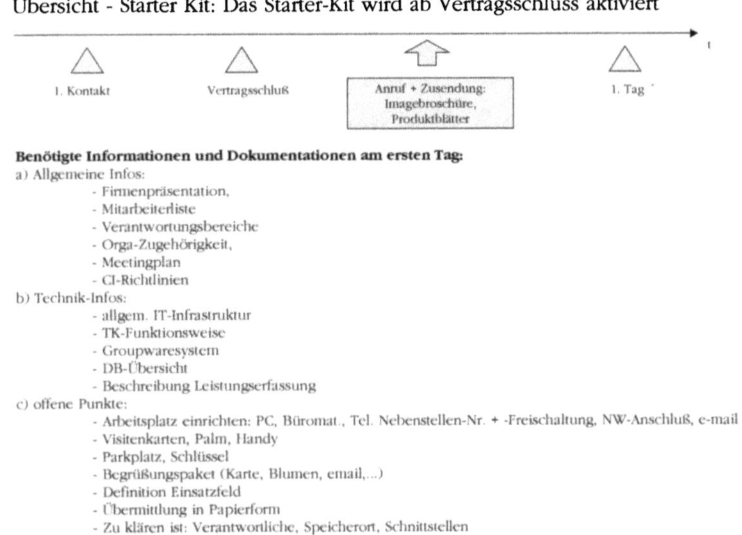

Abbildung 43: Starter Kit

3.5.3 Körperliche Verfassung

Kurze Einführung zur körperlichen Verfassung und KM

Das Wissen über den eigenen Körper ist eine wichtige Grundlage, um die eigene Wissensaufnahme strukturiert zu planen und umzusetzen. Jeder von uns kennt es: Hat man Spaß am Arbeiten, geht es einem gut, ist man ausgeschlafen und hat wenig (zumindest nur positiven) Stress, so arbeitet man sehr effektiv. Gleiches gilt für das Lernen. Mit einer „gesunden" Voraussetzung erzielt man gute Ergebnisse in der Wissensentwicklung. Geht es einem schlecht, hat man Sorgen oder gesundheitliche Probleme, so empfindet man jegliche Aktivität als Anstrengung. Automatisch wird dann nur das Nötigste aufgenommen, um den eigenen Organismus zuschonen.

Das Wissen über die Optimierungsmöglichkeiten der eigenen körperlichen Verfassung und der damit eng verbundenen Lernfähigkeit lässt sich bei der Organisation der persönlichen Wissensentwicklung sinnvoll nutzen (Stichwort „Lebenslanges Lernen").

Was hat Knowledgemanagement mit
Gesundheit und (Natur-) Heilkunde zu tun?

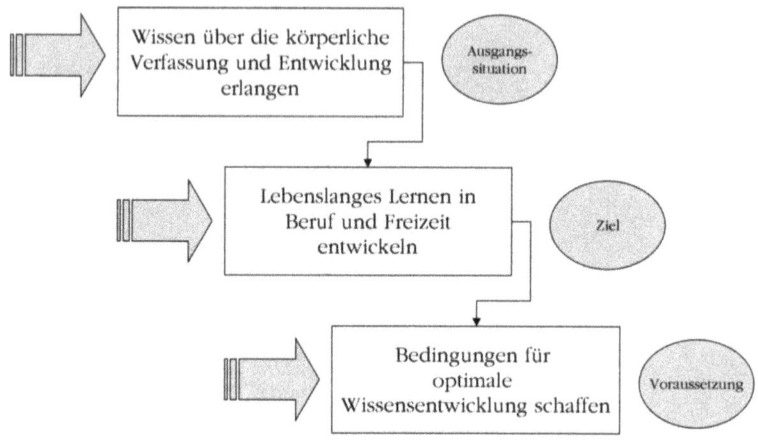

Abbildung 44: Gesundheit und KM

Sind Sie bereit für Ihre Wissensentwicklung?

- Das Wissen über die Verbesserungsmöglichkeiten der
  eigenen Fähigkeiten fördert die individuelle
  Leistungsfähigkeit

- Untersuchung über die Integration natürlicher KM-Elemente
  zeigen Verbesserungen in der Wissensaufnahme

  - Wissen über den eigenen Körper erlangen

  - Körperliche Verfassung durch „anti-aging" steigern

  - Nur positiven Stress zulassen

  - Auf das Lernen vorbereiten

  → Optimale Aufnahmefähigkeit für KM-Inhalte schaffen

Abbildung 45: Körperliche Voraussetzungen für KM

3.6 E-Learning

Von Jörgen Erichsen, Leverkusen, November 2001.

Die Bedeutung und Notwendigkeit von lebenslangem Lernen ist heute unumstritten. Die Halbwertzeit des Wissens verkürzt sich in einer Dienstleistungs- und Lerngesellschaft ständig.

Lebenslanges Lernen

Die steigende Fülle an zu vermittelnden Kenntnissen macht es erforderlich, über neue Möglichkeiten der Wissensvermittlung und Qualifizierung nachzudenken und diese auch umzusetzen. Davon partizipiert nicht nur der Einzelne als Privatperson oder Arbeitnehmer, auch die Unternehmen haben elementare Vorteile, wenn sie über einen kompetenten und hervorragend ausgebildeten Mitarbeiterstamm verfügen. Langfristig lassen sich nachhaltige Wettbewerbsvorteile für Unternehmen und Beschäftigte erschließen. Der Bedarf an Aus- und Weiterbildung ist sowohl in großen Unternehmen und Konzernen als auch in kleinen und mittelständischen Betrieben gleichermaßen vorhanden.

Doch kein Ergebnis ohne adäquaten Ressourceneinsatz. Aus- und Fortbildung hat ihren Preis. Neben den einschlägigen Kursgebühren und Reisekosten schlagen vor allem die Abwesenheits- und Fehlzeiten zu Buche. Klassisches Lernen in Form von Seminaren und Lehrgängen mit teilweise langen Abwesenheitszeiten führt gerade in mittelständischen Betrieben zu erheblichen Problemen. Nicht nur, dass Mitarbeiter nicht am Arbeitsplatz sind und ihre eigene Arbeit nicht erledigen können. Auch andere Beschäftigte, die auf Zu- oder Nacharbeiten angewiesen sind, können ihre Arbeit nicht oder nur unvollständig erledigen. Lernbedingte Fehlzeiten können also auch zu gravierenden Eingriffen in die Unternehmensorganisation führen. Dies gilt natürlich auch für Großunternehmen und Konzerne, obwohl es hier im Einzelfall leichter ist, allein auf Grund der größeren Zahl der Arbeitnehmer, Fehlzeiten zu kompensieren oder zu überbrücken.

Eine mögliche Lösung, lebenslanges Lernen zu fördern und Probleme mit der Arbeitsorganisation zu minimieren, ist das so genannte elektronische Lernen oder E-Learning. Diese „neue" Form des Lernens erfordert es aber, die Unternehmens- und Lernkultur entsprechend an die sich verändernden Gegebenheiten anzupassen, wie später noch zu sehen sein wird.

Allgemein ausgedrückt ist elektronisches Lernen jede Art von Lernen, das durch den Einsatz von Informations- und Telekommunikationstechnologien ermöglicht oder unterstützt wird.

Knowledgemanagement und E-Learning

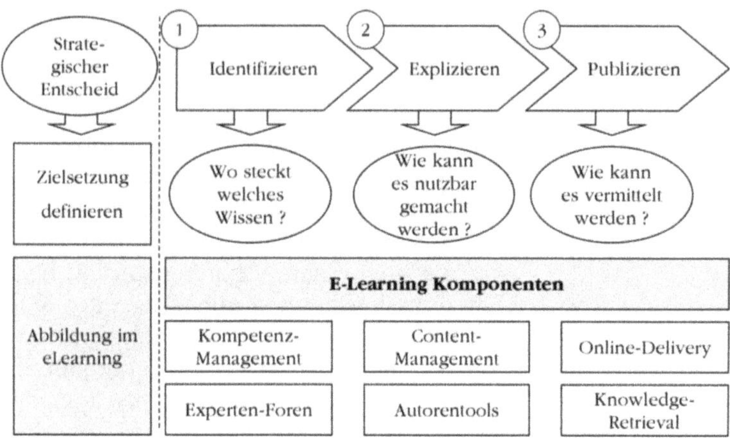

Abbildung 46: Knowledge Management und E-Learning

3.6.1 E-Lernformen

Das Angebot und die Möglichkeiten des E-Learning sind vielfältig. Einige der am häufigsten zu findenden Formen sind nachfolgend skizziert:

Übersicht elektronische Lernformen

1. **Computer based Training** (CBT). Hier wird die Funktion des Lehrenden weitgehend von einem Computerprogramm übernommen. CBT eignet sich daher besonders für die Unterstützung des Selbststudiums, etwa wenn es um das Lernen von Vokabeln geht. Der Nachteil des CBT ist, dass es vom Lernenden von allen E-Learning-Formen am meisten Motivation und Selbstdisziplin verlangt. Eine kontrollierende Instanz, etwa ein Tutor oder Seminarleiter, fehlt. Die jeweiligen Lerninhalte werden entweder auf einer Diskette, CD-Rom oder DVD bereit gestellt.

2. **Web-Based-Training** (WBT). Einfach ausgedrückt werden beim Web-Based-Training Computer, CD und DVD durch Internet oder Intranet ersetzt. Funktionsweise und Inhaltsvermittlung sind dem CBT ähnlich.

3. Beim **Tele-Learning** befinden sich Lehrender und Lernende nicht gleichzeitig am selben Ort.

4. Unter **Tele-Teaching** versteht man das Abhalten einzelner Lehrveranstaltungen, wie Expertenvorträge oder Vorlesungen, bei denen Lehrende und Lernende sich mit Hilfe von Telefon, Audio- oder Videokonferenzen austauschen. Parallel wird auch die E-Mail als Kommunikationsmedium eingesetzt. Beim Tele-Teaching sind beide Partner an unterschiedlichen Orten, müssen sich aber an feste Stundenpläne und Zeitvorgaben halten. Häufig findet man an Stelle des Begriffs Tele-Teaching auch die Bezeichnung virtuelles Seminar.

5. **Open-Distance-Learning** (ODL) ist eine Ausprägung des Tele-Learning. Beim ODL werden didaktisch aufbereitete und strukturierte Lernunterlagen auf einem gesonderten Lernserver für den Lernenden bereit gehalten. Die Lernunterlagen können online bearbeitet und anschließend eingeschickt werden. Meist ist beim Open-Distance-Lernen auch der Zugriff auf umfangreiche Lernbibliotheken möglich. Auf Grund seiner vergleichsweise universellen Einsetzbarkeit und leichten Integrationsmöglichkeiten ist ODL heute eine der am weitesten verbreiteten Formen des Tele-Learning.

In der betrieblichen Praxis findet man selten reine Formen des elektronischen Lernens. Durch die individuellen Wünsche und Anforderungen der Beteiligten sind Mischformen eher die Regel als die Ausnahme.

3.6.2 Vorteile

Wesentliche Vorteile des E-Learning

Folgende wesentliche Vorteile können alle Zielgruppen mit E-Learning realisieren:

- Die Verringerung von Präsenzzeiten spart Arbeits- und Reisezeit und somit die Kosten für Aus- und Weiterbildung.

- Die Vermittlung von reinem Faktenwissen, etwa Vokabellernen oder Teile von betriebswirtschaftlichen Fortbildungen, ist grundsätzlich ausschließlich online, und somit auch am Arbeitsplatz, möglich.

- Es besteht die Möglichkeit, abhängig vom zu vermittelnden Lerninhalt, Online- und Präsenzlernen zu kombinieren und so die Lerneffizienz des Einzelnen zu steigern.

- Die meisten Formen des E-Learning sind orts- und zeitunabhängig möglich. So ist ein optimaler Abgleich zwischen betrieblichen und privaten Belangen erreichbar.

- Mit E-Learning lassen sich die Lerninhalte individuell für den Einzelnen zusammen stellen. Er kann genau zu dem Zeitpunkt lernen, wenn er es möchte bzw. wenn er Zeit dazu hat.

- Die Zeiten, die für Aus- und Fortbildung benötigt werden, fallen insgesamt geringer aus.

- Elektronisches Lernen kann die Problemlösung oft just-in-time lösen, da sich die Betroffenen online einen schnellen Überblick über neue Themengebiete verschaffen und Kurse belegen können.

- Durch permanente Interaktivität ist zumindest theoretisch eine laufende Kontrolle des Lernfortschritts möglich.

- In den meisten Fällen ist es weder für Lernende noch für die Betriebe notwendig, zusätzliche Hard- oder Software anzuschaffen. Mit Ausnahme von Videokonferenzen genügt es in der Regel, wenn Computer und Internetzugang zur Verfügung stehen.

- Durch die permanente Aktualisierung der Inhalte werden die Lernenden tatsächlich auch stets auf den neuesten Stand des Wissens gebracht.

- Nicht zuletzt wird die starre Lehrer-Schüler-Hierarchie mit den bekannten Nachteilen aufgelöst oder zumindest aufgelockert.

Mögliche Risiken des Einsatzes von E-Learning

3.6.3 Nachteile

Wie die meisten anderen Dinge, hat auch E-Learning nicht nur Vorteile. Neben der bereits angeführten Notwendigkeit der Veränderung oder zumindest Anpassung der Lernkultur hängt der Erfolg des E-Learning ganz besonders davon ab, inwieweit es gelingt, einen oder mehrere kompetente Anbieter zu finden, die entsprechend an den Möglichkeiten der neuen Medien ausgerichtete Lerninhalte liefern können. Hierbei geht es in erster Linie darum, darauf zu achten, dass der Anbieter die Möglichkeiten des E-Learning, etwa Interaktion, auch ausnutzt. Auf Grund der derzeit noch nicht sehr weit verbreiteten Anwendung ist die Auswahl schwierig, da der Markt noch sehr unübersichtlich ist.

Es ist oftmals nicht möglich, die Qualität des Lernangebots eines Anbieters über mehrere Jahre zu verfolgen. Didaktische Schwächen, mangelhafte Angebote oder Offerten, die die Potenziale der neuen Medien nicht ausnutzen, werden dann zu spät erkannt. Häufig kommt es vor, dass ein Kurs oder Online-Seminar länger läuft, als der Anbieter überhaupt am Markt ist. Daher sollte bei der Auswahl von Beginn an darauf geachtet werden, dass Verhandlungen mit Marktführern bzw. großen Unternehmen geführt werden.

Nicht zu vernachlässigen ist auch, dass es zu Akzeptanz- und Umsetzungsproblemen kommen kann. Insbesondere mit älteren Mitarbeitern oder Personen, die im Umgang mit dem Computer weniger versiert sind, kann es zu solchen Schwierigkeiten kommen. Vor einem unternehmensweiten Einsatz des E-Learning sollte daher auch überprüft werden, wie solche Beschäftigte dazu bewegt werden können, das neue Lernangebot zu nutzen.

Liegen noch keine Erfahrungen im Umgang mit E-Learning vor, muss in jedem Fall damit gerechnet werden, dass sowohl die Veränderung der Lernkultur als auch die Überzeugung eines möglicherweise skeptischen Personenkreises längere Zeit in Anspruch nimmt. Ohnehin benötigt die Veränderung der Lernkultur einen vergleichsweise langen Zeitraum von einem Jahr oder mehr. Grundvoraussetzung für den Erfolg von Online-Lernen im Unternehmen ist daher auch, dass sich die Geschäftsleitung aktiv einbringt und dieses Thema vorantreibt, fördert und unterstützt.

Es muss außerdem bedacht werden, dass reines Onlinelernen, bei dem das gesamte Wissen ohne direkten Kontakt zu anderen „Leidensgenossen" zu möglichen Konflikten und sozialen Spannungen führen kann. Der fehlende Austausch zwischen den Lernenden, das fehlende Gespräch über mögliche Probleme oder die Prüfungsangst kann zu destruktivem Stress, Ziel- oder Orientierungslosigkeit führen.

Daher erscheint es sinnvoll, Online- und Präsenzlernen, wo immer möglich, miteinander zu kombinieren. Die Verknüpfung und Zusammenführung mehrerer Lernformen wird auch als Blended-Learning bezeichnet.

Mit E-Learning können sich die Mitarbeiter intensiv mit dem Stoff auseinandersetzen und auf das Präsenzseminar oder die Prüfung vorbereiten, so dass alle Lernenden einen gleichen Wissensstand haben. Veranstaltungen mit Teilnehmern, die einen sehr unterschiedlichen Wissensstand haben, werden so seltener bzw. die

Abstände sind nicht mehr so groß. Seminare, in denen einzelne vollständig überfordert sind und andere das meiste bereits wissen, sollten somit der Vergangenheit angehören.

3.6.4   Umsetzung

Umsetzungs-voraussetzungen

Um ein sinnvolles und langfristig tragfähiges E-Learning-Konzept im Unternehmen umsetzen zu können, sollten daher verschiedene Voraussetzungen erfüllt sein bzw. geschaffen werden. Einige wichtige sind nachstehend aufgelistet.

1. Zunächst ist dafür Sorge zu tragen, dass sich die Unternehmens- und Lernkultur den Anforderungen des E-Learning anpasst. In den allermeisten Betrieben werden Mitarbeiter, die einen Teil ihrer Arbeitszeit damit verbringen zu lernen, von Vorgesetzten und Kollegen misstrauisch betrachtet. Es herrscht die Meinung vor, dass Beschäftigte, die nicht ihrer eigentlichen Arbeit nachgehen, faul sind und sich auf Kosten der Kollegen ausruhen. Hier muss die Initiative zur Konzeption und Umsetzung eines verbindlichen Lernkonzepts, einschließlich der Anwendungsregeln, von der Geschäftsleitung ausgehen.

2. Die sinnvolle und Ziel gerichtete Nutzung von E-Learning erfordert ebenfalls den Auf- und Ausbau von Medien- und Selbstlernkompetenz. Nur Personen, die den grundsätzlichen Umgang mit Computern und Internet beherrschen, werden in der Lage sein, sich vollständig auf die *Inhalte* des Lernangebots konzentrieren zu können. Ggfs. muss dafür Sorge getragen werden, dass im Vorfeld geeignete Maßnahmen, etwa Betreuung durch einen Tutor, eingeleitet werden.

3. Ähnlich komplex wie die Veränderung der Lernkultur ist nach wie vor die Suche nach geeigneten Anbietern von Lerninhalten. Zwar haben die meisten Fortbildungseinrichtungen inzwischen einen großen Teil ihres Angebots so aufbereitet, dass es über die neuen Medien vertrieben werden kann. Der Lernende wird hier aber, wie es beim Präsenzlernen üblich ist, Schritt für Schritt durch den Stoff geführt. Onlinelernen wird aber nur dann Akzeptanz finden und sich Flächen deckend durchsetzen, wenn es gelingt, interaktive Lernumgebungen zu konzipieren, die die individuellen Vorstellungen der Lernen-

den berücksichtigen. Jeder Lernende muss selbst entscheiden können, wie er das Wissen erwerben möchte. Will er konventionell Schritt für Schritt lernen, muss dies ebenso möglich sein, wie das Lernen über interaktive Übungen oder Fallstudien.

4. Grundsätzlich einfacher gestaltet sich die Beschaffung der erforderlichen technischen Ausstattung. In den meisten Fällen genügt es, den Mitarbeitern über das Intra- oder Internet Zugang zu den Anbietern zu verschaffen. Sollen Lernformen wie Tele-Teaching genutzt werden, müssen ggfs. eigene Räumlichkeiten vorgehalten und Videokonferenzsysteme beschafft werden. Oft kann so auch die Planung und Umsetzung eigener didaktischer Konzepte entfallen.

5. Nicht zuletzt sollte darauf geachtet werden, dass man sich im Unternehmen nicht ausschließlich auf elektronisches Lernen verlässt. Erst die Kombination von Online- und Präsenzlernen macht es möglich, sämtliche Nutzenpotenziale für Arbeitnehmer und Unternehmen zu erschließen.

E-Learning im Unternehmen umsetzen

Die Kernfrage ist also, wie sich E-Learning möglichst problemlos im Unternehmen einführen lässt, und wie es seinen Nutzen schnellstmöglich entfalten kann.

Grundsätzlich ist eine Implementierung in Projektform möglich und sinnvoll. Hier sollten die klassischen Schritte Analyse, Sollkonzept, Information und Kommunikation sowie Umsetzung und Erfolgskontrolle zur Anwendung kommen.

Bspw. plant ein Unternehmen ein umfassendes Ausbildungskonzept für Unternehmen und Mitarbeiter zu realisieren, so kann folgendes Szenario auftreten: Jedes Jahr soll jeder Beschäftigte mindestens eine, auf die Erfordernisse seines Arbeitsplatzes ausgerichtete Fortbildung erhalten. In der Vergangenheit hat die Geschäftsführung zwar auch dafür gesorgt, dass die Mitarbeiter sich regelmäßig weiter gebildet haben, doch war es auf Grund der Dominanz klassischer Präsenzseminare oft schwierig, die teilweise divergierenden Interessen des Unternehmens, u.a. Fortgang der Produktion, des Verkaufs, Kundenbetreuung, und die privaten Interessen der Beschäftigten, die das Lernen möglichst während der normalen Arbeitszeit bevorzugen, zu vereinen. In einigen Fällen mussten daher Fortbildungen storniert oder verschoben werden, was auch zur Unzufriedenheit einiger Beschäftigter beigetragen hat.

Dies soll nun anders werden. Die Geschäftsleitung und der Personalleiter des Unternehmens haben sich zunächst umfassend über die Möglichkeiten und Ausprägungen des E-Learning informiert und planen, eine Kombination aus Präsenzseminaren und elektronischem Lernen umzusetzen, um die Vorteile beider Lernformen nutzen und die spezifischen Nachteile minimieren zu können.

Checkliste

Die Umsetzung des E-Learning-Konzepts durch das Unternehmen erfolgt klassisch in Projektform. Das Projekt wird von der Geschäftsführung selbst aufgesetzt, betreut und aktiv vorangetrieben. Für die eigentliche Umsetzung ist die Personalabteilung verantwortlich. Beteiligt und informiert werden aber alle Bereiche und Arbeitnehmer, einschließlich des Betriebsrates. Die Umsetzung soll in fünf Phasen erfolgen:

1. **Zusammenhang E-Learning und Knowledge Management definieren**

   Definition der für E-Learning relevanten Bestandteile aus dem Gesamtkontext des KM-Vorhabens. Insbesondere werden hier diejenigen Inhalte identifiziert, durch die mittels Einsatz von E-Learning Methoden trainiert werden können. Hierbei sollte sowohl nach pädagogischen als auch nach technischen Gesichtspunkten vorgegangen werden. Manche Inhalte lassen sich besser in Präsenztrainings vermitteln und manche sind aufgrund ihrer Eigenschaft (Formate etc.) für eine Transformation zu E-Learning Zwecken ungeeignet.

2. **Einrichtung der Projektorganisation und Information der Mitarbeiter**

   Im Projekt sollen, neben der Geschäftsleitung, die Personalabteilung und der Betriebsrat sowie auch Fachleute aus den Abteilungen vertreten sein, um möglichst alle Anforderungen und Wünsche vollständig erfassen zu können.

   Die Beschäftigten sollen auf regelmäßig statt findenden Meetings und durch die Hauszeitschrift über den Fortgang des Projektes informiert werden. Begonnen werden soll die Mitarbeiter-Information bereits vor der offiziellen Projektgründung. Auch nach der Umsetzung soll unterstützend einmal pro Monat über Fortgang, Akzeptanz, Erfolge, aber auch Schwierigkeiten berichtet werden.

3. Durchführung der Istanalyse

Folgende wesentlichen Punkte sollen aufgenommen werden: Beschreibung des aktuellen Fortbildungskonzepts, u.a. Anzahl und zeitliche Abstände der Fortbildungen je Mitarbeiter, Art der Fortbildungen (z.B. Kongress, Seminar, Schulung, Unterricht im eigenen Haus), Kosten, Abwesenheitszeiten oder die Auflistung der technischen Ausrüstung der Arbeitsplätze: z.B. haben alle Beschäftigten normale Büroarbeitsplätze mit Computern und Internetzugang. Schulungsräume, Audio- oder Videokonferenzsysteme sind hingegen nicht vorhanden. Auch eine Aufstellung der vorhandenen Fortbildungspartner gehört zur Istaufnahme.

4. Erstellen des Sollkonzepts

Hier soll zunächst beschrieben werden, welche Ziele mit der Aus- und Fortbildung erreicht werden sollen, ob und welche unterschiedlichen Zielgruppen es gibt, welche bereits bekannten Vorstellungen der Beschäftigten vorliegen und integriert werden müssen.

Besonderes Augenmerk soll auf die Veränderung der Lernkultur gelegt werden. Hier ist eine umfangreiche Kommunikations- und Informationskampagne vorgesehen, mit deren Hilfe Vorgehensweise, Nutzen, Anwendungsmöglichkeiten, aber auch (Verhaltens)Regeln verbindlich vereinbart werden sollen (siehe oben). Auch die Information über die Vorteile des E-Learning gehört zu diesem Maßnahmenkomplex. Es soll regelmäßige Informationsveranstaltungen geben, an denen auch die Geschäftsleitung teilnimmt und ihren Standpunkt zum Thema darlegt, auf Probleme oder Lösungsmöglichkeiten eingeht. Eine weitere Maßnahme sieht z.B. vor, dass von den fünf Besprechungsräumen zwei für E-Learning-Aktivitäten reserviert werden. Beschäftigte, die sich hier aufhalten, zeigen von Beginn an, dass sie sich fortbilden und nicht vor der Arbeit drücken. Außerdem wird überlegt, ob es sinnvoll ist, eine für alle zugängliche Übersicht zu erstellen, in der die Lernziele eines jeden Mitarbeiters, einschließlich der wöchentlich oder monatlich notwendigen Lernzeiten, zu veröffentlichen sind. So soll von Beginn an dem Eindruck vorgebeugt werden, dass sich Beschäftigte vor der Arbeit drücken. Darüber hinaus sollen Mitarbeiter, die keinen Gebrauch von den Seminarräumen machen möchten, ihr Büro zu den Zeiten, in denen sie lernen, mit einfachen Türschildern kennzeichnen. Während diese Hinweise aushängen, dürfen diese Kollegen nur in absolut dringenden Fällen von anderen Mitarbeitern oder Vorgesetzten gestört werden. Die Trennung von Lern- und Arbeitsplatz bzw. das Kenntlichmachen von Lernzeiten soll auch verhindern, dass Vorgesetzte oder Kollegen den Lernenden während einer Lektion dazu auffordern, betriebliche Aufgaben zu erledigen.

Zusätzlich wird überlegt, einen Coach zu engagieren, der während der Einführungsphase Beschäftigte, die weniger Bezug zu Computern, Internet und den neuen Lernformen haben, betreut und sie von den Vorteilen und Potenzialen des E-Learning überzeugt. Wissensdefizite und daraus resultierende Berührungsängste sollen so beseitigt oder reduziert werden. Denn nur, wenn möglichst alle Mitarbeiter von der Möglichkeit des elektronischen Lernens Gebrauch machen, rechnet sich der Einsatz.

Darüber hinaus soll es einen weiteren Anreiz für die Beschäftigten geben, Learning zu nutzen. Jeder Interessierte soll auch privat Fortbildungen mit denen für deren Unternehmen gültigen Konditionen durchführen können.

U.a. mit diesem Maßnahmenbündel wollen Geschäftsleitung und Projektteam erreichen, dass sich E-Learning im Betrieb schnell verbreitet und von allen akzeptiert wird. Abgeschlossen wird die Phase durch eine Betriebsvereinbarung, um Sicherheit für alle Beteiligten zu schaffen.

Zum Sollkonzept gehört noch eine Checkliste, die bei der Anbieterauswahl helfen soll. In ihr sollen Fragen oder als kritisch erkannte Punkte festgehalten werden, die vor einer Entscheidung verbindlich zu lösen sind. U.a. wird nach den eingesetzten Lernmitteln gefragt und nach der didaktischen Konzeption. Meist wird vor allem Wert auf umfangreiche Möglichkeiten der Interaktion, der Einbindung von Video- oder Audiokonferenzen,

Chats oder Diskussionsforen gelegt. Die Kombination von Online-Lernen und Präsenzseminaren ist zwingende Voraussetzung für einen möglichen Vertragsabschluss. Insgesamt soll der in Betracht kommende Anbieter auch das Plattformkonzept erstellen, so dass dieser Aufgabenkomplex für die eigenen Mitarbeiter größtenteils entfallen kann. Wichtig ist außerdem, ob und inwieweit der Anbieter bei der Umsetzung und während der ersten Monate bei auftretenden Problemen unterstützen kann.

5. Erstellung eines Objekt- und Datenmodells

Typische E-Learning Module setzen sich aus folgenden Komponenten zusammen:

- Seminarübersichtsdatei

- Terminverwaltung

- Seminar- und Personalverwaltung

Nachstehende Tabelle verdeutlicht beispielhaft die grundlegende Objektorganisation zur Datenmodellierung:

Objekt	Kennung	Use Case
Get_Sem_uebersicht	SEM_UE_412	AP 18.2
Get_Termin	TERM_412	AP 18.3
Get_Verw_UE_Pers	VERW_413	AP 18.4

6. Realisierung und Umsetzungsüberprüfung

In dieser Phase plant das Projektteam, einen oder zwei Anbieter auszuwählen, mit denen das Konzept realisiert werden kann. Dazu soll zunächst mit mindestens fünf potenziellen Anbietern gesprochen werden. Erste Informationen sollen über das Internet (ausgewählte Adressen siehe am Ende des Artikels) sowie über einen Unternehmensberater, der schon andere Vorhaben dieser Art umgesetzt hat, ermittelt werden. Ziel ist es, mit den Anbietern das Sollkonzept zu besprechen und auf die Realisierung hin zu überprüfen. Die Anbieter, die hier mit dem schlüssigsten Konzept auftreten, sollen ausgewählt und mit der Umsetzung beauftragt werden. Ein

Vertrag soll zunächst nur über einen Zeitraum von einem Jahr abgeschlossen werden. So kann sich das Unternehmen ggfs. leichter von einem Anbieter trennen, wenn die Umsetzung nicht erfolgreich möglich ist.

7. Regelmäßige Erfolgskontrolle

Während der Projektphase, für die ein Zeitraum von zunächst vier Monaten vorgesehen ist, plant das Projektteam, in Abständen von vierzehn Tagen Reviews durchzuführen, mit denen der aktuelle Arbeitsstand kontrolliert, etwaige Verzögerungen und deren Ursachen festgestellt und Steuerungsmaßnahmen beschlossen werden sollen. So kann gewährleistet werden, dass die Umsetzung problemlos statt findet.

Außerdem wird vereinbart, nach einem Jahr eine umfassende Erhebung und Erfolgskontrolle durchzuführen. Ziel ist es u.a. festzustellen, ob das Konzept bei den Beschäftigten angenommen wird, welche Vorteile sich für beide Seiten ergeben und wo ggfs. Verbesserungsmöglichkeiten bestehen. Bei erfolgreicher Umsetzung wird dann auch der Vertrag mit dem ausgewählten Anbieter verlängert.

3.6.5 Konzeption

Nachfolgend sind die wichtigsten Eckpunkte für die Umsetzung eines IT-gestützten E-Learning-Konzeptes festgehalten. Die Aufstellung erhebt keinen Anspruch auf Vollständigkeit, da sich die individuellen Gegebenheiten von Unternehmen zu Unternehmen doch stark voneinander unterscheiden können.

1. Integriertes Lernkonzept

- Lernorganisation, Lernkultur

- Kompetenzprofile

- Inhaltequellen

- Redaktionelle und didaktische Maxime

2. Funktionskonzept Plattform

- Definition Lernplattformfunktionen

- Integriertes Lernmanagement

- Mitarbeiter-Entwicklungsplanung

- Workflow-Definition
- Benutzerführung
- Abläufe
- Abrechnungskonzept
- Accountingmodell
- Billing
- Interne Verrechnung
- Sicherheitskonzept
- Zugriffsschutz
- Berechtigungskonzept

3. Technikkonzept Plattform (Module)

- Definition der synchronen und asynchronen Kommunikationsmodule
  - Chat/Foren-Software
  - Whiteboard
  - Tele-Tutoring
  - Auswertungs- und Beurteilungsmodule
- Datenbanken
- Spezielle End-User-Devices
- Mindest-Übertragungsgeschwindigkeit
- Schnittstellendefinition zu bestehenden Systemen
- Auswahl Lernplattform sowie Erstellung Lasten- und Pflichtenheft

4. IT-Architektur (Beispiel)[53]

- Anforderungen
  - Geringer Installations- und Wartungsaufwand der Client-Komponenten

---

[53] In Anlehnung an: Rolf Dippold, Andreas Meier, André Ringgenberg, Walter Schnider, Klaus Schwinn, Unternehmensweites Datenmanagement, 3. Auflage, Vieweg-Verlag, 2000.

- Zentrale Administration der Anwendungsfunktionen (dynamische Web-Seiten) auf dem Server

- Keine Updateproblematik bei Änderungen und Neuerungen

- skalierbare, clusterbare Servertechnologie (verteilte Server)

- offene Schnittstellen

- Multi-Language-Support

- individuelle Sprachanzeige

- Java-Engine (Applet)

- skalierbar für alle Browser

- ISO-konform

- Import von Daten in definierten Zeitabständen

- Datei aus sequentiellen Textfiles

- direkter Zugriff auf externe Datenbanken via ODBC

- Export durch Benutzeraktionen in definierten Zeitabständen

- Integration sequentieller Textfiles

5. Detailkonzept Content

- Zielgrupppen – Inhalte Matrix

- Lerninhalte

- Programmkonzept

- Content Management-System

- Datenmodellierung

6. Detailkonzept Organisation

- Verantwortlichkeiten

- Content Retrieval

- Content-Broker

- Qualitätssicherung

- Kompetenzbereiche

7. Detailkonzept Umsetzung

- Entwicklung

- Pilotierung

- Einführung

- Projektmanagement

Auch die nachstehende Checkliste kann helfen, die Gedanken zum E-Learning strukturiert zu sammeln und aufzubereiten, so dass die Umsetzung eines E-Learning-Konzeptes leichter zu realisieren ist. Auch hier gilt, dass es sich nur um eine Anregung und Umsetzungsunterstützung ohne Anspruch auf Vollständigkeit handeln kann. Je nach Unternehmensform, Branche oder Zielen sind Ergänzungen, Änderungen und Abweichungen möglich.

- Welche Lernformen werden derzeit eingesetzt bzw. dominieren?

- Gibt es bereits ein umfassendes, ganzheitliches Fortbildungskonzept?

- Welche Lernangebote sind im Unternehmen aktuell verfügbar? Welche Medien werden genutzt?

- Welche Lerninhalte sollen zukünftig mit welchen Medien vermittelt werden?

- Welche Zielgruppen im Unternehmen sollen angesprochen werden?

- Benötigen verschiedene Zielgruppen, etwa Arbeiter, Angestellte und Führungspersonal, unterschiedliche Lernformen?

- Bei der Anbieterauswahl sollte unbedingt auf eine konkrete Beschreibung des methodischen Konzepts zum Online-Lernen geachtet werden. Dazu gehört auch, dass der Anbieter detailliert erläutert, was mit den angebotenen Kursen erreicht, und wie der Lernerfolg kontrolliert werden soll.

- Welche Form der Unterstützung bzw. individuellen Begleitung sichert der Anbieter zu? Wie wird sicher gestellt, dass Fach- und Lehrkräfte kompetent und engagiert arbeiten?

- Gibt der Anbieter bekannt, wie viel Zeit vom Lernenden in jeden Lehrgang bzw. jede Maßnahme investiert werden muss?

- An welche Zielgruppen wendet er sich mit seinen Kursen, eher Privatleute oder Geschäftskunden? Welche Referenzen sind vorhanden?

- Ist das Lernmaterial auf dem neuesten Stand? Werden die Möglichkeiten des Internets ausgeschöpft (z.B. interaktive

Wissensvermittlung) oder werden die Lerninhalte lediglich auf klassischem Weg, etwa mit Hilfe von Multiple-Choice-Tests, vermittelt?

- Muss im eigenen Betrieb ggfs. neue Technik, etwa Video-konferenzsysteme, bereit gestellt werden?
- Ist eine Mischung bzw. Verknüpfung mehrerer Lernformen, etwa WBT, Foren, Unterstützung durch einen Tutor oder Präsenzveranstaltungen, möglich?
- Wie soll der Lernerfolg kontrolliert werden? Gibt es Zertifikate oder lediglich Teilnahmebestätigungen? Sind die Anforderungen von Anbieter und Nachfrager deckungsgleich?
- Ist dafür Sorge getragen, dass der Lernende nicht gestört wird bzw. dass dieser nicht zu anderen Terminen abberufen wird?
- Wesentliche Voraussetzung für eine erfolgreiche Umsetzung des E-Learning im Unternehmen ist das Schaffen einer entsprechenden Lernkultur. Dies ist nur durch umfassende Kommunikation und Information aller Beteiligten umzusetzen. Hierzu sollte es bereits weit vor dem offiziellen Start von Seiten der Unternehmensleitung Informationsveranstaltungen und begleitende Schulungen geben. Die Regeln zum E-Learning sollten möglichst auch in einer verbindlichen Betriebsvereinbarung festgehalten werden.
- Günstig ist auch, die Beschäftigten und den Betriebsrat in die Konzeption und Implementierung einzubinden. So werden Vertrauen und Akzeptanz in „das neue Lernen" geschaffen.
- Alle Mitarbeiter müssen ausführlich im Umgang mit den neuen Systemen und Lernformen geschult werden.
- Bei der Auswahl des Anbieters sollte außerdem darauf geachtet werden, dass er ein umfassendes Lernangebot zur Verfügung stellt, das möglichst viele Wissensgebiete, z.B. Betriebswirtschaft, Recht, Technik und Sprachen, abdeckt. Darüber hinaus sollte es ein Autorensystem geben.
- Werden alle oben genannten Lernformen unterstützt? Nur dann ist sicher gestellt, dass alle möglichen Lernformen im Unternehmen eingesetzt werden können, auch wenn einige aus heutiger Sicht für einen Einsatz nicht in Betracht kommen.
- Aus technischer Sicht sollte darauf geachtet werden, dass die Software Browser unabhängig ist und über umfassende, leicht bedienbare Hilfefunktionen verfügt.

Fazit

Dem elektronischen Lernen steht der große, Flächen deckende Durchbruch noch bevor. Obwohl inzwischen zunehmend mehr Unternehmen aller Branchen und Größenklassen auf unterschiedliche Formen des E-Learning zurück greifen, werden noch längst nicht alle Möglichkeiten und Potenziale ausgenutzt. Erfolg, Nutzen und Qualität hängen, wie bei den konventionellen Lernangeboten, von den vorhandenen Rahmenbedingungen, den Vorstellungen und dem Verhalten der Zielgruppen im Betrieb sowie der Möglichkeit der Realisierung der individuellen Lernziele ab.

Von entscheidender Bedeutung ist, dass die Lernenden motiviert sind und an der Wissensvermittlung nachhaltiges Interesse zeigen. Dazu ist es notwendig, vor allem die interaktiven Möglichkeiten der neuen Medien voll auszuschöpfen und nicht nur alte und bekannte Lerninhalte einfach in das Internet zu stellen oder auf CD-Rom zu pressen. Hier werden vollständig neue Herausforderungen an die Lern- und Mediendidaktik gestellt. Wichtig in diesem Zusammenhang ist daher auch die Veränderung oder Schaffung einer entsprechenden Lernkultur, die es dem Lernenden erlaubt, auch während der Arbeitszeit zu lernen, ohne sofort als Drückeberger oder Nichtstuer bezeichnet zu werden. Außerdem ist entscheidend, dass für die benötigten Lerninhalte entsprechend qualifizierte und engagierte Anbieter gefunden werden. Auf Grund der relativen Neuheit und fehlender Langfrist-Erfahrungen ist die richtige Auswahl auch hier eher schwierig und unterliegt Zufallsschwankungen.

Sind diese Probleme aber erst einmal gelöst, bietet E-Learning nicht nur großen Unternehmen, sondern gerade kleinen und mittelständischen Betrieben sowie Privatpersonen langfristig eine Reihe unschätzbarer Vorteile, wie Steigerung der Lerneffizienz, Senkung der Fortbildungskosten bei steigender Qualität oder besserer Vereinbarkeit von Beruf und Privatleben.

Dennoch wird, aus heutiger Sicht, das Onlinelernen das klassische Präsenzlernen nicht vollständig verdrängen. Unschätzbarer Vorteil von Präsenzseminaren ist, dass die Lernenden soziale Kontakte knüpfen oder pflegen können und sich gegenseitig über bestimmte Aspekte des zu lernenden Stoffs austauschen können. Eine Zusammenführung im Sinne eines Blended-Learning erscheint daher sinnvoll und zukunftsträchtig.

Einige ausgewählte Internet-Adressen zum Thema E-Learning:

http://www.akademie.de,
http://www.global-learning.de,
http://www.studieren-im-netz.de,
http://www.virtuelle.hochschule.de,
http://www.centra.de

http://www.vhb.org,
http://www.ac@demy.de

http://www.oncampus.de,

3.7 Kommunikationsmanagement

Da Knowledge Management ohne den Faktor Mensch undenkbar ist, soll an dieser Stelle die Interaktion und Kommunikation zwischen Menschen kurz dargestellt werden. Menschen können gut oder schlecht miteinander kommunizieren. Kommunikationsmängel können unterschiedliche Ursachen haben, die meist in der menschlichen Natur liegen. Daher liegt es nahe, sich mit den Grundgesetzen der menschlichen Kommunikation zu beschäftigen, bevor man sich informationstechnischen Fragen der Groupware- und CTI-Kommunikation zuwendet.

3.7.1　Grundgesetze menschlicher Kommunikation

Kommunikationstheorie

Es gibt drei Gesetze der menschlichen Kommunikation, die sich laut Paul Watzlawick alle auf zwei unterschiedliche Faktoren berufen, den inhaltlichen und beziehungstechnischen Aspekt. Mit anderen Worten: Was der Sender vermitteln will, ist noch lange nicht das, was zwingend beim Empfänger ankommen muss.

1.Gesetz:

Es ist unmöglich <u>nicht</u> miteinander zu kommunizieren.

Ein Gesetz, das sich - so oder so - schnell beweißen lässt.

Beispiel: *„Denken Sie bitte auf keinen Fall an ein Nilpferd.“*

Es wird niemanden geben, der direkt nach dem Moment der Aufforderung **nicht** an ein Nilpferd denken wird, egal ob er will oder nicht. Auch wenn, wovon mit an Sicherheit grenzender Wahrscheinlichkeit ausgegangen werden kann, Nilpferde in ihrem bisherigen Leben keine allzu zentrale Rolle gespielt haben dürften, werden sie doch augenblicklich an Eines denken müssen. Das bedeutet nichts anderes, als das, vollkommen gleichgültig, ob sie reden oder nicht reden, ob sie handeln oder nicht handeln, ihr Verhalten immer das ihrer Mitmenschen beeinflusst, wie es umgekehrt selbstverständlich ebenso der Fall ist. Dieses wechselseitige Verhalten ist schlicht und einfach Kommunikation. Diese Kommunikation unterteilt sich in der Regel in zwei Formen:

- in das gesprochene Wort, die verbale Kommunikation

- und in die nonverbale Kommunikation, die nichtsprachliche Äußerung, das Verhalten.

Beispiel für verbale Kommunikation: Jemand trifft auf der Straße seinen Nachbarn und fragt ihn nach dessen Befinden. Der Nachbar antwortet. *„Besten Dank. Gut."*

Beispiel für nonverbale Kommunikation: Ein Kunde kommt in ein Geschäft und sieht, dass alle Verkäufer gerade beschäftigt sind. Einer der Verkäufer sieht dies, schaut den Kunden an und nickt ihm freundlich zu. Der Kunde hebt die Hand und nickt zurück. Anschließend wartet er bis der Verkäufer frei wird. Hätte der Kunde den Laden direkt wieder verlassen, wäre das auch eine Form der Kommunikation gewesen. Dieses Beispiel zeigt, dass es nicht möglich ist **nicht** zu kommunizieren.

2.Gesetz:

Die Information entsteht beim Empfänger

Was nichts anderes bedeutet, als das es nicht entscheidend ist, was sie sagen, sondern vielmehr wie es der Andere versteht.

Beispiel: Ein nicht sehr gut gekleideter Kunde betritt den Laden und fragt nach einem Computer im Gesamtpreis von 12.000.DM. Daraufhin sagt der Verkäufer: *„Der ist aber ziemlich teuer!"*

Reaktion A: Der Kunde antwortet ganz einfach mit *„Das weiß ich"*. Hierbei können wir unterstellen, das der Kunde die Frage eher gelassen nimmt und ihr aus diesem Grund mit einer sehr simplen Antwort begegnet.

Reaktion B: Der Kunde antwortet entrüstet: *„Glauben Sie etwa ich könnte mir den nicht leisten?"*

Es gibt genügend alltägliche Beispiele, in denen eine Aussage nicht in der Art und Weise aufgenommen wurde, in der sie eigentlich beabsichtigt war.

3.Gesetz:

Jede Kommunikation hat eine Sach- und eine Beziehungsebene.

Untersucht man, was jede Mitteilung enthält, so stellt man schnell fest, dass ihr Inhalt vor allem aus Information besteht. Hierbei ist es vollkommen gleichgültig, ob diese Information wahr oder falsch, gültig oder ungültig ist. Jede Mitteilung enthält aber auch einen Beziehungsaspekt, der viel weniger bewusst ist, aber für den Ausgang bzw. den Verlauf der Kommunikation sehr entscheidend ist. Der Beziehungsaspekt definiert, wie der Sender die Beziehung zwischen sich und dem Empfänger sieht, und ist somit seine eigene persönliche Stellungnahme zu seinem Gegenüber. Jede Kommunikation enthält also, wie bereits in der Einleitung beschrieben, diese beiden Aspekte: den inhaltlichen und den beziehungstechnischen Aspekt. Für den Ausgang der jeweiligen Kommunikation ist die Beziehungsebene erheblich wichtiger als die Inhaltsebene. Ist die Beziehungsebene nicht in Ordnung, kann die Kommunikation inhaltlich noch so sachlich sein, sie wird nicht akzeptiert, weil der Sender erst gar nicht als Beziehungspunkt angenommen wird. Würde die gleiche Botschaft von einem Sender kommen, mit dem dem die Beziehungsebene in Ordnung ist, so würde die gleiche Botschaft akzeptiert, denn **die Akzeptanz des Arguments setzt die Akzeptanz des Redners voraus.**

Zusammenfassend kann man also sagen:

IT ohne Körperlichkeit

Der Inhaltsaspekt einer Kommunikation vermittelt lediglich die Daten einer Botschaft, der Beziehungsaspekt ist jedoch ausschlaggebend dafür, wie diese Daten und damit gleichsam auch die ganze Botschaft aufzufassen ist.

Kommuniziert man mit modernen IT-Instrumenten kommt meist dem Aspekt der i .d. R. fehlenden **Körperlichkeit** der Botschaft, respektive der des Übermittlers eine nicht zu unterschätzende Bedeutung bei. Die herkömmliche Kommunikation von Angesicht zu Angesicht ist natürlich bei diversen unternehmensspezifischen Vorgängen nicht immer gewährleistet. Oftmals ist sogar nicht einmal die Möglichkeit einer synchronen Kommunikation gegeben. Wenn Mimik und Gestik, also die gesamte Körpersprache wegfallen, kann die Quintessenz solcher zwischenmenschlicher Kommunikationsdefizite nur der durchdachte und geplante Umgang in der Informationsvermittlung sein. Moderne Formen der Kommunikation bieten aber nicht nur eventuellen Missverständnissen, sondern vielmehr auch immer neuen Möglichkeiten Platz. Gelernt sein will der (neue) homogene Umgang mit modernen Kommunikationsinstrumenten und zwar konsequent durchgesetzt über alle Beteiligten hinweg. Denn nur eine homogene Gruppenkommunikation rechtfertigt den (unternehmensweiten) Einsatz solcher Technologien. Diese kann aber meist nicht intuitiv erlernt werden, sondern bedarf einer strukturierten Planung und Einarbeitung (betrachtet man die Gesamtheit der Anwender).

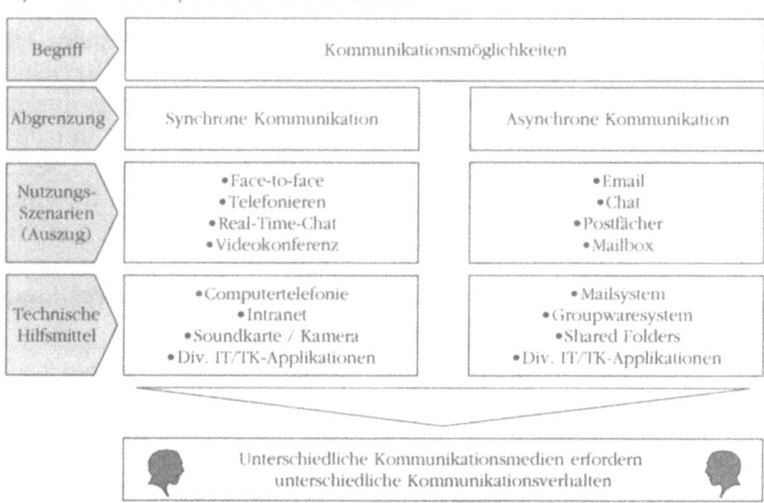

Abbildung 47: Synchrone und asynchrone Kommunikation

3.7.2 Moderne Kommunikationstechnologien

An moderne Kommunikation gewöhnen

Moderne Kommunikationsinstrumente unterlagen in den vergangenen Jahren einem ernormen technischen Entwicklungsschub. Wenn man bedenkt, wie schnell mobile Telefone Verbreitung gefunden haben, so lässt sich leicht schlussfolgern welches Variantenreichtum an Kommunikationsinstrumenten am Arbeitsplatz in jüngster Zeit entwickelt wurden. Kommunikation am Arbeitsplatz aus informations- und telekommunikationstechnologischer Sicht bedeutet[54]:

1. Computer Telefonie
   a. Telefonkonferenzen
   b. Videokonferenzen

2. Groupware-Kommunikation

   a. Portalkommunikation (Unternehmensportal)
   b. E-Mail-Kommunikation

---

[54] In Anlehnung an: Michael E. Sträubing, Projektleitfaden Internet-Praxis, Gabler-Vieweg-Verlag, 1999.

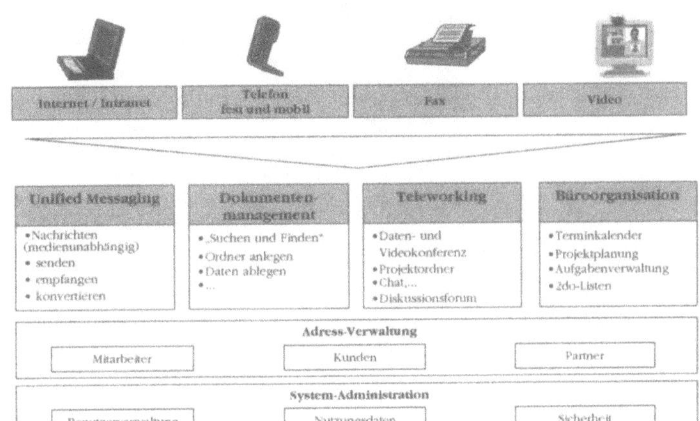

Abbildung 48: Kommunikationstechnologien am Arbeitsplatz

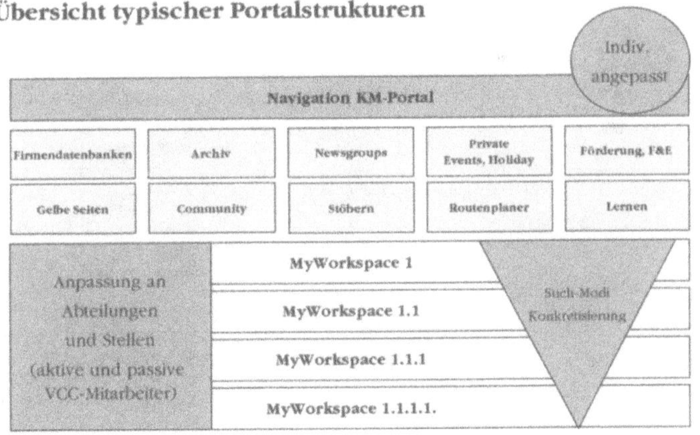

Abbildung 49: Typische Portalnavigation

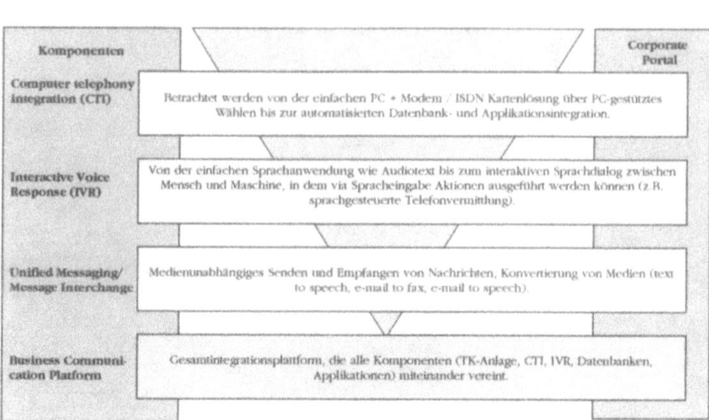

Abbildung 50: Bestandteile Corporate Portals (aus Kommunikationssicht)

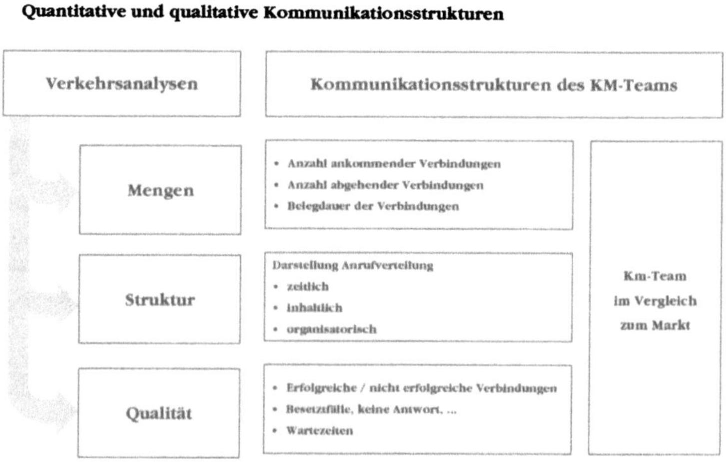

Quantitative und qualitative Kommunikationsstrukturen

Abbildung 51: Qualitative und quantitative Kommunikationsanalyse

<table>
<tr><td>

**„MyWorkspace"
richtig nutzen**

</td><td>

Groupware Kommunikation: Groupware (GW) wird auch als Gruppenarbeits-Software verstanden. Damit gemeint sind Software-Lösungen (SW), die das Arbeiten in Gruppen unterstützen (bspw. Lotus Notes oder auch Microsoft Exchange (mit Einschränkung) sind solche GW-Lösung). Betrachtet man Groupware unter kommunikativen Gesichtspunkten, so ist damit erstrangig die (unternehmensspezifische) gemeinsame Nutzung etwaiger SW-Lösungen gemeint. Unternehmensinterne Regeln also, die den Gebrauch dieser Lösung beschreiben. Ein einfaches Beispiel soll dies verdeutlichen: Die Mehrzahl der Lotus Notes-Anwender nutzt diese Lösung lediglich zum Verwalten von Emails (damit haben sie das teuerste Email System implementiert). Dabei bieten GW-Lösungen durchaus „sinnvolle" Funktionen, die das Arbeiten in Gruppen und den damit verbundenen Kommunikations- und Wissensaustausch erheblich unterstützen können. Für ein effizientes Arbeiten in Gruppen ist es allerdings unabdingbar, dass die gebotenen Funktionen auch unternehmensspezifisch angepasst[55] genutzt werden. Es bringt nichts, wenn der eine bspw. die Gruppenkalenderfunktion nutzt, einen Termin bei einem Kollegen reserviert, dieser aber nur Papierkalender verwendet. Eine effiziente (IT-basierte-) Kommunikation verlangt also bestimmte Regeln der individuellen Büro- und Selbstorganisation für das Tagesgeschäft.

</td></tr>
</table>

3.7.3   CTI-Kommunikation

<table>
<tr><td>

Definition CTI

</td><td>

In der Literatur findet sich ein breites Spektrum von Definitionen für CTI, die von einfachen Telefonwahl-Möglichkeiten aus Anwendungsprogrammen heraus bis hin zu hoch-integrierten Kommunikationslösungen reichen.

> **Unter CTI-Lösungen versteht man Produkte, die Telekommunikations- und Datenverarbeitungs-Funktionalitäten integrieren.**

CTI ist die Zeitgleiche Bereitstellung von Gesprächs- und Kunden- bzw. Produktdaten.

Voraussetzung für diese Sprach-Datensynchronisation ist:

</td></tr>
</table>

---

[55] Mit einer unternehmensspezifischen Anpassung ist hier nicht das Customizing gemeint, sondern der Einsatz bestimmter Nutzungsgrundsätze und –regeln.

- die Identifizierung des Anrufers

    o   Aktiv, d. h. Herauswahl aus einer Datenbank

    o   Passiv, d. h. Rufnummerninformationen müssen weitergeleitet werden (Rufnummernübermittlung bei ankommenden Anrufen)

- die Verfügbarkeit einer Datenbank

Computer Telephony Integration (CTI) am Arbeitsplatz bezeichnet die Integration von z.B. PC- und Telefonfunktionen. Dies eröffnet etwa ein (Telefon-)Wählen über Bildschirm aus dem elektronischen Adressbuch, Annotierung von Gesprächsnotizen an ein Telefonat, Anrufplanung auf dem PC, Erstellung von Rückruflisten für nicht beantwortete Anrufe, Führung eines persönlichen Journals und einiges mehr.

Die Technik von Call Centers z. B. eines Versandhauses wird an jedem Arbeitsplatz verfügbar, so dass die Effektivität gesteigert werden kann (die Hände bleiben frei, das Hantieren mit zwei Medien entfällt). So sorgt CTI beispielsweise dafür, dass bei eingehenden Anrufen die für das Gespräch relevanten Informationen automatisch am Bildschirm erscheinen. Ein gemeinsames Directory (Verzeichnis) hilft darüber hinaus, Telefon- und Netzadressen aktuell zu halten.

3.7.4   First Party CTI

Arten von CTI

Bei der **First-Party-Call Control** handelt es sich um eine physikalische Koppelung auf Endgeräteebene, d. h. der Desktop-PC und das Telefon sind direkt miteinander verbunden. Über diese Art der Anbindung wird das Telefon vom PC gesteuert.

First Party CTI besagt das zwischen PC und Telefon eine direkte physikalische Verbindung bestehen muss.

Folgende Punkte definieren diese Lösung:

- Einzelplatzlösung

- direkte Verbindung zwischen Telefon und PC

- Telefon-zentrisch (Telefon ist Primärendgerät)

- PC-zentrisch (PC ist Primärendgerät)

- Sprach-Datensynchronisation über direkte Verbindung Telefon und PC

Technologisches Umfeld:

Die ersten Entwicklungen von CTI-Software kamen aus dem Bereich Systemlösungen für Call Center. Viele der für den Call Center-Operator bereits selbstverständlichen CTI-Software Funktionalitäten sind mittlerweile auch für Unternehmensnetze (Corporate Lösung) und Desktop PCs verfügbar und sorgen auch hier dafür, daß die Produktivität beim Telefonieren erheblich gesteigert werden kann. Neuere Entwicklungen im Bereich CTI beziehen sich weniger auf die Unterstützung des eigentlichen Vorgangs des Telefonierens, sondern auf die Integration anderer Kommunikations- und Informations-Technologien. So werden LANs und das Internet als Kommunikationswege für Sprache genutzt, das Routing durch Spracherkennung und Text to Speech intelligent gestaltet und Fax und e-Mail mit der Sprachkommunikation in ein „Unified Messaging" integriert.

Unified Messaging

- Medienunabhängiger Versand und Empfang von Nachrichten
- Automatische Konvertierung von Nachrichten in bedarfsgerechte Formate
- Interoperabilität zu anderen Medien

Funktionen	Beschreibung
- Nachrichten senden	- Versenden Sprach-, Fax- und e-Mail Nachrichten - Sendeformat unabhängig von Empfangsformat - Versenden von Nachrichten an Einzelpersonen und Benutzergruppen - Zugriff auf Adress-Anwendung
- Nachrichten empfangen	- Formatkonvertierung speziell für Empfangsgerät
- Nachrichtenliste	- Automatische Benachrichtigung über neue Nachrichten - Nachrichtenliste bei PC visualisierbar - sortieren nach Sender, Empfangsdatum, ...
- Medienkonvertierung	- Text-to-speech (Vorlesen von Textnachrichten am Telefon) - Speech-to-text (Spracherkennung) - Fax-to-Email

Abbildung 52: Unified Messaging

Marktumfeld Desktop CTI in Deutschland

Neben der zunehmenden Verbreitung der technischen Voraussetzungen (PC-Penetration) tragen auch gesellschaftliche und wirtschaftliche Rahmenbedingungen zu guten Zukunftschancen von Desktop-CTI-Lösungen bei. Von folgenden Entwicklungen werden nachhaltig positive Wirkungen auf die Marktchancen von Desktop CTI-Lösungen ausgehen:

- Der Trend, weg von starren und festen Arbeitsverhältnissen hin zu selbständiger Arbeit von der Wohnung aus

- Der zunehmende Wettbewerbsdruck auch auf kleinere Unternehmen,

- Stark wachsende Bedeutung von Technologien im wirtschaftlichen und auch privatem Umfeld.

CTI-Grundfunktionalitäten

- Hörer-Nutzung und Freisprechen

- Anwahl aus einer Telefonliste

- Führen eines Log-Protokoll

- Gesprächsmitschnitt

- FAX

- Anrufbeantworter mit Fernabfrage

- E-Mail und Online-Dienst

- Führen eines einheitlichen Adressbuches über alle Kommunikationswege mit Import und Export-Möglichkeiten

Spezielle CTI-Funktionalitäten

- Erweiterte FAX-Funktionalitäten

- Möglichkeit der Integration in externe Datenbanken

- Integration von Datenkommunikations-Möglichkeiten

- Intelligente Anrufbeantworter- und Routing- Funktionen

- Integration von Internet-Funktionen

3.7.5 Third Party CTI

Bei der **Third-Party-Call Control** werden der PC und das Telefon mit Hilfe einer weiteren Komponente, dem Telefonie-Server, verknüpft. Ermöglicht wird dies durch einen CTI-Link zwischen der Telekommunikationsanlage und dem Telefonie-Server. In diesem Fall erfolgt die Teilnehmerdatenverwaltung auf dem Telefonie-Server. Häufig werden einfach den physikalischen PC-Adressen im LAN die Rufnummern der beigestellten Telefone zugeordnet. Somit kann bei abgehenden Rufen die TK-Anlage feststellen, von welchem Telefonanschluss die gewünschte Verbindung initiiert wurde. Umgekehrt wird bei eingehenden Rufen ermittelt, auf welchem PC die Informationen des Anrufers erscheinen sollen. Demzufolge steuert der PC nicht, wie bei der First-Party-Call Control, das Telefon, sondern über den Telefonie-Server die TK-Anlage selbst.

Third Party CTI besagt das eine Verbindung zwischen PC und Telefon nur logisch auf der Systemebene stattfindet. Diese Lösung ist durch die folgenden Punkte definiert:

- Mehrplatzlösung

- CTI-Link zwischen TK-Anlage und Telefonie Server

  o   im LAN

  o   Host basiert

- Arbeitsplätze Daten- und Telefoniewelt sind logisch verknüpft

- Sprach-Datensynchronisation über Telefonie-Server und TK Anlage

3.7.6 Anwendungsbeispiele

CTI und KM

Anwendungsbeispiele für CTI sind bei Vertriebsarbeitsplätzen oder Help Desks zu finden, wo Kunden anrufen. In einer Datenbank sind die Namen und Adressen, technische Konfigurationen sowie Vertragsdaten der Kunden gespeichert (Kundenhistorie). Aber auch bei Kommunikation mit internen Gesprächspartnern (Sachbearbeiter) hat sich die Technik bewährt, ebenso bei Kontakten zu Geschäftspartnern oder Lieferanten. Über ein einfaches Menü erhält der Benutzer schnellen Zugriff auf die meistgebrauchten Vorgänge, z. B. Öffnen der Korrespondenzmappe oder Erstellen eines Anschreibens, die weitgehend automatisch ablaufen - der Anwender am Telefon hat den Kopf frei für das Gespräch mit seinem Kunden.

Beispiele

Differenziert man weiter nach Kommunikationsbedürfnissen, die durch CTI-Anwendungen abgedeckt werden könnten, lassen sich folgende CTI-Anwendungsszenarien konstruieren:

- Koordinieren von Teams

- Planung von Terminen

- Vertrieb

- Service, Auskunft erteilen

- Sammlung und Beschaffung von Informationen

- Verteilung von Informationen

Betrachtet man die hinter den Nutzenanwendungen liegenden Kommunikationsszenarien erkennt man, dass sich aus den Nutzenbedürfnissen der Anwender spezifische Anforderungen an eine CTI-Lösung ergeben.

- Für die <u>Unterstützung von Arbeiten im Team</u> sollte die CTI–Lösung Videoconferencing, Telefonkonferenzen und den Austausch von Daten unterstützen. Applikation Sharing und die Integration von Office-Applikationen sind zusätzliche Anwendungen.

- Für Kunden, die häufig <u>Termine zu Planen</u> haben, sollte in die CTI Software ein Organizer integriert sein, oder ein bestehender Organizer unterstützt werden.

- Wird eine CTI-Applikation im <u>Vertrieb</u> eingesetzt, ist die Integration von Kundendatenbanken und eines Organizers unerlässlich. Intelligente Telefoniefunktionen und ein intelligenter Anrufbeantworter sind heutzutage Standard.

- Um mit einer CTI Software <u>Service und das Erteilen von Auskünften</u> zu unterstützen, ist neben der Anbindung von externen Datenbanken die Integration von Fax- Funktionen und ggfs. einer intelligenten Sprachsteuerung notwendig.

- Soll eine CTI Lösung bei <u>Recherchen und dem Sammeln von Informationen</u> helfen, ist die Integration von Datenbank-Anwendungen, dem Internet und Office-Applikationen notwendig.

- Für die <u>Verteilung von Informationen</u> sollte eine CTI-Software an Office-Applikationen angebunden sein, erweiterte Telefonie- und Fax-Funktionen wie z.B. Fax Polling besitzen und über Datenkommunikationsmöglichkeiten verfügen.

3.8 Help Desk

Unternehmensinterne Help Desks sind im klassischen Sinne Organisationseinheiten, die erstrangig technische Aufgabenfelder betreuen (bspw. techn. Hot-Line). Die in den vorherigen Kapiteln angedeutete Philosophie moderner Help Desk Ansätze geht weit darüber hinaus (vgl. hierzu die Aufgaben auf den folgenden Seiten). Moderne Help Desks zeichnen sich dadurch aus, dass man die Technologie, die die Help Desks eigentlich (als etwas besonderes innerhalb einer Organisation) ausmacht, zunehmend bei „normalen" Arbeitsplätzen wiederfindet. Dies bedeutet nichts anderes, als dass im Zeitalter zunehmender Vernetzung, die technische Ausstattung von Arbeitsplätzen immer weiter verbessert wird. So ist es in manchen Unternehmen üblich, dass bspw. SW-basierte Telefonanlagen unternehmensweit eingesetzt werden. Man hat erkannt, dass damit eine erhebliche Erleichterung der Administrationsaufwendungen (bspw. bei der Konfiguration von Nebenstellen, der Nutzung von Universal Inboxes, also E-mail, Voice und Fax in einem Posteingangskorb) mit dem zunehmenden Verlangen nach Telearbeitsplätzen realisiert werden können. Moderne TK-Anlagen (entweder komplett SW-basiert oder per SW konfigurierbar) beinhalten üblicherweise bereits einige Features, wie man sie in der Vergangenheit nur in Call Centers oder Help Desks vorfinden konnte.

Zukünftig wird also die Ausstattung eines Büroarbeitsplatzes Funktionen bereitstellen, die eine Help Desk-Philosophie (technisch gesehen) Wirklichkeit werden lassen können. In der Praxis werden diese Möglichkeiten nur meist nicht genutzt bzw. aktiviert.

3.8.1 Klassische Help Desks

Klassische Help Desks unterteilen sich normalerweise in einen 1st-, 2nd- und 3rd-Level Support (d. h. Mitarbeiter in den einzelnen Levels mit unterschiedlichen Support-Aufgaben). Dahinter verbergen sich folgende Merkmale:

1. 1st-Level: Er besteht aus Generalisten, deren Skills sich auf die effektive Anrufannahme und Gesprächsführung beschränkt. Aufgabe ist hier, Anrufe anzunehmen, sie im System zu erfassen, die Art und den Inhalt der Anfrage aufzunehmen und diesen wenn möglich zu beantworten

(durch Nutzung einer Problemdatenbank bzw. Wissensdatenbank). Wenn keine Antwort möglich ist wird der Anruf an den 2nd-Level weitergeleitet mitsamt aller aufgenommener Daten (damit nicht noch einmal alles abgefragt werden muss). Bei technischen Hot-Lines bspw. bei Hardware- oder Softwareherstellern wird nach gängiger Praxis mit einer 1st-kill-rate (Lösungsrate im 1st-Level) von 50-80% ausgegangen.

2. 2nd-Level: Die 20-50% unlösbarer Anfragen des 1st-Levels gehen hier ein. Der 2nd-Level besteht meist aus Spezialisten unterschiedlicher Fachgebiete. Soft Skills, wie im 1st-Level benötigt, sind hier nicht verlangt, sondern tiefgreifendes fachliches Expertenwissen. Im 2nd-Level sollte die Anfrage dann auch spätestens beantwortet werden; entweder sofort oder per Rückruf durch den 2nd-Level Agenten. Trotzdem kommt es manchmal vor (< 0,1-3% im Mittel), dass auch hier keine Antwort gefunden wird. Dann gibt es zwei Möglichkeiten: Weiterleitung an den 3rd-Level oder Beauftragung eines Field Service zur Vor-Ort-Besichtigung des Problems).

3. 3rd-Level: Dieser wird meist nicht mehr im Unternehmen vorgehalten, sondern befindet sich direkt bei Hersteller. Ausgewählte Spezialisten (bspw. SW-Entwickler) der jeweiligen Hersteller stehen hier für Support-Anfragen (gegen teures Entgelt!) zur Verfügung. Im Rahmen von Service oder Wartungsverträgen kann dann der Kunde eine gewisse Anzahl sog. „last Level Calls" abtelefonieren.

Zusammenfassend beinhalten die Aufgaben klassischer Help Desk folgende Punkte:

- System-Integration und Systemeinführung

- Instandhaltung, Wartung und Support

- Operative Dienstleistungen, z.B. Outsourcing

- Produktunterstützung für Software-Produkte

- Produktunterstützung für Hardware-Produkte

- Beratungsdienstleistung: Planung, Training, Projektmanagement

- Adressadministration

- Wissen-/Know-how-Administration
- automatisiertes Eskalationshandling/-management
- IT-Inventarisierung
- Bestellwesen
- Produktübersichten/-katalog
- Visuelle Information (Signalisierung)
- Chronologische Problemverfolgung
- Call-Selektionsmöglichkeiten
- Automatisiertes Call-Handling

3.8.2 Innovative Help Desks

Innovative Help Desks bestehen im Gegensatz zu den klasichen Help Desks aus einem virtuellen 2nd Level Support, der wahlweise "dazugeschaltet" werden kann. (vgl. hierzu insbes. Kap. Virtuelle Help Desks). Folgende Aufgabenfelder lassen sich so definieren:

- Kennen keine organisatorischen Grenzen (virtuelle Kooperation von Abteilungen und Organisationseinheiten).
- Recherchieren nach Experten oder sind selbst Experten.
- (teilautomatisierte) Vermittlung von Gesprächen zu Experten (durch den 1st-Level an den 2nd-Level) durch Skill-based Routing-Funktionsunterstützung (vgl. die folgenden Seiten).
- Beantwortung von Anfragen durch Experten (2nd-Level) über unterschiedliche Medien (Internet, Intranet, Telefon, Email, Chat, ...).
- Recherche von Informationen.
- Organisation von Telefonkonferenzen.
- Organisation von Teletutorien.
- Verwaltung von Wissensdatenbanken.
- Verwaltung von Qualifikationsverzeichnissen (neutral, nicht personifiziert).
- Verwaltung sämtlicher digitaler Dokumente. Damit gemeint sind alle zusammengehörigen Informationen, die

konsistent in einem Sachzusammenhang als Datei vorliegen.

3.8.3 Knowledge Management in Help Desks

Wesentliche KM-Komponenten in Help Desks lassen sich so beschreiben, dass diese im Unterschied zu Komponenten derzeit an
nicht-Help Desk-Arbeitsplätzen mit weitaus höherwertigen Tools
ausgestattet sind. Folgende Bereiche lassen sich unterteilen[56]:

1. Automatisierung der Informationserfassung durch Automatische Klassifizierung und Kategorisierung durch
   Sprach- und Texterkennungs-SW, Indizierungs- und Rou-
   tingwerkzeuge:

   a. Automatisierte Indizierung bereits beim Postein-
      gang der Universal Inbox

   b. Medienübergreifendes Zusammenführen von
      Dokumenten aller Art

   c. Qualitätsverbesserung durch Abgleich mit Da-
      tenbeständen unterschiedlicher Quellen

   d. Klassifikationsbasiertes Routing von Dokumen-
      ten

   e. Kategorisierungsbasierte Dateiablagemechanis-
      men

2. Universal Inbox mit Groupwareanbindung, Unified Messaging, Message Interchange, integriert in Portale Intranets und Dokumentenmanagementanwendungen

   a. Zugriff auf alle Nachrichtenquellen unter einer
      Benutzeroberfläche

   b. Kein Medienbruch, single Log-In

   c. Integration in Standardprodukte bzw. in Intra-
      net-Anwendungen

   d. Erweiterte Datenintegrität

   e. Zugriff auf Enterprise Repositories

3. Enterprise Application Integration

---

[56] In Anlehnung an www.project-consult.com.

a. Middelwarebasierte Zusammenführung von Informationen aus verschiedenen Anwendungen

b. Personalisierte Benutzeransichten und situationsgerechte Applikationsauswahl

c. Verdichtung vorhandener Unternehmensinformationen und Qualifikationsverzeichnissen

d. Modul- und anwendungsunabhängige Archivierung und Bearbeitung von Dokumenten

e. Reduktion von Informationsredundanz und unterschiedlichen Formatierungen

Skill-based Routing:

- Für Skills können Prioritäten und Gewichtungen vergeben werden

- Skills können den Anrufen in Abhängigkeit von der automatischen Rufnummernanzeige (ANI) zugeordnet werden

- Skills können den Anrufen in Abhängigkeit von dem Wählnummernanzeigedienst (DNIS) zugeordnet werden

- Skills können auch anderen Objekten in der Warteschlange in Abhängigkeit von deren Attributen zugeordnet werden (z. B. Anfragen per E-Mail, Aufforderungen zu textbasierten Chats über das Internet und Sprachnachrichten)

- Skills können den Anrufen in Abhängigkeit von den Angaben aus der interaktiven Sprachausgabe zugeordnet werden (bspw. gewünschter Ansprechpartner, benötigtes Themengebiet, usw.)

- Dynamische Gewichtung von Skills in Abhängigkeit von der Wartezeit des Anrufers

- Bei Nichtverfügbarkeit eines Mitarbeiters mit entsprechenden Skills kann der Anrufer darüber informiert werden, damit der Kunde eine Sprachnachricht hinterlassen oder wahlweise mit einem weniger qualifizierten Mitarbeiter sprechen kann

- Weiterleitungsmerkmale auf der Grundlage der Skills von Mitarbeitern

- Stammliste der Kenntnisse von Mitarbeitern

- Merkmale in Abhängigkeit von der betreffenden Arbeitsgruppe
- Merkmale in Abhängigkeit von dem betreffenden Mitarbeiter
- Übernahme (Vererbung) von Kenntnissen der Arbeitsgruppe
- Blockierung der Übernahme von Anrufen
- Auswahl eines Wunschkandidaten
- Kundenspezifisch anpassbare Merkmale
- Merkmale in Abhängigkeit von der betreffenden Interaktion:
- Prioritäten der Anrufe(-gruppen)
- Zeit im System / Zeit in der Warteschlange
- Übermäßig lange Zeit in der Warteschlange

Dialer Funktionen:

Dialer-Funktionen sind erstrangig für den Outbound-Telefonie-Verkehr gedacht. Der Dialer oder Power Dialer ist eine Unterstützung der Anwahl von Rufnummern nach definierten Vorgaben.

Mögliches Einsatzfeld von Dialer-Funktionen ist bspw. die Organisation von Telefonkonferenzen. Hierbei gilt es, sämtliche Teilnehmer zu kontaktieren, so lange diese in die Warteschlange zu leiten, solange bis alle anwesend sind. Weiterhin kann der Moderator der Telefonkonferenz mit besonderen Funktionen (sowohl Telefonie, als auch Web-Funktionen) ausgestattet werden.

- Integrierter Preview / Power / Predictive Dialer
- Der Predictive Dialer verteilt die abgehenden Gespräche über die ACD
- Import von Anruflisten bspw. für Kampagnen aus ODBC-kompatiblen Datenbanken
- Anruflisten können während einer laufenden Kampagne sortiert und gefiltert werden
- Kombinierte Berichte über die Performance eines Mitarbeiters bei eingehenden und abgehenden Anrufen

- Der Dialer kann gleichzeitig mehrere Kampagnen verarbeiten

- Besetztzeichen-/ Anrufbeantwortererkennung

- Listen für Kampagnen können aus Datenbanken importiert werden (via ODBC-Schnittstelle)

- Die Datenbank wird mit Daten der Anrufliste permanent aktualisiert

- Maximale Anzahl erfolgloser Anrufversuche konfigurierbar

- Zeitraum bis zum nächsten Anrufversuch bei Besetztzeichen / Freizeichen / Anrufbeantworter konfigurierbar

- Algorithmische Prognose des Predictive Diallings in Dauer und Varianz (Sektorale Trennung bspw. Begrüßung, Informationsrecherche und -vergabe, Gesprächsabschluss)

3.8.4 Workflow

Prozessübersicht Help Desk

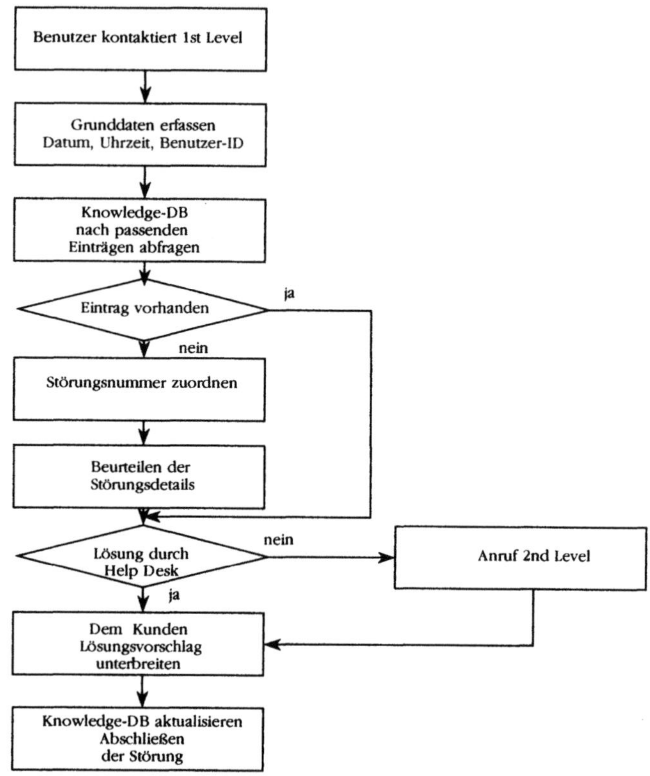

Abbildung 53: Prozessmodell Help Desk

Weiteres Beispiel für ein Prozessmodell Knowledge Base:

- Aufnahme der Anfrage (Telefon, Email, Fax, Web, Chat, etc.) in Knowledge Base
- Weiterleitung der Benutzeranfrage
- Erstellung/Anlage eines Tickets
- Ergänzung der Aktionsliste in Knowledge Base (Aufnahme der Aktion)

- Entfernung der Benutzeranfrage aus der sog. Group-Queue der Knowledge Base

- Terminierung der Benutzeranfrage (Problem-Closing) in Knowledge Base

- Evtl. Reaktivierung der Benutzeranfrage (Problem-Reopening) in Knowledge Base

- absenden/weiterleiten der Nachricht an die betreffenden Anwendergruppen mit Kopie an Knowledge Base

Qualifizierung Knowledge-Base

Im Rahmen eines sog. Frage-Antwort-Spiels werden systematisch Wissensinhalte im Help Desk generiert und von dort aus verwaltet (Archivierung). Die Nutzer interagieren mit Mitarbeitern des 2nd-Levels. Es werden Fragen eingestellt und durch das Help Desk beantwortet, so dass alle die Inhalte sehen können und Anmerkungen hinzufügen können.

Weiterhin kann auch eine direkte Kommunikation mit einzelnen Betroffenen durchgeführt werden. Diese Ergebnisse sind dann durch Mitarbeiter des Help Desks zu dokumentieren und anhand nachstehend beschriebener Abläufe zu archivieren und publizieren.

Wichtig ist, dass sämtliche Inhalte in eine zentrale Knowledgebase eingepflegt werden. Die Hauptverantwortung dieser Datenbank abliegt dem Help Desk.

Frage-Antwort-Spiel im Help Desk

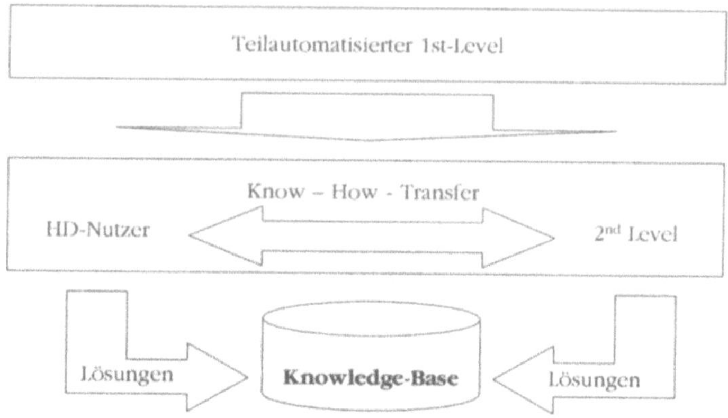

Abbildung 54: Frage-Antwort-Spiel

Qualifizierung von Wissensinhalten:

Neu eingestellte Wissensinhalte sollten im Rahmen der unternehmensinternen Qualitätssicherung geprüft werden. Hierzu wird der Wissensträger, der die neuen Inhalte entwickelt hat diese im Rahmen einer klar gekennzeichneten vorläufigen Freigabe publizieren. Wichtig ist hierbei, dass allen Nutzers dieser neuen Inhalte bewusst ist, dass diese lediglich unter Vorbehalt veröffentlicht wurden und ggfs. nachträglich Anpassungen vorgenommen werden.

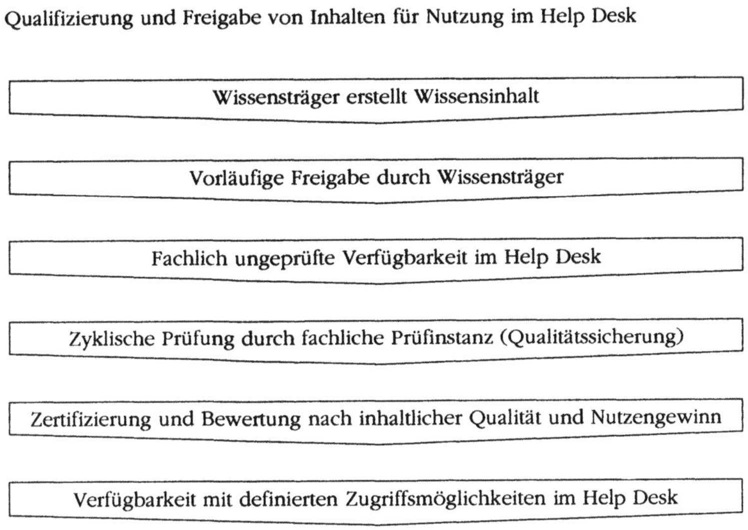

Qualifizierung und Freigabe von Inhalten für Nutzung im Help Desk

Wissensträger erstellt Wissensinhalt

Vorläufige Freigabe durch Wissensträger

Fachlich ungeprüfte Verfügbarkeit im Help Desk

Zyklische Prüfung durch fachliche Prüfinstanz (Qualitätssicherung)

Zertifizierung und Bewertung nach inhaltlicher Qualität und Nutzengewinn

Verfügbarkeit mit definierten Zugriffsmöglichkeiten im Help Desk

Abbildung 55: Zertifizierungsprozess Wissensinhalte

**Qualitätsbe-
wusste und
zeitgerechte
Freigabe**

Die Installation einer fachlichen Prüfinstanz von Wissensinhalten ist in der Praxis nicht ganz einfach zu installieren und deren Zweckmäßigkeit genau zu prüfen. Grundsätzlich sollte die Prüfinstanz, bspw. durch den vorgesetzten Abteilungsleiter in Person, in der Lage sein, qualitätsbewusst und gleichzeitig zeitgerecht Inhalte freigeben zu können.

Ist das nicht der Fall, besteht die Gefahr, dass Inhalte gar nicht publiziert werden und damit der interne Wissenstausch unterdrückt wird. In diesem Fall ist es besser auf eventuell auftretende inhaltlich Fehler hinzuweisen, aber auf alle Fälle eine Veröffentlichung durchzuführen, damit das KM-System ins Rollen gebracht und gelebt wird. Hierzu gibt es allerdings keinen allgemeingültige Vorgehensweise. Eine Fallentscheidung ist hier zweckmäßig.

Nachstehende Abbildung verdeutlicht schematisch mögliche unterschiedliche Dokumentenstati mit dazugehörigen Freigabeinstanzen. Der Autor bewirkt mit der Publikation eine vorläufige Freigabe. So kann das Dokument von anderen genutzt werden.

Eine Zertifizierung (Qualität) erfolgt durch eine Freigabeinstanz, die auch Änderungen an den Dokumenten vornehmen kann sowie die Dokumentengültigkeit definiert.

Nach abschließender redaktioneller Prüfung und ggfs. Überarbeitung (Layout) wird das Dokument schlussendlich freigegeben und kann von allen Berechtigten genutzt werden.

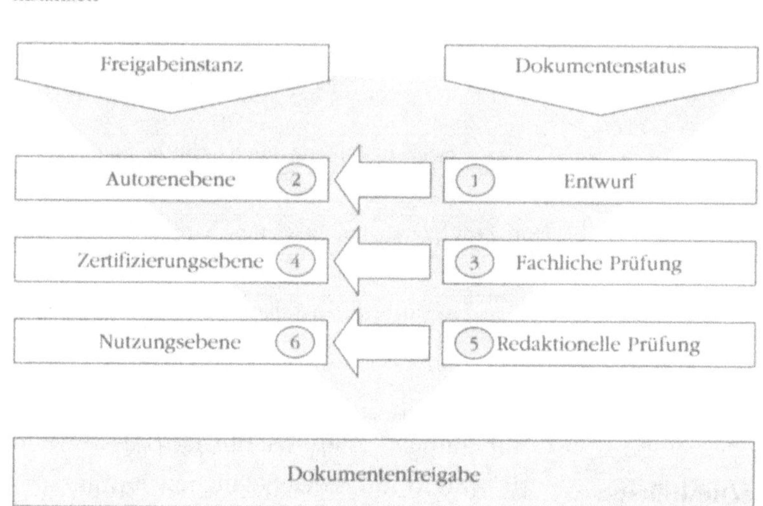

Abbildung 56: Freigabeinstanzen

3.8.5 Ausstattung in Help Desks

Die Ausstattung eines Help Desks läst sich vereinfacht in folgende Kategorien einteilen:

1. Technische Infrastruktur
    a. Stationärer 1st-Level
    b. Virtueller 2nd-Level
    c. Komponenten
        i. Strukturierte Verkabelung
        ii. TK-Anlage
        iii. Telefonie-Server
        iv. Vermittlungsplatz
        v. Datenbankserver

     vi. Kommunikationsserver

    vii. Standardarbeitsplatz

   viii. Teleworkerarbeitspletz

    ix. Anschlüsse

     x. Videokonferenzsystem (wenn erforderlich)

    xi. Peripheriegeräte (Drucker, etc.)

2. Raumausstattung

3. Installation und Aufbau

4. Wartung und Betrieb

5. Besondere Anforderungen (Beispiel):

    a. TK-Anlage und Telefonie-Server: Anrufverteilung (ACD) nach den verschiedensten frei definierbaren Kriterien (linear, zyklisch, longest-idle-Prinzip). Einteilen der Agenten in mehrere Gruppen. Zuordnen mehrerer Servicenummern je Gruppe. Gleichzeitiges Arbeiten der Agenten in mehreren Gruppen. Einsatz von externen A-genten. Prioritätsstufen zur sofortigen oder Netzweiten Suche nach freien Ressourcen.

    b. Datenbankserver: Stabile Datenhaltung und Archivierung, Schaffung einer Datenbankarchitektur (Client-Server), Zentrales Netzwerkmanagement, zentrale Backup-Möglichkeiten, zentrale Druckjobsteuerung

    c. Kommunikationsserver: Internet-Anbindung (E-Mail, WWW, FTP,Firewall), Anbindung an Online-Dienste (T-Online), Fax-Anbindung der Standardarbeitsplätze, Fax on Demand, Fax-Broadcast, Voice-Box / sprachgesteuerte Menüführung, Text to Speech

3.9 Kick off Workshop

Von Marcus Störkel und Andreas Heck, Düsseldorf, November 2001.

Der richtige Start im KM-Projekt

In diesem Kapitel wird beschrieben, wie ein strukturierter Kick off Workshop (KoW), also der erste Anstoß der zukünftigen Projektierung, mit Hilfe einfacher Methoden vonstatten gehen kann. Zu Projektbeginn ist es allgemein üblich, dass alle Beteiligten an einen Tisch kommen, um die Basis für die gemeinsame Arbeit zu entwickeln. Erfahrungsgemäß wird es eine solche Gelegenheit frühestes wieder zu Projektmitte, wenn wesentliche Meilensteine abgenommen werden, geben. Deshalb ist es umso wichtiger, dieses Projekt-kick off so präzise wie möglich zu planen und durchzuführen.[57]

Das Projekt-kick off ist als eine Art Workshop aufzufassen, bei dem jeder mitmachen soll (also keine reine Präsentation) und gemeinsam Ergebnisse erarbeitet werden. Ein solcher Workshop kann je nach Umfang durchaus mehrere Tage dauern. Zielsetzung ist, dass nach Abschluss des Workshops jedem Teilnehmer bewusst ist, wie das Gesamtziel der Projektierung aussieht, welche Teilaspekte ihn betreffen, was als nächstes unmittelbar getan werden muss und welche Rolle er dabei spielt.

Auf den nachfolgenden Seiten wird hierzu eine exemplarische Vorgehensweise zur Planung eines Help Desk-basierten Knowledge Managements mit Hilfe einiger Checklisten aus vergangenen Projekt-kick off Veranstaltungen dargestellt. Diese sollen einen Überblick geben, wie Arbeitspakete strukturiert werden können. Selbstverständlich können hier nicht alle KM-relevanten Arbeitspakete berücksichtigt werden. Im Folgenden sind einige exemplarisch aufgeführt.

Weiterhin werden auch solche Arbeitstechniken kurz vorgestellt, die die grundsätzliche Organisation von Meetings (Einladung, Agenda, Protokoll, Handout etc.) beschreiben. Eine gründliche Vor- und Nachbereitung gehören ebenso zu einer strukturierten kick off Veranstaltung, wie die Strukturierung von Arbeitspaketen. Sicherlich ist jedem von uns bekannt, dass Protokolle, Handouts etc. sinnvoll sind, doch werden diese in praxi oft vernachlässigt. Es gibt einige einfache Regeln für diese Arbeitstech-

---

[57] In Anlehnung an: <u>www.hdvo.de</u>.

niken, die wenig Zeit beanspruchen, aber einen großen Nutzen bringen.

3.9.1 Vorbereitung

Beginnt man mit der Vorbereitung eines Workshops sollten folgende Fragen geklärt werden:

- Welche Ziele sollen verfolgt werden?
- Welche Themen werden hierzu angesprochen?
- Welche Erwartungen sollen erfüllt werden?
- Wie können die Erwartungen erfüllt werden?
- Wer soll alles teilnehmen? Wer muss zwingend teilnehmen?
- Sollen Arbeitsgruppen gebildet werden - mit welchen Teilnehmern?
- Wer moderiert, wer protokolliert, wer erstellt die Unterlagen?
- Wer stimmt die Inhalte der Agenda ab?
- Wann soll der Workshop stattfinden?
- Wo soll er stattfinden? Gibt es Alternativtermine?
- Bis wann muss spätestens die Einladung verschickt werden?
- Wer übernimmt die Organisation der Einladung (Nachtelefonieren, Übernachtung, Anfahrtsskizze ...)?
- Welche Raumausstattung ist notwenig?
- Welche sonstigen Arbeitsmittel werden eingesetzt (Flip-Chart, Metaplan ...)?

Agenda

Viele Besprechungen werden ohne einen festen Rahmen durchgeführt. Das führt häufig dazu, dass man sich zusammensetzt, über die ersten Punkte der „quasi" Tagesordnung sehr intensiv spricht, die Zeit aus den Augen verliert, vom geplanten Rest der Tagesordnung abschweift und diese notgedrungen aufgrund der vorangeschrittenen Zeit auf das nächste Mal vertagt. Folge: Die Besprechung wird ohne konkrete (und vor allem vollständige) Ergebnisse beendet. Ohne eine klare Linie schweifen Diskussionen immer wieder zu Punkten ab, die nicht der eigentliche Gegenstand der Besprechung sind.

Eine strukturiert geplante und durchdachte Agenda ist eine der Grundvoraussetzungen für eine erfolgreiche Besprechung. Weiterhin ist die konsequente Einhaltung der Agenda während der Besprechung absolut erfolgskritisch.

Eine Agenda soll im Vorfeld allen Teilnehmern einer Besprechung ermöglichen (und voraussetzen!), sich auf den Termin vorzubereiten.

Man sollte daher den Teilnehmern die Agenda für eine Besprechung möglichst frühzeitig zur Verfügung stellen, sonst wird ein Hauptteil der Sitzung damit vertan, dass sich die Teilnehmer zuerst einmal konsolidieren müssen.

Eine Agenda ist allerdings keine detaillierte Ausarbeitung, sondern sie soll den verbindlichen roten Faden der Besprechung darstellen. Es dienen einzelne Überschriften als Anhaltspunkte und Orientierungshilfen, so dass der Unfang einer Agenda auch höchstens eine Seite betragen sollte. Die Inhalte einer Agenda werden mit Hilfe eines einfachen Schemas erarbeitet. Im Folgenden eine Auflistung der einzelnen Punkte:

- **Themen definieren**: Bevor eine gemeinsame Besprechung zusammengerufen wird, muss als erste Maßnahme die zu diskutierende Aufgabe genau definiert werden. Dazu sind Antworten auf die folgenden Fragen notwendig: **Welche Themen müssen und welche können (optional) angesprochen werden?** Diese beiden Fragen bilden den Ausgangspunkt für die Erstellung einer Agenda.

- **Zeitplan festlegen**: Für jedes Thema wird ein verbindlicher Zeitrahmen festgelegt. Erfahrungsgemäß wird dieser immer zu gering angesetzt. Die konsequente Durchsetzung eines Zeitplanes erzwingt allerdings, dass man sich einerseits mit der Planung der Zeitressource pro Thema mehr Mühe gibt und zweitens der Zeitplan auch strikt eingehalten wird und in der Konsequenz „unsinnige" Diskussionen strikt abgebrochen werden. Hierzu bedarf es allerdings eines Sitzungsleiters, der auch über das nötige Durchsetzungsvermögen verfügt.

- **Ziele definieren**: Aus der Aufgabenstellung leiten sich nun die Ziele ab, die in der Besprechung erreicht werden sollen. Die Definition von Zielen ist notwendig, um den Erfolg einer Besprechung beurteilen zu können. Was genau soll nach Beendigung der Besprechung erreicht worden sein? Hat die Besprechung die Erwartungshaltung der Teilnehmer erfüllt?

- **Teilnehmer festlegen**: Für eine erfolgreiche Besprechung ist neben einer guten thematischen Strukturierung die Auswahl des richtigen Teilnehmerkreises und deren genau definierter Aufgabengebiete wichtig. Wer behandelt welche Themen? Wer kann helfen, die gesteckten Ziele zu erreichen? Wer muss teilnehmen oder „nur" im Nachhinein informiert sein?

- **Organisatorische Angaben beschreiben**: Wann, wo, mit welchen technischen Hilfsmitteln findet die Besprechung statt und wer ist Ansprechpartner für Rückfragen?

Präsentationen

Grundsätzlich gilt hier die Unterscheidung zwischen Präsentation und Dokumentation. Bei Präsentationen gilt der Spruch: "Lieber zu wenig als zuviel". Präsentationsfolien, die mit Text überladen sind, werden von den Teilnehmern nicht mehr aufgenommen. Dies gehört dann in die Dokumentation (oder das Handout). Weiterhin sollten Sie in der Präsentation bei der Farbgebung und mit der Verwendung von Animationen sparsam umgehen. Folgende Fragen sollten Sie zur Präsentation beantworten:

- Welche Ziele verfolge ich mit der Präsentation?
  - o Nur informieren?
  - o Auch überzeugen?
- Habe ich einen Zeitplan für die Präsentation(en)?
  - o 2-5 min. pro Folie
  - o Raum für Zwischenfragen lassen
  - o Back up Folien mitnehmen
- Wer sind die Teilnehmer der Präsentation? Entscheider, Abteilungsleiter oder Mitarbeiter?
- Ist die Schriftgröße für alle lesbar?
- Funktioniert der Beamer?
- Gibt es Probleme mit der Raumakustik?

- Scheint evtl. die Sonne auf die Leinwand?

- Welche Teile der Präsentation finden die Teilnehmer im Handout wieder?

- Wird das Handout vor und nach der Präsentation ausgeteilt?

3.9.2 Nachbereitung

Das richtige Protokoll

Das Protokollieren mag jedem bekannt sein und jeder wird sich ebenso über Protokolle, die „doch eh´ keiner mehr liest" schon geärgert haben. Doch Protokolle dokumentieren die vereinbarten und entwickelten Inhalte von Besprechungen und sind daher – auch wenn sie später nie wieder angeschaut werden - für die Etablierung einer KM-Philosophie einfach notwendig. Für die Verwaltung von Wissen bilden Daten und Informationen nun einmal die strukturelle Basis. Meist kann der spätere Nutzen der Dokumente zum Zeitpunkt der Erstellung einfach noch nicht eingeschätzt werden.

In manchen Projekten galt der Leitsatz: "Keine Besprechung ohne Agenda und Protokoll." Insbesondere wenn es um das Zusammenarbeiten unterschiedlicher Interessensgruppen geht sind Protokolle ein MUSS. Nur so lassen sich Vereinbarungen später auch nachvollziehen und einfordern. Interpretationsmöglichkeiten sollen auf ein Minimum reduziert und Aufgaben klar verteilt werden. Mit der schriftlichen Niederlegung von Vereinbarungen in Protokollen werden die Aufgabenverantwortlichen „verhaftet". Eine Nichterfüllung kann somit unter Zeugen gerügt werden (und das ist leider allzu oft der Fall). Wichtig hierbei ist, dass das Protokoll dann fertig sein muss, wann es fertig sein sollte, nämlich unmittelbar nach der Sitzung.

Protokolle schaffen Sicherheit und Verbindlichkeit, da mit der schriftlichen Fixierung einer Sitzung, die dort erarbeiteten Ergebnisse festgehalten werden. Zudem besteht so immer die Möglichkeit einer definitiven Zuordnung von Terminen und Verantwortlichkeiten zu bestimmten Aktivitäten. Gerade bei Sitzungen, die sich ständig wiederholen, trägt eine genaue Protokollierung sehr zur Steigerung der Effizienz bei.

Wie aber geht eine effiziente Protokollierung vonstatten? Worin unterscheiden sich gute und schlechte Protokolle? Im Folgenden daher eine Auflistung verschiedener Anzeichen, die für eine schlechte Protokollierung sprechen:

- Die Informationen zu den einzelnen Punkten sind spärlich.

- Die Sätze haben keine Überleitungen, wirken unzusammenhängend und daher eher wie Aufzählungen, anstatt wie Beschreibungen.

- Komplexe Sachverhalte werden nur in Stichworten wiedergegeben, die Interpretationsspielräume zulassen.

- Nur Teilnehmer der Sitzung können verstehen, was die Inhalte des Protokolls genau wiederzugeben versuchen.

Nach einiger Zeit ist ein solches Protokoll nicht mehr zu verwerten, weil man aus den bruchstückhaften Informationen den ursprünglichen Zusammenhang nicht mehr herleiten kann. Aber neben diesen inhaltlichen Aspekten gibt es auch formale Aspekte, die auf eine schlechte Protokollierung hinweisen:

- Es fehlt die Auflistung der Sitzungsteilnehmer.

- Zeit, Ort und Dauer der Sitzung sind nicht vermerkt.

- Es wird keine einheitliche Protokollvorlage benutzt.

- Das Protokoll wird formlos, z.B. ohne Anschreiben, per E-Mail versendet.

Es ist also hilfreich, als Protokollant eine feste Struktur bei der Protokollierung der besprochenen Themen einzuhalten. Folgende Fragen müssen zu jedem zu protokollierenden Punkt gestellt werden.

Klare Voraussetzung schaffen

- **WAS** (Thema): Damit der protokollierte Sachverhalt einfach wiedergegeben werden kann, sollte jedem Sachverhalt ein Thema oder Stichwort zugeordnet werden.

- **MACHT GENAU** (Beschreibung): Zu jedem Thema oder Stichwort gehört eine ausreichende Beschreibung.

- **WER** (Zuständigkeit): Für jedes Thema sollte eine Zuständigkeit definiert werden um Verbindlichkeit zu schaffen.

- **BIS WANN** (Termin): Häufig kommt es vor, dass man in Sitzungen zwar Themen genau bespricht, jedoch nach der Zuteilung der Verantwortlichkeit die Definition des Termins vergisst. Daher gilt: Kein Thema ohne Termin.

Reporting

Das unternehmensinterne Berichtswesen mag jedem bekannt sein. Doch wer von uns hat sich nicht schon darüber geärgert und die Sinnhaftigkeit in Frage gestellt? Jeden Projektleiter müsste ein wirkungsvolles Reporting über aktuelle Projektstati glücklich machen, wenn er es doch so bekäme, wie er es anfangs gewünscht hatte. Hierzu gibt es leider keine Regel. Die Qualität des Reportings liegt in der Verantwortung des Projektleiters. Er muss dafür sorgen, dass seine Mitarbeiter ein vernünftiges Reporting wirklich „leben" (vgl. hierzu auch die Vorgehensweise eines externen Projektmanagements im Kap. 3). Es empfiehlt sich schon zu Projektbeginn ein Reporting zu definieren, die notwendigen Unterlagen und Regeln auszustellen und das Thema damit als verabschiedet und von allen akzeptiert anzusehen. Nachfolgend ist eine Vorlage für das wöchentliche Berichtswesen abgebildet.

Wochen-bericht

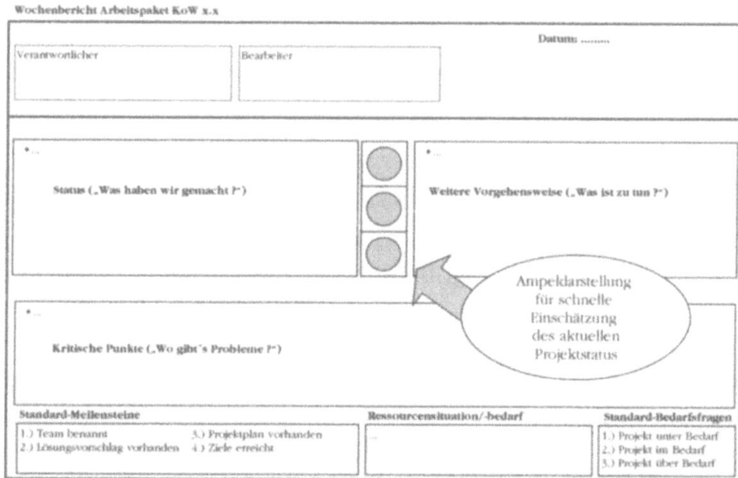

Abbildung 57: Vorlage Wochenbericht

3.9.3 Arbeitspakete kick off Workshop (KoW)

In einem kick off Workshop hat es sich als sinnvoll erwiesen, den Teilnehmern Vorlagen für die Beschreibung von Arbeitspaketen auszuhändigen. Hierbei sollte nicht nur ein leeres Formular verteilt werden, sondern exemplarische Inhalte mit ausgegeben werden. Dies erleichtert das Ausfüllen und gibt einen An-

haltspunkt für etwaige „Formulierungsschwächen". Ein Beispiel
für eine solche Vorlage zeigt folgende Abbildung:

Checkliste

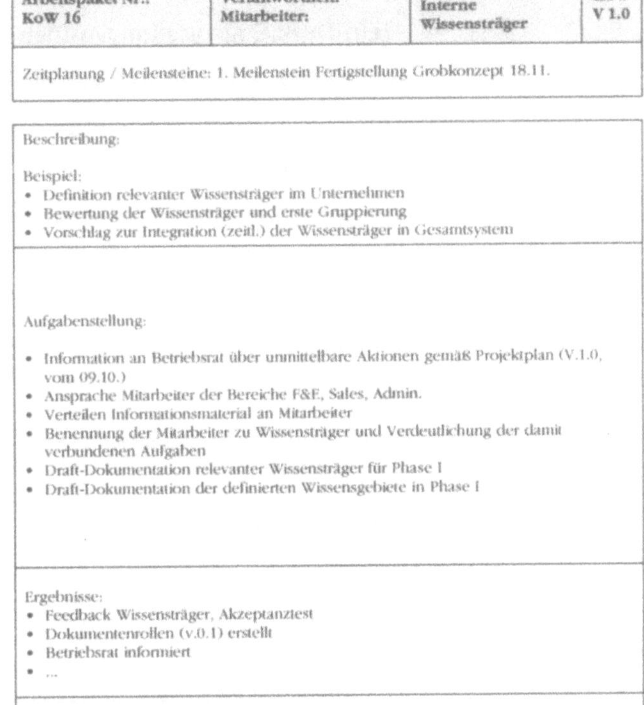

Abbildung 58: Vorlage Arbeitspakete

**Übersicht
Arbeitspakete**

Für die Einführung eines Help Desk-basierten Knowledge Managements nach den beschriebenen Szenarien der vorangegangenen Kapitel lassen sich folgende Arbeitspakete bilden:

1. Integration externer Wissensnetze

2. Mandantenstruktur

3. Mitarbeiter Profiling

4. Qualifikationsverzeichnis

5. Groupware Kommunikation

6. CTI-Kommunikation

7. Leistungsbeschreibung Problemmanagement

8. Assetmanagement

9. Help Desk Organisation (Aufbau, Ablauf)

10. Technische Plattform Help Desk

11. Lernen (strukturierte Qualifizierung und eLearning)

12. Content Management

13. Dienstleistungsbausteine Help Desk

14. Security

15. Intranet, Portal

16. Projektmanagement (übergeordnet)

17. weitere

Nachfolgend werden exemplarisch Vorlagen der Arbeitspakete KoW 1, 2 und 7 dargestellt.

AP KoW 01

<u>Arbeitspaket Nr. KoW 01:</u>

Projektname: Help Desk-basiertes Knowledge Management

Teilprojektname: Integration externer Wissensnetze

Beschreibung:

- Definition externer Wissensnetze

- Beschreibung der organisatorischen und technischen Integration

- Zugriffsmöglichkeiten der Benutzer

Projektteam: NN

Verantwortlichkeit: NN

Aufgabenstellung:

Zur Erweiterung des Inhalteangebotes der KM-systems soll auch auf externe Wissensdatenbanken zurück gegriffen werden.

Definition externe Wissensnetze:

Folgende externe Wissensnetze (Wissensdatenbanken) wurden ausgewählt

- Informationen zu kartellrechtlichen Fragen: Datenbanken des Bundeskartellamts

- EU-Förderprogramme: Förderdatenbanken

- Regionale Erhebungen insbesondere mittelständischer Unternehmen: Datenbanken von Industrie- und Handelskammern ausgewählter Regionen

- ...

Organisatorische und technische Integration:

Zielsetzung hier: Organisatorische Rahmenbedingungen evaluieren, wenn möglich Nutzung von Standardrahmenverträgen (gem. def. Vorlage).

Schnittstellen zum Zielsystem definieren:

- Automatische Scan-Programme: Welche Scan-Programme werden eingesetzt und welche Schnittstellen sind zu implementieren?

- Anwendungssoftware: Welche Benutzergruppen werden in bestehenden Anwendungsprogrammen unterstützt? Welche Produkt-, Adress- und Inventarlisten können übernommen werden? Die Anbindung hat über eine DDE-Schnittstelle zu erfolgen.

- Datenbanken: Welche Schnittstellen zu externen Datenbanken sind vorhanden oder müssen entwickelt werden (Import/Export)?

- Automatisierungsgrad der Schnittstellen:

    o Vollautomatisch, d. h. periodischer Austausch ohne auslösende Anwenderaktion

    o Halbautomatisch, d. h. mit auslösender Anwenderaktion im vordefinierten Format

    o Manuell, d. h. Austausch nur mit manueller Dateneingabe oder –abfrage

- Definition der Datenarten in Abhängigkeit des Automatisierungsgrades

Zugriffsmöglichkeiten:

- Definition der Anwendergruppen und Zuordnung von Standardrechtemodellen

- Abgleich definierter (gewünschter) Zugriffsrechte mit Vorgabe externer Betreiber

- Evtl. Alternativenentwicklung oder Vorlage für stop/go-Entscheidung

Schnittstellen zu anderen Arbeitspaketen:

- NN

Start: NN

Ende: NN

AP KoW 02

Arbeitspaket Nr. KoW 02

Projektname: Help Desk-basiertes Knowledge Management

Teilprojektname: Mandantenstruktur

Beschreibung:

- Mandantenstruktur definieren

- Leistungspakete und Kundengruppen definieren

- Mandanten und Support-Level beschreiben

Projektteam: NN

Verantwortlichkeit: NN

Aufgabenstellung:

Definition von Mandanten und Umsetzung der Mandantenstruktur auf die Support-Level und Kundengruppen des Help Desk

Funktionen:

Zentrale Frage ist: Was ist ein Mandant und welche Funktionen soll die Mandantenfähigkeit übernehmen?

- Know-how Bündelung

- Strikte Kundenorientierung

- Kundengruppierung (Cluster)

- Trennung der Support-Level

    o 1st-Level zentralisiert

    o 2nd-Level virtuell

- Dienstleistungsbausteine nach Kundengruppen

- Standortunabhängigkeit des 2nd-Levels berücksichtigen

Wissensdatenbank:

- Wem steht welches Wissen zur Verfügung?

- Welche Kunden können mit welchen Informationen versorgt werden?

- Welche Mitarbeiter des Help Desk dürfen auf welche Inhalte zugreifen?

Support Level Help Desk:

- Definition des zentralisierten 1st-Levels

    o   Wer, wo, mit welchen Rechten?

- Definition des 2nd-Levels:

    o   Wer ist wann für 2nd-Level-Aufgaben vorgesehen?

    o   Welche Themen werden ab wann für welche Mitarbeitergruppen vorgesehen?

Lokationen:

- Wie sind die Support-Level über die Lokationen / Organisation verteilt?

- Besteht eine Verbindung zwischen Mandanten und Lokationen / Organisation und den DLBs?

Kundenclustering:

- Welche Kundengruppen werden gebildet?

- Nach welchen Kriterien werden diese Gruppen gebildet?

- Sind Mitarbeiter der Help Desk einzelnen Kundengruppen zugeordnet?

- Welche Priorisierungsstufen nach Kundengruppen sind für die Mitarbeiter des Help Desk relevant?

- Automatische Scan-Programme: Welche Scan-Programme werden eingesetzt und welche Schnittstellen sind zu implementieren?

- Anwendungssoftware: Welche Benutzergruppen werden in bestehenden Anwendungsprogrammen unterstützt? Welche Produkt-, Adress- und Inventarlisten können übernommen werden? Die Anbindung hat über eine DDE-Schnittstelle zu erfolgen.

- Datenbanken: Welche Schnittstellen zu externen Datenbanken sind vorhanden oder müssen entwickelt werden (Import/Export)?

- Automatisierungsgrad der Schnittstellen:
    - Vollautomatisch, d. h. periodischer Austausch ohne auslösende Anwenderaktion
    - Halbautomatisch, d. h. mit auslösender Anwenderaktion im vordefinierten Format
    - Manuell, d. h. Austausch nur mit manueller Dateneingabe oder –abfrage

- Definition der Datenarten in Abhängigkeit des Automatisierungsgrades

Zugriffsmöglichkeiten:

- Definition der Anwendergruppen und Zuordnung von Standardrechtemodellen

- Abgleich definierter (gewünschter) Zugriffsrechte mit Vorgabe externer Betreiber

- Evtl. Alternativenentwicklung oder Vorlage für stop/go-Entscheidung

Schnittstellen zu anderen Arbeitspaketen:

- NN

Start: NN

Ende: NN

AP KoW 07　　**Arbeitspaket Nr. KoW 07**

Projektname: Help Desk-basiertes Knowledge Management

Teilprojektname: Problemmanagement

Beschreibung:

- Zielgruppen und Leistungsübersicht
- Prozessbeschreibung

Projektteam: NN

Verantwortlichkeit: NN

Aufgabenstellung:

Bestimmen der kundenspezifischen Daten und Informationen, um einem Kunden optimalen, schnellen und kundenorientierten Service geben zu können.

Zielgruppen / Kundengruppen (KDG):

Welche Endkunden werden sich an das Help Desk wenden?

- Bekannte oder unbekannte Personen
- Organisationseinheiten
- Mit welchen SLAs?
- Mitarbeiter (Angestellte, Freelancer, Geschäftsführung ...)

Kundenprofil/Identifikation: ...

Wie werden Endkunden identifiziert (Org.-E, Tel. Nr., Mail-Absender, URL ...).

- Eindeutigkeit: j/n?
- Automatisierungsgrad: (bspw. Anbindung an Datenbank)
- Medien: Tel, Fax, Mail, Web, persönlich ...

Prozesse aus Kundensicht:

- Welche Prozesse werden unterstützt?
  - o Problembehebung technische Infrastruktur
  - o Anfragen zu „Gelben-Seiten"
  - o Organisation Expertenkonferenzen zu Problembehebungsdiskussion
- Welche Services bzw. Dienstleistungsbausteine (DLB) gab es bisher (Ist Betrachtung)?
- Welche DLBs sollen zukünftig angeboten werden (Soll)?
- Wann werden welche Services geplant und umgesetzt (Zeitachse)?
  - o Beispiel:
    - ■ DLB 1 Testphase ab xx.xx.xx für Kundengruppe A-E
    - ■ DLB 1 Wirkbetrieb ab xx.xx.xx für alle Kundengruppen

- DLB 2 ab xx.xx.xx für ...

- ...

• Wie grenzen sich die Services voneinander ab?

Leistungsportfolio:

Gruppierung von einzelnen Dienstleistungsbausteinen zu kundenspezifischen bzw. zielgruppenspezifischen Paketen.

• Kundengruppe 1 wird durch Dienstleistungsportfolio 1 bedient

• Kundengruppe m wird durch Dienstleistungsportfolio n bedient

Nachfolgende Abbildung zeigt schematisch die Zuordnung von Kundengruppen zu Dienstleistungsbausteinen. Wichtig hierbei ist die einheitliche Struktur der einzelnen DLBs zu gewährleisten, damit diese effizient in die Umsetzungsplanung der HD- Leistungen integrierbar sind.

DLB + KDG

Zuordnung Kundengruppen (KDG) und

Einsatzplanung von Dienstleistungsbausteinen (DLB)

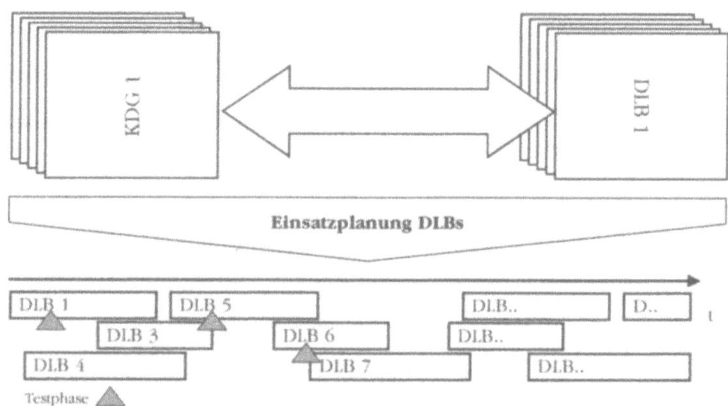

Abbildung 59 Kundengruppen und Dienstleistungsbausteine

Die Abbildung der DLBs und KDGs in der IT erfordert eine n:n-Relation mit Klassenbildung. Folgende Tabelle verdeutlicht dies auszugsweise:

Objekt	Suchbereich	Attribute
Get_DLB_1	Anfrage: = Boolean_KDG_1	Hat Beziehung zu...
	Angebot: = Boolean_KDG_1	Besteht aus...
	Search_KDG_1	Ist Oberklasse von...
Get_DLB_2	Anfrage: = Boolean_KDG_2	Hat Beziehung zu...
	Angebot: = Boolean_KDG_2	Besteht aus...
	Search_KDG_2	Ist Oberklasse von...
Get_DLB_3	Anfrage: = Boolean_KDG_3	Hat Beziehung zu...
	Angebot: = Boolean_KDG_3	Besteht aus...
	Search_KDG_3	Ist Oberklasse von...
...	...	...

Je nach Komplexität der DLB-KDG-Kombinationen kann eine Paketanzahl von bis zu 30 DLB-KDGs erreicht werden. Evtl. ist es zweckmäßig, erneut eine Gruppenbildung (Oberklassen) vorzusehen, wenn die Gefahr der Unüberschaubarkeit in der IT-Konzeption besteht.

Zielsetzung ist hier, sinnvolle Strukturen aus Kundensicht zu entwickeln. Es sollen gleiche Bedürfnisse und Anforderungen an Help Desk-Leistungen gruppiert werden. Diese sind Grundlage für das weitere Vorgehen. Spätere Änderungen dieser definierten Gruppierung sind aufwendig und nur in Ausnahmen betriebswirtschaftlich sinnvoll.

SLAs

Service Level Agreements:

Definition: Beschreibt die vertragliche Vereinbarung der Leistungsbereitstellung.

- Welche Leistungsbreite und –tiefe soll mit welchen Qualitätsanforderungen bedient werden?
- Welche Qualitäts- und Serviceziele sollen erzielt werden (bspw. Erreichbarkeit, 1st kill rate ...)?
- Welche kommerziellen Konditionen (meist interne Verrechnung) werden vereinbart?

- Welche SLAs unterliegen externen Einflussfaktoren, die durch das Help Desk nicht berührt werden können?

- In welchem Zeitrahmen sind die Serviceleistungen zu erbringen?

- Welche Eskalationsmechanismen bei Nichterfüllung sind einzuhalten?

- Welche kommerziellen Sanktionen werden bei Nichterfüllung vereinbart?

Anwendungen:

- In welchem technischen und organisatorischen Umfeld laufen die Prozesse der Kundengruppen ab?

- Welche Art der Serviceleistung muss durch das Help Desk in welchen Umgebungen realisiert werden?

Zeitbezogene Leistungserbringung:

- Durchlaufzeiten: Min. und Max. Zeitraum, bis ein Vorgang abgeschlossen ist.

- Bearbeitungszeiten: Zeitraum, in dem ein Teilschritt (bspw. Vorabhilfe) vollzogen wird.

- Reaktionszeiten: Zeitraum, bis ein Help Desk Vorgang generiert wird.

- Verfügbarkeiten (System) i. S. v. externen Dienstleistern, auf die zurück gegriffen wird. Vertragliche Vereinbarungen und Positionen mit Externen sind hier zu prüfen.

Voraussetzungen der Help Desk Kunden:

Welche Tatbestände muss ein Kunde erfüllen, um Help Desk Services in Anspruch nehmen zu können (bspw. Rahmenvereinbarung geschlossen, technische Vorprüfung, organisatorische Transparenz ...)

Ergebnisse:

- Grob Help Desk Struktur

- Identifikation der Kundengruppen

- Definition eindeutiger Klassifizierungsmerkmale

- Basisgeschäftsprozesse

- Qualitätsmerkmale

- SLA-Grobstruktur

- Definition Einsatzfelder

- Erste Volumenabschätzung

- Grob-Datenmigration (Kundendaten)

- Anwendergruppen SW-Lösung

- Grobmodell Customizing-Aufwand SW-Lösung

Schnittstellen zu anderen Arbeitspaketen:

- NN

Start: NN

Ende: NN

Fazit

Sicherlich hat jeder Projektmanager seine eigenen Vorgehensweisen zur Gestaltung derartiger Workshops. Erfahrungsgemäß ist es durchaus sinnvoll – und das wird jeder Projektmanager bestätigen können –, einem Projekt kick off eine hohe Bedeutung beizumessen.

Denn hier wird der Grundstein für alle nachfolgenden Aktivitäten gelegt und das sollte jedem Projektbeteiligten vor Augen geführt werden. Insbesondere für das Thema Knowledge Management, bei dem es ja um die Wissensverwaltung geht, ist eine saubere Dokumentation von Vorgehensweisen und Inhalten wichtig. Die Dokumentation von Arbeitspaketen schafft Transparenz und sorgt dafür, dass später aus Fehlern gelernt werden kann.

AP für LH/PH erstellen!

So soll bspw. auch das im folgenden Kapitel angesprochene Lastenheft / Pflichtenheft seinen Ursprung im Projekt kick off finden. Das Projekt kick off wirkt sozusagen als Initiator, der eine Grundlage der Projektdokumentation verbindlich definiert.

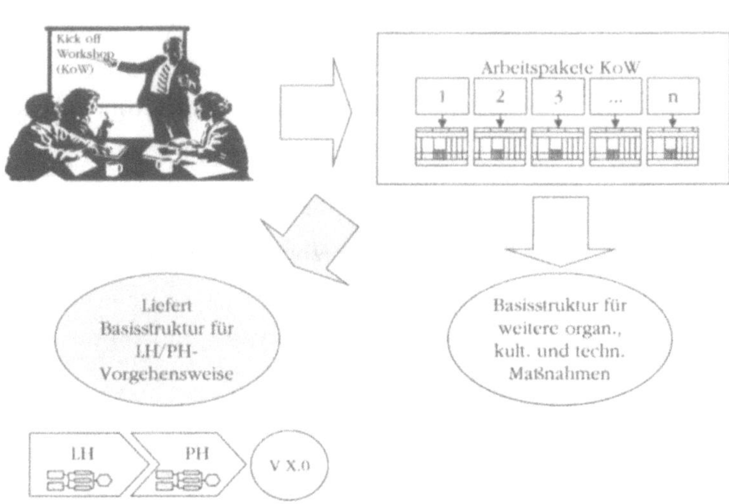

Abbildung 60: KoW als Initiator für LH/PH-Basisstruktur

Nach Abschluss des KoW erfolgt die eigentliche Arbeit in den definierten Arbeisrgruppen. Diese werden dann durch zentrale Steuerungsorgane bspw. in der Form eines Koordinierungsausschusses aufeinander abgestimmt und sämtliche Ergebnisse in einer IT-Zentraldokumentation zusammengeführt.

Ein Teilbereich ist die Konzeption von LH / PH als die Grundlage für die eigentliche Entwicklung und Anpasung der IT-Tools (vgl. das folgende Kapitel).

3.9.4 Lastenheft / Pflichtenheft

Die Beschreibung von Anleitungen für die Erstellung oder Anpassung von technischen Komponenten bedarf einer äußerst strukturierten und gegenseitig abgestimmten Vorgehensweise.

Dieses Kapitel widmet sich der Erstellung von Lasten- und Pflichtenheften (LH / PH) und zeigt mögliche Vorgehensweisen zu Aufbau und Struktur.

Jeder, der schon einmal eine Vorgabe für einen Programmierer geschrieben hat, musste sich die folgenden Fragen beantworten:

- Wie lege ich meine Ideen so nieder, dass der Programmierer diese ohne große Missverständnisse umsetzen kann?

- Welche Struktur soll ich wählen, um eine große Anzahl von Informationen, die zur Entwicklung notwendig sind, in einer Systematik aufzubauen?

- Wie soll ich meine Dokumentation übersichtlich und für spätere Erweiterungen leicht pflegbar halten?

- Welche Anforderungen an die Dokumentation sind zu erfüllen, damit die Wartung und Pflege eines Programms später gewährleistet wird?

3.9.5 Definitionen

Lastenheft (LH)

Lastenheft[58]

- Im Lastenheft wird definiert WAS und WOFÜR zu lösen ist.

- Zusammenstellung aller Anforderungen des Auftraggebers:

- Liefer- und Leistungsumfang

- die Anforderungen aus Anwendersicht

- quantifizierbare und prüfbare Randbedingungen

- das Lastenheft dient als Ausschreibungs-, Angebots- und/oder Vertragsgrundlage.

---

[58] In Anlehnung an: http://www.csb-forum.de.

Pflichtenheft[59]

- Im Pflichtenheft wird definiert WIE und WOMIT die Anforderungen zu realisieren sind.

- Das Pflichtenheft wird in der Regel nach Auftragserteilung vom Auftragnehmer erstellt.

- Das Pflichtenheft enthält die Beschreibung der Realisierung aller Anforderungen des Lastenheftes.

- Das Pflichtenheft enthält damit das Lastenheft.

- Im Pflichtenheft werden die Anwendervorgaben detailliert und die Realisierungsanforderungen beschrieben.

- Das Pflichtenheft soll insbesondere eine Prüfung auf Widerspruchsfreiheit und Realisierbarkeit der im Lastenheft genannten Anforderungen beinhalten.

- Das Pflichtenheft bedarf der Genehmigung durch den Auftraggeber. In der Regel wird nach Genehmigung und Abnahme der Version 1.0 die Phase der technischen Umsetzung beauftragt.

- Pflichtenheft wird die verbindliche Vereinbarung für die Realisierung und Abwicklung des Projektes für Auftraggeber und Auftragnehmer beschrieben.

Vorbedingungen für das Ableiten eines Pflichtenhefts:

Pflichtenheft (PH)

- Sind die Anforderungen vollständig und ausreichend detailliert, so dass ein Pflichtenheft abgeleitet werden kann?

- Sind alle notwendigen Abläufe und Ablaufbedingungen von Aufgaben definiert?

- Sind für alle zeitgesteuerten Aufgaben Zeitpunkte festgelegt?

- Sind die Angaben zu den Qualitätsmerkmalen mit Prioritäten versehen?

- Sind die Anforderungen frei von Realisierungsaspekten?

- Ist die Zielkonfiguration (HW/SW) festgelegt?

---

[59] In Anlehnung an: http://www.csb-forum.de.

3.9.6 LH / PH-Systematik

Die Systematik der verbindlichen Festlegung von Dokumentationsregeln in Form von Lastenheften (LH) und Pflichtenheften (PH) bei der Projektierung unternehmerischer Auftragsaktivitäten im Entwicklungsumfeld (unabhängig von KM-Problemen) bietet allen beteiligten Parteien eine hervorragende Plattform des gemeinsamen Arbeitens.

Für die Einführung von KM ist es daneben allerdings absolut notwendig, eine lückenlose Dokumentation sämtlicher Entwicklungszustände des Projektfortschritts nachzuweisen. Eine KM-Projektierung baut kontinuierlich aufeinander auf. Sie findet im Gegensatz zu klassischen Projekten keinen Abschluss, sondern wird immer weiter geführt. Von dieser Seite betrachtet wird jedem klar, dass alle Erfahrungen aus vergangenen KM-Teilprojekten gesammelt und auswertbar sein müssen. Und dies ist eben nur möglich, wenn von vornherein alles auch konsequent dokumentiert wurde [60].

Zur Terminologie: Im Folgenden ist die Rede von Auftragnehmer und Auftraggeber. Gemeint ist damit, dass derjenige, der eine (KM-)Entwicklung oder –Anpassung initiiert, hier als Auftraggeber tituliert wird. Der Auftragnehmer wird mit der Konzeption und Umsetzung des Vorhabens vom Auftraggeber beauftragt. Auch bei unternehmensinternen Projekten, wie es bspw. bei KM meist der Fall ist, soll diese Terminologie nutzbringend sein (insbesondere auch deshalb, weil unternehmensinterne Projekte meist ohne gesundes AG-AN-Verhältnis leider oftmals geringere Qualitäts- und Prioritätsansprüche vorweisen).

Auftraggeber und Auftragnehmer stehen so in regelmäßiger Verbindung miteinander, tauschen sich in verabredeten Zeitabständen immer wieder aus und versuchen durch effiziente Dokumentations- und Abstimmungsregeln (strukturiertes Projektmanagement sowie LH/PH-Systematik) eventuelle Diskrepanzen zwischen der Vorstellung und Ausführung der Inhalte des Auftrags zu minimieren.

Ein LH beschreibt grundsätzlich die Anforderungen an ein Projekt aus der Sicht des Projektmanagers, in diesem Fall der Auftraggeber (AG). Das PH dagegen beschreibt die Antwort auf die

---

[60] In Anlehnung an: www.hdvo.de.

Forderungen des Projektmanagers aus Sicht des Entwicklers, der hier die Rolle des Auftragnehmers (AN) übernimmt.

Bei der Formulierung des LH wird in der Regel von der Prozesssicht ausgegangen, da das LH die Anwendersichtweise beschreibt. Die Schwierigkeit besteht darin, auf dieser Basis die Anforderungen an Systemleistungsmerkmale zu formulieren. Insbesondere dann, wenn bereits bestehende Systemkomponenten in das Vorhaben integriert werden sollen.

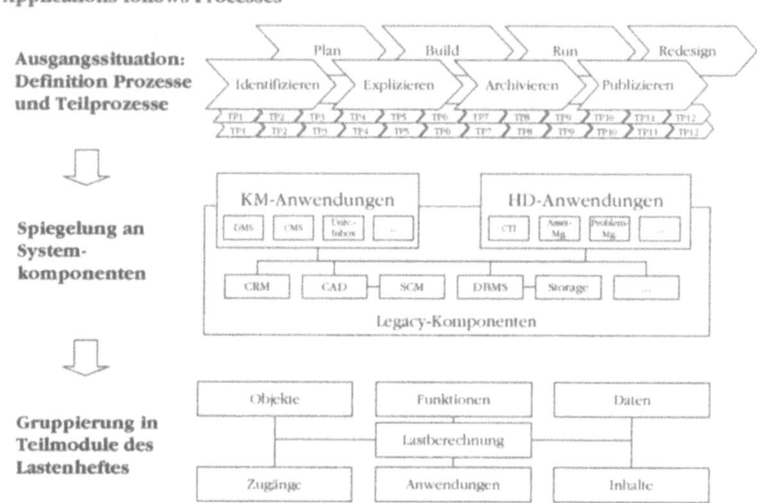

Abbildung 61: Sichtweise bei der Formulierung von Lastenheften

Rollierendes Modell

Die LP/PH-Systematik beschreibt also ein rollierendes Modell, welches sich durch eine ständige Aktualisierung in Form permanenter Interaktion zwischen AG und AN auszeichnet. Da man nicht davon ausgehen kann, dass sich AG und AN sofort genauestens darüber einig sind, was der AG denn explizit vom AN erwartet und auf der anderen Seite der AN dem AG wahrscheinlich nicht bei einem ersten Meeting genauestens verdeutlichen kann, wie das geplante Projekt denn umzusetzen ist, ist ein solches Pendelverfahren unabdingbar für eine zufriedenstellende Projektentwicklung.

Diese interaktive Kommunikation wechselt so lange, bis eine endgültige LH/PH Version 1.0 erreicht ist. Danach wird die eigentliche Entwicklungs- und Anpassungsarbeit geleistet, vorher gab es maximal Pilotversionen oder Prototypen.

Nachstehende Abbildung verdeutlicht folgende Vorgehensweise:

1. Erstellung + Überarbeitung LH/PH bis Version 1.0 erreicht

2. Start Entwicklung / Umsetzung

3. Planung Version 2.0 (gehe zurück zu Pkt. 1)

Übersicht Vorgehensweise Dokumentation (rollierendes Modell)

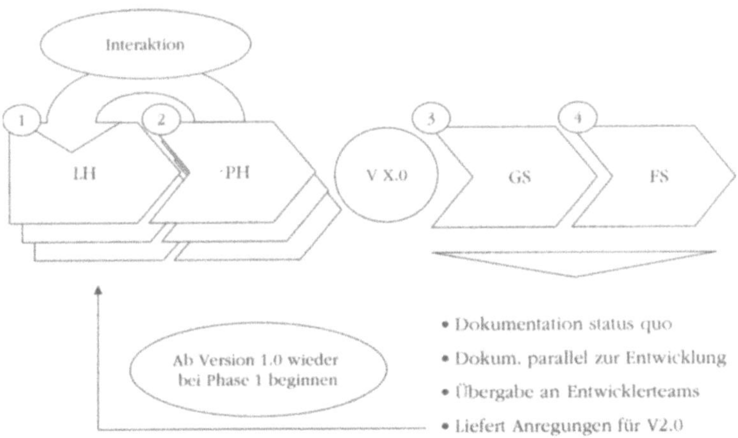

Abbildung 62: Übersicht Vorgehensweise Dokumentation

3.9.7 Inhalt LH / PH

Ein LH-PH beinhaltet also die organisatorische und technische Vorgabe bzw. deren Lösungsvorschläge zur Erstellung und Anpassung von Software. Bevor ein LH-PH geschrieben wird muss festgelegt werden, welche Informationen Gegenstand der Beschreibung sein sollen und inwiefern sie für beide Seiten bei der Verwirklichung nützlich sind [61].

---

[61] In Anlehnung an: www.hdvo.de.

Struktur:

Checkliste

Zur Vereinheitlichung und besseren Organisation der Dokumentationen sollten alle LH-PH den gleichen Aufbau besitzen:

1. Deckblatt
2. Inhaltsverzeichnis
3. Gremien
4. Offene Punkte
5. Glossar
6. Ausgangssituation
7. Zielsetzung

Neben einer gut strukturierten textlichen Aufbereitung der Informationen zeichnet sich ein übersichtlicher Aufbau auch durch gute Visualisierung der beschriebenen Vorgänge aus. Zudem sollte eine Sprachebene gewählt werden, die für beide Parteien verständlich ist. Erfahrungsgemäß sind ca. 60 bis 80 Seiten die psychologische Grenze dessen, was ein Mitarbeiter einer beteiligten Fachabteilung noch als überschaubar ansieht.

Im Folgenden gilt es Sinn und Zweck der einzelnen Punkte ein wenig näher zu durchleuchten.

Die Punkte im einzelnen:

1. Deckblatt:

Folgende Informationen sollten auf dem Deckblatt enthalten sein.

   a. Name und Anschrift der Firma
   b. Name des Projektes
   c. Laufende Versionsnummer des LH-PH
   d. Kurzbeschreibung
   e. Ersteller, Bearbeiter: Name der Autoren
   f. Kontaktdaten
   g. Letztes Speicherdatum

2. Inhaltsverzeichnis: Das Inhaltsverzeichnis sollte eine kurze Übersicht über die im Dokument angesprochenen Bereiche geben. Dem Leser hilft das Inhaltsverzeichnis, schnellstmöglich den entsprechenden Begriff zu finden.

Zu beachten ist, dass die Schachtelung der Gliederung innerhalb des Inhaltsverzeichnisses nicht zu tief wird. Ein Inhaltsverzeichnis mit maximal drei bis vier Gliederungsebenen sollte auch bei umfangreichen Projekten ausreichen. Innerhalb des Dokumentes können dann weitere Gliederungsstufen eingebaut werden. Auch hier sollte die weitere Verschachtelung nicht zu weit getrieben werden. Lieber auf eine Stufe verzichten und Unterpunkte mit Aufzählungszeichen kennzeichnen.

3. Gremien: Ein LH-PH ist für einen gewissen Zeitraum quasi ein lebendes Gebilde. Es werden daher verschiedene Sitzungen notwendig sein, um alle Aspekte der behandelnden Bereiche zu erarbeiten. Man kann in tabellarischer Form festhalten, wer wann welche Sitzungen zur Erarbeitung abgehalten hat. Diese Auflistung dient dazu, die Häufigkeit der Sitzungen und die darin behandelten Themen zu dokumentieren (Projektcontrolling).

4. Offene Punkte: Während der Arbeit an einem LH-PH kommen oftmals Dinge zum Vorschein, die erst zu einem späteren Zeitpunkt detailliert besprochen werden können. Damit diese Punkte nicht wieder vergessen werden, sollte während der gesamten Arbeit an einem LH-PH eine Liste mit noch offenen Punkten geführt und immer wieder aktualisiert werden. Das Führen einer solchen Liste hat sich bei der Erstellung von LH-PH aus verschiedenen Gründen bewährt. Diese Punkte dienen als Gedankenstütze, können eventuell Entscheidungen betreffen, die die Gruppe, etwa aus Kompetenzgründen heraus, nicht alleine treffen kann oder einem externen Berater helfen, klärungsbedürftige Themen auch als solche zu erkennen.

5. Glossar: LH-PH behandeln meist sehr fachspezifische Dinge. Aus diesem Grund muss für ein gemeinsames Verständnis aller Projektbeteiligten für die im LH-PH benutzten Begrifflichkeiten ein Glossar erstellt werden. Es ist von großer Wichtigkeit innerhalb eines Projektes, dass alle Projektmitglieder das gleiche Verständnis für die im Projekt verwendeten Begriffe haben und hilft auf diesem Weg, überflüssige Missverständnisse zu vermeiden.

6. Ausgangssituation: In jedem LH-PH sollte eine kurze Beschreibung der Ausgangssituation stehen. Man versteht

darunter den Ausgangspunkt der Überlegungen, unter dem die Erstellung des LH-PH angegangen wurde. Es ist eine kurze Darstellung der aktuellen Situation unter Berücksichtigung der zukünftig gewünschten Situation.

7. Zielsetzung: Eine Zusammenfassung sämtlicher Ziele des Projektes. Bei genauer Zieldefinition entstehen für beide Seiten keinerlei Missverständnisse und gewährleisten einen reibungslosen Umgang bei der Zusammenführung von Anforderung und Umsetzung.

3.9.8 Auftragsbeschreibung LH / PH

Die LH/PH-Beauftragung (auch unternehmensintern)

Die strukturelle Gliederung des Auftrags unterteilt sich in 7 einzelne Bereiche: [62]

1. Verantwortung und Zuständigkeit
2. Organisatorisches
3. Zielsetzung
4. Aufgabenstellung
5. Kritische Erfolgsfaktoren
6. Termine
7. Team

Checkliste

Was unter den einzelnen Punkten zu verstehen ist:

1. Verantwortung und Zuständigkeit: In diesem Bereich werden die Namen der verschiedenen Ansprechpartner aufgeführt, Verantwortliche definiert und die Autoren beider Seiten, im LH die des Auftraggebers, im PH die des Auftragnehmers, genannt.

2. Organisatorisches: Wie bei anderen Arten von Verträgen werden zu Beginn der Gegenstand des Vertrages und die Vertragspartner genannt. Der Titel des LH-PH ist die Arbeitsbezeichnung, unter der die gesamte Erstellung durchgeführt wird. Er sollte den Gegenstand möglichst genau wiedergeben, aber trotzdem nicht zu lang sein. Ferner ist es sinnvoll, dem LH-PH ein Kürzel zu geben. Dieses Kürzel kann während der gesamten Arbeit helfen, Dokumente, Verzeichnisse und andere mit dem LH-PH

---

[62] In Anlehnung an: www.hdvo.de.

in Zusammenhang stehende Informationen zu kennzeichnen.

3. Zielsetzung: In diesem Teil geht es um die Frage, was genau mit dem LH-PH erreicht werden soll. Ergeben sich bei der Zielsetzung Verständnisprobleme, müssen diese gemeinsam aus dem Weg geräumt werden. Zudem muss sichergestellt werden, dass die definierten Ziele bestimmten Anforderungen genügen. Der Erfolg oder das Scheitern eines LH-PH wird anhand dieser Kriterien bestimmt. Es gilt daher auch hier: No Goals - No Glory. Die Anforderungen an die formulierten Ziele:

    a. Erreichbarkeit. Die formulierten Ziele müssen erreicht werden können. Dies sollte gemeinsam mit dem Auftraggeber abgeklärt werden.

    b. Vollständigkeit. Alle zu erreichenden Ziele müssen dargelegt werden. Es dürfen später im LH-PH keine neuen Ziele mehr definiert werden, die nicht Teil des Auftrags sind.

    c. Verständlichkeit. Eine klare und eindeutige Zielformulierung ist unabdingbar für die zielgerichtete Erstellung eines LH-PH. Nur wenn die zu erreichenden Ziele verständlich sind, können alle die mitarbeiten auch helfen, diese zu erreichen.

    d. Messbarkeit. Neben diesen Zielen können auch neue Funktionen als messbare Ziele definiert werden. Ziele dürfen nicht mit Begriffen wie etwa *besser* oder *schneller* usw. beschrieben werden. In der Zielsetzung muss klar ausgedrückt werden, was z.B. mit *besser* gemeint ist. Die Verringerung der Fehlerquote in der Auftragserfassung um 10% ist ein messbares Ziel. Die Halbierung der Durchlaufzeiten im Lager kann ebenfalls gemessen werden. Erst mit der Messbarkeit eines definierten Ziels ist es möglich, den Erfüllungsgrad der im LH-PH definierten Anforderungen zu überprüfen.

    e. Konsistenz. Die definierten Ziele müssen widerspruchsfrei (konsistent) beschrieben werden. Erst mit sich ergänzenden Zielen ist es möglich, die Erstellung eines LH-PH effektiv anzugehen.

    f.   Lösungsneutralität. Bei den zu erreichenden Zielen muss das **Was**, nicht das **Wie** beschrieben werden.

4.   Aufgabenstellung: Der nächste Teil beinhaltet eine Auflistung von Punkten, in denen dargestellt wird, **wie das Ziel erreicht werden soll.** Hier geht es darum die Mittel und Wege zu definieren, mit denen die festgelegten Ziele erreicht werden können. Neben den Zielen selbst ist dieser Punkt ein wesentlicher Faktor in einem LH-PH. Termine und die Art der Terminabstimmung müssen festgelegt werden.

5.   Kritische Erfolgsfaktoren: Dieser Punkt ist für die Autoren des LH-PH besonders wichtig. Der Erfolg hängt maßgeblich davon ab, wie mit den kritischen Erfolgsfaktoren umgegangen wird. Die Autoren haben die Aufgabe, alle aus ihrer Sicht erfolgskritischen Faktoren aufzuzählen. Auf diese Weise kann der AG helfen, eventuelle Probleme zu überwinden. Dieser Punkt bietet die Möglichkeit, Risikomanagement bereits im Vorfeld zu betreiben. Beispiele:

    a.   Termingerechte und ausreichende Mitarbeit der Fachabteilungen. Dieser Punkt ist der Hauptgrund, warum die Erwartungen an ein LH-PH häufig nicht erfüllt werden. Teammitglieder, die sich aus Mitarbeitern der Fachabteilungen zusammensetzen, sind vielfach mit der Arbeit überlastet. Das ist immer dann der Fall, wenn diese Arbeit neben dem eigentlichen Tagesgeschäft auf diese Mitarbeiter zukommt.

    b.   Ausreichende Ausstattung mit Arbeitsmitteln. Während der Arbeit an einem LH-PH werden permanent bestimmte Arbeitsmittel benötigt. Das fängt mit Besprechungsräumen an und hört mit einer Büroklammer auf. Alle diese „Kleinigkeiten" können Terminverzögerungen mit sich bringen. So werden z.B. gemeinsame Besprechungen angesetzt und es ist kein Raum frei. Abläufe sollen der Fachabteilung präsentiert werden, jedoch fehlt der Projektor. Mit Hilfe des Auftrags wird sichergestellt, dass auch die Mittel gewährleistet sind.

c. Entscheidungen über Änderungen relevanter Geschäftsabläufe werden nicht in Abstimmung mit den Autoren des LH-PH getroffen. Häufig kommt es vor, dass während der Arbeit an einem LH-PH bestimmte bereits fertiggestellte Abläufe in ihrer Darstellung nicht den gewünschten Anforderungen entsprechen. In diesen Fällen stellt sich meist heraus, dass parallel zur Arbeit am LH-PH betroffene Geschäftsabläufe geändert wurden. Eine solche Situation kann im Einzelfall zu einer kompletten Neukonzeption führen. Aus diesem Grund sollten alle Entscheidungen, die Geschäftsabläufe des LH-PH betreffen, nur in Abstimmung mit den Autoren vorgenommen werden.

d. Pflichten der Autoren. Hier muss unbedingt festgehalten werden, dass die im Zielsetzungsbereich definierten Ziele auch termingerecht umgesetzt und eingehalten werden.

6. Termine: Die Terminplanung ist bei der Erstellung eines LH-PH oftmals ein schwieriges Thema. Der Grund dafür liegt in der schlechten Abwägbarkeit der Aufwände bei der Erstellung. Dieser Prozess wird zum einen von der Art der Zusammenarbeit zwischen Fachabteilung und Autor bestimmt, zum anderen von der Komplexität des zu behandelnden Themas. Daher ist eine exakte Terminplanung für eine LH-PH-Erstellung nur in den wenigsten Fällen möglich. Um überflüssige Diskussionen zu vermeiden können in diesem Teil etwa folgende strukturelle Vorgaben enthalten sein:

a. Start der LH-PH-Erstellung

b. Vorlage eines ersten Grobkonzeptes

c. diverse Interaktionstermine

Statt genauer Termine kann auch beispielsweise eine ganze Kalenderwoche als Termin genannt werden. Der Auftrag darf in keinem Fall eine zu detaillierte Zeitplanung enthalten. Der Zeitpunkt hierfür ist bei der Auftragserteilung noch viel zu früh. Lediglich relevante Eckdaten sollten ein Teil des Auftrags sein.

7. Team: Neben den eigentlichen Autoren des LH-PH sind bei dessen Erstellung häufig noch weitere Mitarbeiter involviert. Zur Absicherung der notwendigen Ressourcen sollten diese Mitarbeiter **Teil** des Auftrags sein. Auf diese Weise wird sichergestellt, dass alle gemeinsam mit dem AG benannten Personen fester Bestandteil des Teams werden. So wird eine nachträgliche Interpretation über Anzahl und Personen vermieden. Solche Diskussionen treten immer dann auf, wenn während der LH-PH-Erstellung Aufgaben von diesen Personen erledigt werden sollen, die nichts mit dem LH-PH zu tun haben. Der Autor hat so die Möglichkeit, auf die zugesagte Mitarbeit von definierten Personen hinzuweisen, falls sich durch einen drohenden Abzug der Ressourcen Verzögerungen bei der Fertigstellung des LH-PH ergeben sollten. Die effektivste Zusammensetzung eines solchen Teams kann der Projektmanager durch den Vergleich diverser Skill-Profile der in Frage kommenden Mitarbeiter erreichen.

3.9.9 Vorgänge

Der Vorgang ist für die Beschreibung programminterner Verarbeitungen vorgesehen. Darunter fällt alles das, was innerhalb der Anwendung passiert, wenn bestimmte Aktionen ausgeführt werden. Jeder Vorgang hat einen Anfang und ein Ende; dazwischen liegen verschiedene Arbeitsschritte [63].

Ziel der Beschreibung von Vorgängen ist es, der Fachabteilung relevante programminterne Verfahren nahe zu bringen. Optimal ist eine solche Beschreibung dann, wenn die Darstellung eines relevanten Vorgangs alle für die Fachabteilung notwendigen Informationen auch ohne tiefere EDV-Kenntnisse liefert. Zudem sollte die Beschreibung des Vorgangs auch als Ausgangspunkt für die Programmierung bei der Erstellung des technischen Konzeptes dienen. Auf diese Weise hat man den Vorteil, dass einerseits die Fachabteilung programminterne Vorgänge qualifiziert bewerten kann und andererseits die Programmierung auf diesen Informationen aufbauen kann[64].

---

[63] In Anlehnung an: www.hdvo.de.

[64] Vgl. auch: Reiner Dumke, Software Engineering, 3. Auflage, Vieweg-Verlag, 2001.

Vorgänge können entweder in textueller Form und/oder mit Hilfe von Grafiken beschrieben werden. Bei beiden Vorgehensweisen sollte jeder relevante Schritt separat ausgewiesen werden.

1. Textuelle Darstellung: Wenn ein Vorgang beschrieben wird, sollte man in der Regel mit einem einleitenden Satz beginnen, der an dieser Stelle sozusagen als Minimalanforderung an den Einstieg in die Vorgangsbeschreibung zu sehen ist. Ein solcher Satz könnte etwa lauten: *„Nach Aufruf des Menüpunktes <Menüpunkt> / der Funktion <Funktion> wird der folgende Vorgang <Name des Vorgangs> abgearbeitet.*

   a. Beispiel:

      i. Start

         1. Verarbeitungsschritt 1

            a. Verarbeitungsschritt 1a

            b. Verarbeitungsschritt 1b

         2. Verarbeitungsschritt 2

         3. Abfrage 1

         4. Verarbeitungsschritt 3

      ii. Ende

2. Grafische Darstellung: Für die grafische Darstellung sollte man eine einfache und effektive Form der Visualisierung wählen, die einen definierten Anfang und ein definiertes Ende hat. Diese Elemente sollten auch in ihrer Darstellung einheitlich gehalten werden.

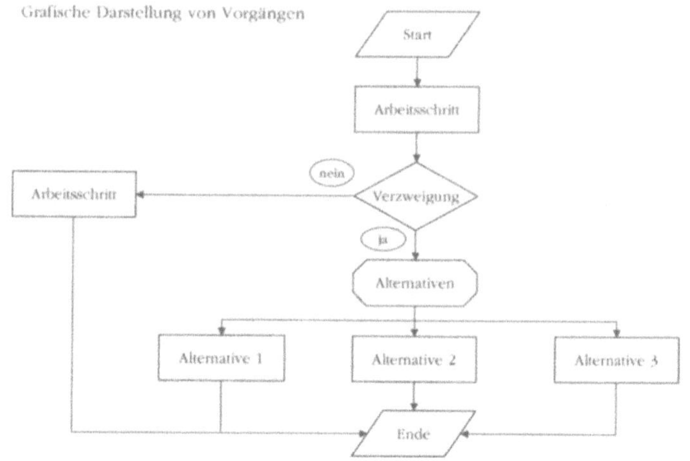

Abbildung 63: Grafische Darstellung von Vorgängen

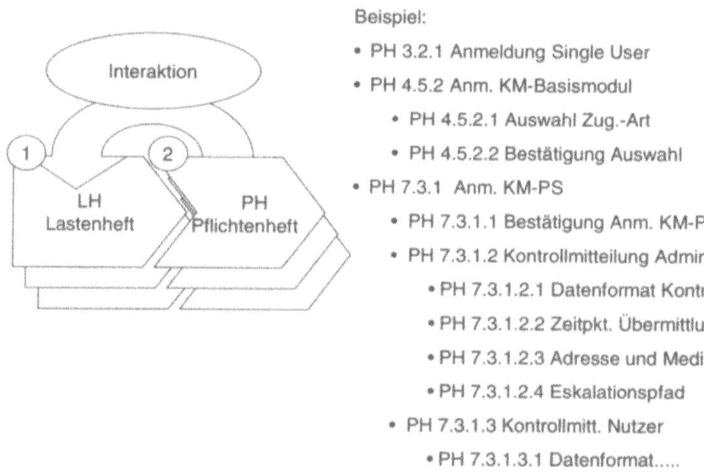

Abbildung 64: Beispiel für LH/PH-Formulierung von Vorgängen

3.9.10   KM-LH/PH-Beispiel

**Beispiel
Checkliste**

Expertenprofile

• Lebensläufe

* Qualifikationsverzeichnisse
* Wissenslandkarten
* Spezialkenntnisse
* Erreichbarkeit
* Verfügbarkeit
* Kontaktdaten
* Adressverzeichnisse

Projektreferenzen

* Detaillierte Vorgehensweise im Projekt
* Projektpläne
* Meilensteinplanung
* Erfolgsfaktoren
* Kritische Fragestellungen
* Probleme / Problembehebung
* Projektorganisation
    o Aufgaben
    o Formularwesen
    o Informationsmanagement
    o Eskalationswege
* Projektcontrolling
* Angebotstexte
* Aquisitionsbericht
* Vertriebsvorgänge
* Vertragstexte / AGBs
* Projektprofile
* Arbeitsergebnisse aus Teilprojektabschlüssen
* Mitarbeiter und Funktionen im Projekt
* Abschlussbewertung

Kunden und Partner

* Stammdaten Notes/SAP

- Ansprechpartner / Entscheider
- Geschäftsberichte / Kennzahlen
- Organisation und Struktur Kunde und Partner
- Aktuelle Informationen
- Präferenzen, Bedürfnisse
- Einsatz Technologie / Systeme

Markt und Wettbewerb

- Stammdaten Notes/SAP
- Produkte / Angebote
- Kunden / Märkte / Präsenz
- Strategie
- Methoden / Tools
- Aktuelle Informationen
- Ansprechpartner
- Verbindungen / Kooperationen / Strategische Allianzen
- Marktstudien
- Kennzahlen
- Organisation und Struktur Kunden und Partner

Eigene Produkte

- Produkt- und Leistungsüberblick
- Vertriebsargumentation
- Produktblätter
- Produktzusatzinformation
- Gegenüberstellung mit relevanten Wettbewerbs-Produkten
- Verknüpfung mit Projektberichten / Referenzen
- Success-Stories

best practice

Besondere Qualitätssicherung durch den Fachverantwortlichen notwendig

- Methoden und Modelle
- Präsentationen
- Tools
- Publikationen und Veröffentlichungen
- Gegenüberstellung zu relevanten Wettbewerbern

Fortbildung und Veranstaltungen

- Seminare und Kongresse
- Messen
- Trainingsmaßnahmen und Kurse
    - o Consulting Skills
    - o Fachspezifische Skills
- Bewertungen und Kommentare
- Programme

Organisation/Prozesse/Infrastruktur

- Aufbau Organisation (Linie)
- Ablauf Organisation
- Projekt Organisation (Matrix)
    - o Wer macht was?
    - o Verantwortung / Zuständigkeit
- Produkte / Leistungen in Organisationseinheiten
- Systeme / Tools / Standards
- Regelungen
- Betriebsvereinbarungen
- Vorlagen / Checklisten / Muster
- Verfahrens- / Arbeitsanweisungen
- Vision, Strategie
- Mission Statements

Funktionale Anforderungen

- Mitarbeiter: aufnehmen, ändern, entfernen

- Arbeitsgruppen: anlegen, einteilen, auflösen, verwalten, den Projekten zuteilen

- Projekte: erstellen, ändern, entfernen, unterteilen in Aufgaben

- Aufgaben: erstellen, ändern, entfernen, unterteilen in Tätigkeiten

- Tätigkeiten: erstellen, ändern, entfernen

- Arbeitsschritte: erstellen, ändern, entfernen

- Projektüberwachung: Überblick, Meilensteine verwalten, Überwachungsfunktionen

Datenarten

- Mitarbeiter: persönliche Daten: Name/Vorname, Strasse, Hausnummer, PLZ, Wohnort, Personal-Nummer, Gehalt, Anzahl Urlaubstage, Kürzel, Passwort, Status

- Arbeitsgruppen: Name, Leiter, Mitglieder, Aufgaben

- Projekt: Nummer, Name, Kunde, Leiter, geplanter/realer Beginn, Dauer

- Aufgaben: Vorgänger, Nachfolger, Name, Nummer, Arbeitsgruppe, Anfangs-/Endtermin, Tätigkeiten

- Aktivität: Name, Bearbeiter, Einzelaktivität, Endtermin, Aufgabe

- Einzelaktivität: Name, Tätigkeit, Priorität, Anfangs-/Endtermin

3.10 Umsetzungstechnik WMMP

Von Matthias Tochtrop, Fulda / Düsseldorf, September 2001.

Die Umsetzungstechnik des Wissensmanagements WMMP kann sowohl bei der Formalisierung einer Wissensmanagement-Problemstellung als auch bei der sich hieran anschließenden Wissensmanagement-Einführung eine Unterstützung darstellen. Unter einer Wissensmanagement-Problemstellung wird hier eine Problemstellung verstanden, die auf Lösbarkeit mittels Wissensmanagement analysiert werden soll.

Dabei kann es sich um einen bereits aufgetretenen Missstand oder um Missstandsvorbeugung handeln. Getreu dem Grundsatz „Modelliere einfach – denke kompliziert" werden zunächst die für eine konkrete Wissensmanagement-Problemstellung bedeutsamen Komponenten und deren Beziehungen modelliert, während Komponenten und Beziehungen, die in diesem Zusammenhang unbedeutend sind, abstrahiert werden. Anhand des entstandenen Modells sind Wissensmanagement-Schwächen zu erkennen, die mit Hilfe eines Management-Prozesses von der Zielbildung bis zur Realisation behoben werden.

Das Ergebnis der Behebung wird schließlich in der Phase Kontrolle- und Abweichungsanalyse mit dem gesetzten Ziel verglichen. WMMP eignet sich damit einerseits für die Bearbeitung von konkret aufgetretenen Problemen, die Wissensbezug haben und eine systematische Ursache vermuten lassen und andererseits als Instrument zur Vermeidung eben solcher Probleme, indem die Unternehmensorganisation und der Wissensfluss innerhalb des Unternehmens und zwischen dem Unternehmen und dem Umsystem auf Wissensmanagement-Schwächen überprüft wird.

Um unterschiedliche Wissensmanagement-Problemstellungen mit WMMP formal einheitlich bearbeiten zu können, ist sowohl eine eindeutige Begriffswelt als auch eine einheitliche Dokumentationsordnung und Vorgehensweise erforderlich, die im folgenden vorgestellt werden.

3.10.1 WMMP-Modell – Bausteine, Entwicklung und Interpretation

In diesem Abschnitt werden die Grundlagen der WMMP-Modellierung erläutert. Dabei werden zunächst alle im Modell definierbaren Komponenten und deren mögliche Beziehungen vorgestellt, bevor die Vorgehensweise bei der Modellbildung veranschaulicht wird und schließlich die Interpretation des Modells und die daraus resultierenden Maßnahmen am Schluss dieses Abschnitts erläutert werden.

Die Komponenten eines WMMP-Modells werden WMMP-Bausteine(WMMP-B) genannt. Als WMMP-B unterscheidet man WMMP-Wissensträger(WMMP-WT), die wiederum in interne WMMP-WT(WMMP-WT-i) und externe WMMP-WT(WMMP-WT-e) unterteilt werden und WMMP-Wissensobjekte(WMMP-WO), die in interne WMMP-WO(WMMP-WO-i) und externe WMMP-WO(WMMP-WO-e) unterteilt werden, siehe folgende Abbildung.

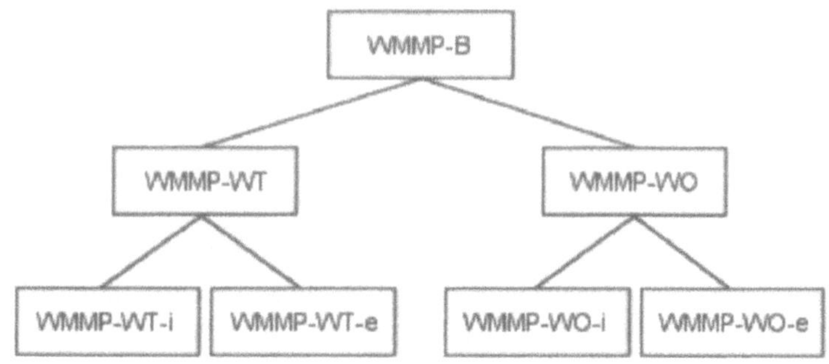

Abbildung 65: Die Komponenten eines WMMP-Modells

Unter einem WMMP-WT wird ein psychisches oder soziales System verstanden, das in Zusammenhang mit der Tätigkeit des Zielunternehmens steht. Dies kann sowohl eine Einzelperson, also ein psychisches System, als auch eine Gruppe von Personen sein, die als Team zusammenarbeiten und damit ein soziales System darstellen. Ein Unternehmen als Ganzes kann ebenso als soziales System und damit als WMMP-WT aufgefasst werden.

Beispiele für WMMP-WT-i sind Mitarbeiter des Zielunternehmens, eine Projektgruppe innerhalb des Zielunternehmens und das Zielunternehmen als Ganzes. Beispiele für WMMP-WT-e sind ein Ansprechpartner beim Lieferanten, ein Kunde, und ein Konkurrenzunternehmen.

Unter einem WMMP-WO wird ein Objekt verstanden, über das WMMP-WT Wissen verwalten. Unter Wissensverwaltung wird in diesem Zusammenhang der systematische direkte oder indirekte Wissensaufbau und die Wissensspeicherung verstanden. Beispiele für WMMP-WO sind ein psychisches System, ein soziales System, der Markt, ein bestimmtes Produkt, die Unternehmensorganisation, Informations- und Kommunikationstechnologie (IKT), die demographische Komponente, die volkswirtschaftliche Komponente, die Forschung- und Technologie-Entwicklung, Methoden und Techniken etc..

Die modellierbaren Beziehungen zwischen WMMP-B ergeben sich aus ihrer Rollenverteilung. WMMP-WT sind grundsätzlich aktiv und können Wissen liefern, Wissen aufnehmen und mit anderen WMMP-WT Wissen tauschen. WMMP-WO sind grundsätzlich passiv und können kein Wissen liefern, kein Wissen aufnehmen und kein Wissen mit anderen WMMP-WO oder WMMP-WT tauschen.

In allgemeiner Form lassen sich alle möglichen Beziehungen zwischen WMMP-B folgendermaßen beschreiben:

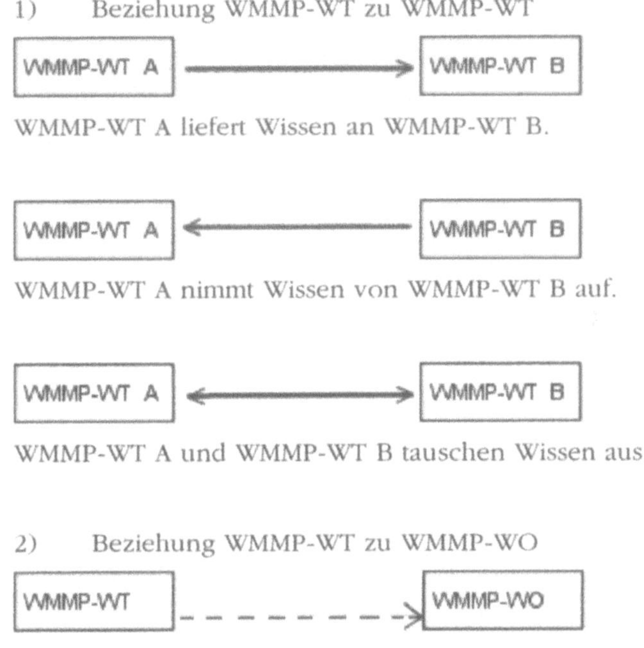

Abbildung 66: Die Beziehungen eines WMMP-Modells

WMMP basiert darauf, dass die Lösung einer Wissensmanagement-Problemstellung stets durch Modifikation oder Neueinrichtung von Beziehungen zwischen WMMP-B zu erreichen ist. Im einzelnen werden folgende Ansätze zur Lösung einer Wissensmanagement-Problemstellung unterschieden:

1) Die Verwaltung des Wissens von 1..m WMMP-WT über 1..n WMMP-WO wird durch Einleitung problemspezifischer Maßnahmen modifiziert(mit m = Anzahl WMMP-WT$_{max}$, n = Anzahl WMMP-WO$_{max}$).

2) Die Verwaltung des Wissens von 1..m WMMP-WT über 1..n WMMP-WO wird neu eingerichtet(mit m = Anzahl WMMP-WT$_{max}$, n = Anzahl WMMP-WO$_{max}$).

3) Die bisherige Beziehung zweier WMMP-WT wird durch problemspezifische Maßnahmen modifiziert.

4) Zwischen zwei WMMP-WT wird eine neue Beziehung eingerichtet.

Im folgenden sind die zur WMMP-Modellbildung einzusetzenden Notationselemente dargestellt:

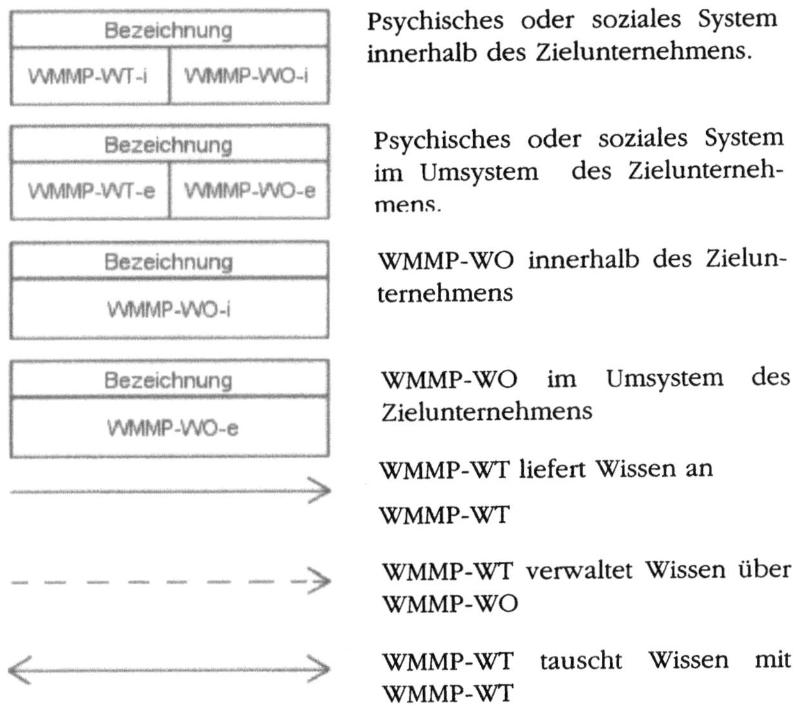

Psychisches oder soziales System innerhalb des Zielunternehmens.

Psychisches oder soziales System im Umsystem des Zielunternehmens.

WMMP-WO innerhalb des Zielunternehmens

WMMP-WO im Umsystem des Zielunternehmens

WMMP-WT liefert Wissen an WMMP-WT

WMMP-WT verwaltet Wissen über WMMP-WO

WMMP-WT tauscht Wissen mit WMMP-WT

Bei der WMMP-Modellentwicklung ist unabhängig von der konkreten Wissensmanagement-Problemstellung eine sequentielle Vorgehensweise zu empfehlen. „Man beginne klein und erweitere" und „Man beginne grob und verfeinere" sind in diesem Zusammenhang die wichtigsten Grundsätze.

Es ist zu beachten, dass dies sowohl die Anzahl der Modellkomponenten und deren Beziehungen als auch den Grad der Detaillierung betrifft. Zunächst sind also sämtliche internen und externen WMMP-WT und WMMP-WO auf Grundlage der Wissensmanagement-Problemstellung zu ermitteln. Im Fall einer Wissensmanagement-Problemstellung, die durch einen Missstand ausgelöst wurde, sind dies in der ersten Stufe der Modellentwicklung zunächst alle WMMP-WT und WMMP-WO, die direkt mit diesem Missstand in Verbindung gebracht werden.

Im Fall einer Wissensmanagement-Problemstellung, die formuliert wurde, um Wissensmanagement-Schwächen zu identifizieren, bevor daraus ein Missstand entsteht, sind in Abhängigkeit von dem gegebenen Umfeld WMMP-WT und WMMP-WO aufgrund von Organigrammen, Stellenbeschreibungen, Kommunikationswegen, Konkurrenzbeobachtungen, Statistiken etc. zu bestimmen.

In Abhängigkeit von der Komplexität der Wissensmanagement-Problemstellung werden in späteren Stufen weitere WMMP-WT und WMMP-WO mit einbezogen bzw. wird das bisherige Modell verfeinert. Unter Verfeinerung ist hier die Aufsplittung eines übergeordneten WMMP-WT bzw. WMMP-WO in seine Bestandteile gemeint.

Die Bestandteile selbst sind wiederum WMMP-WT bzw. WMMP-WO usw.. So lässt sich beispielsweise der WMMP-WT Zielunternehmen in Abteilungen unterteilen, die selbst als soziale Systeme WMMP-WT sind und sich aus psychischen Systemen zusammensetzen, die die unterste Ebene der WMMP-WT darstellen. Bei der WMMP-Modellierung wird das Ausgangsmodell solange verfeinert bis entweder keine Verfeinerung mehr möglich ist oder die festgestellten Wissensmanagement-Schwächen erfolgreich behoben wurden, siehe nachstehende Abbildung.

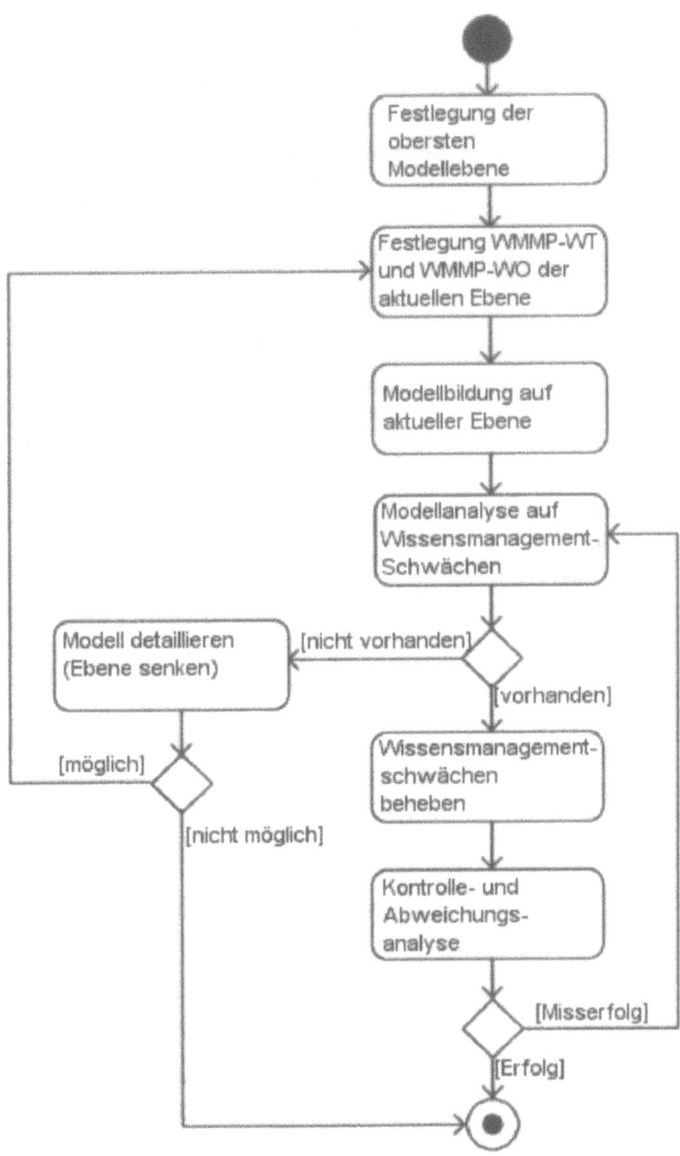

Abbildung 67: UML-Aktivitätendiagramm zur WMMP-Modellierung

Die Modellanalyse auf Wissensmanagement-Schwächen dient der Ermittlung der zu verbessernden oder einzurichtenden Beziehungen zwischen WMMP-B. Dazu wird das entwickelte Modell auf Merkmale untersucht, die auf Wissensmanagement-Schwächen hindeuten. Im folgenden werden die Merkmale WMMP-WT-Insel, WMMP-WO-Insel, WMMP-Wissensfilter und WMMP-Wissensengpass unterschieden:

- WMMP-WT-Insel

  Unter einer WMMP-WT-Insel wird ein WMMP-WT verstanden, der mit keinem anderen WMMP-WT in Verbindung steht, siehe Abbildung 3.

- WMMP-WO-Insel

  Unter einer WMMP-WO-Insel wird ein WMMP-WO verstanden, über das kein Wissen von einem WMMP-WT verwaltet wird, siehe Abbildung 3.

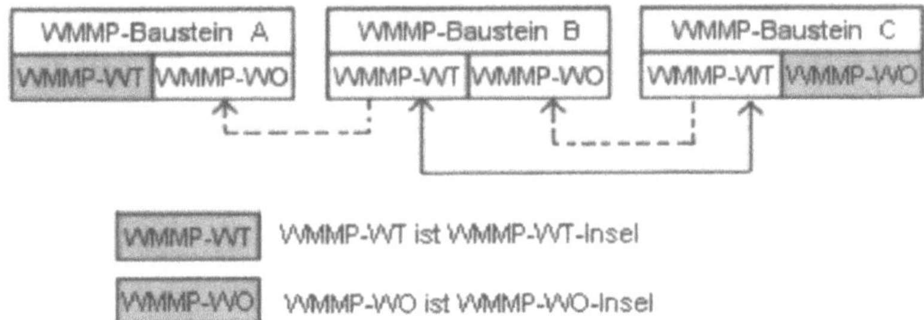

Abbildung 68: WMMP-WT-Insel und WMMP-WO-Insel

- WMMP-Wissensfilter

  Unter einem WMMP-Wissensfilter wird ein WMMP-WT verstanden, der zwischen zwei anderen WMMP-WT Wissen vermittelt, siehe Abbildung 4.

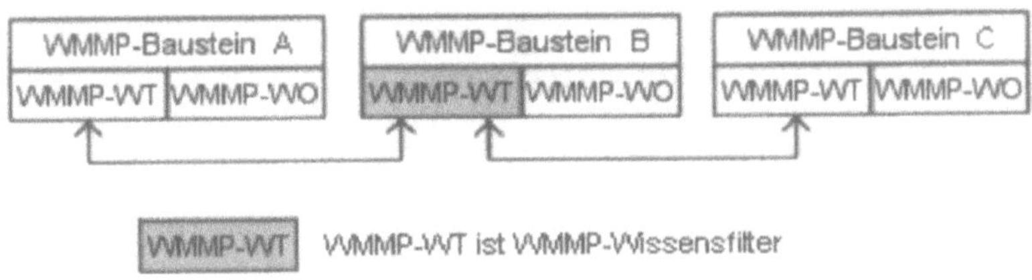

Abbildung 69: WMMP-Wissensfilter

- WMMP-Wissensengpass

  Unter einem WMMP-Wissensengpass wird ein WMMP-WT verstanden, der in Relation zu den anderen WMMP-WT relativ viel Wissen liefert und verwaltet, siehe Abbildung 5.

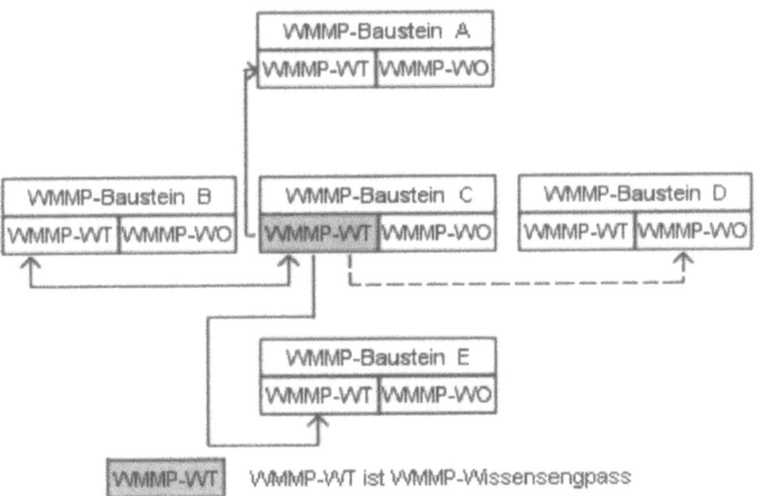

Abbildung 70: WMMP-Wissensengpass

Aufgrund der im WMMP-Modell gefundenen Wissensmanagement-Schwächen wird nun eine Wissensmanagement-Strategie entwickelt, die in allgemeiner Form festlegt, welches Ziel mit Hilfe der Umsetzungstechnik WMMP verfolgt wird, um die Wissensmanagement-Problemstellung zu lösen.

Die Umsetzung der Wissensmanagement-Strategie kann sowohl die Beziehungen zwischen WMMP-B innerhalb des Unternehmens als auch die Beziehungen zu WMMP-B außerhalb des Unternehmens nachhaltig beeinflussen. Vor dem Versuch, die Wissensmanagement-Strategie umzusetzen, sollte daher überprüft werden, ob die geplanten Wissensmanagement-Maßnahmen unter Umständen einem unternehmenseigenen Grundsatz widersprechen und daher gar nicht durchzuführen sind.

Zur Differenzierung eignet sich folgende Einteilung, die eine Unterscheidung der Komplexität verschiedener Maßnahmen ermöglicht:

- Maßnahme Typ A

Eine Maßnahme dieses Typs betrifft ein WMMP-WO, das kein psychisches oder soziales System ist. Maßnahmen dieses Typs sind grundsätzlich leicht zu realisieren.

- Maßnahme Typ B

Eine Maßnahme dieses Typs betrifft ein WMMP-WO, das ein psychisches oder soziales System ist. Maßnahmen dieses Typs sind grundsätzlich leicht zu realisieren. Es ist jedoch zu berücksichtigen, dass die Erfassung und Speicherung von Daten, Informationen und Wissen über Personen rechtlichen Restriktionen unterliegt.

- Maßnahme Typ C

Eine Maßnahme dieses Typs betrifft einen WMMP-WT, der einseitig sein Wissen an einen anderen WMMP-WT liefern soll. Unter Umständen sind organisatorische Änderungen notwendig, um diese Maßnahmen durchzuführen.

- Maßnahme Typ D

Eine Maßnahme dieses Typs betrifft zwei WMMP-WT, die Wissen austauschen sollen und basiert auf der Bereitschaft der WMMP-WT zur Zusammenarbeit. Unter Umständen, insbesondere, wenn WMMP-WT-e betroffen sind, sind solche Maßnahmen nicht zu realisieren.

Insbesondere Maßnahmen des Typs D könnten unternehmenseigenen Grundsätzen widersprechen, da es hier auch um den Wissensaustausch zwischen WMMP-WT-i und WMMP-WT-e gehen kann. Die grundsätzliche Möglichkeit, unternehmenseigenes Wissen preiszugeben, kann hier eine Voraussetzung zur Durchführung entsprechender Maßnahmen sein.

Die der Umsetzungstechnik WMMP zugrunde liegenden Säulen des Wissensmanagements Organisation, Mitarbeiterführung und IKT sind als Eckpfeiler zu betrachten und damit ideal zur Steuerung der Umsetzung von Maßnahmen, die den oben vorgestellten Maßnahmentypen zuzuordnen sind. In Abhängigkeit von dem Maßnahmentyp ist aber die Einflussmöglichkeit der einzelnen Säulen unterschiedlich ausgeprägt. Die folgende Differenzierung der maßnahmenspezifischen Verfahren und Steuerungsmöglichkeiten kann die Umsetzung konkreter Maßnahmen unterstützen:

- Steuerungsmöglichkeiten Maßnahme Typ A

Da ein WMMP-WO per Definition passiv ist, kann es kein Wissen über sich selbst aktiv liefern. Der WMMP-WT sollte also einerseits das WMMP-WO aktiv analysieren und andererseits ist zu empfehlen, Quellen impliziten und expliziten Wissens über das WMMP-WO aufzutun und diese als WMMP-WT zu nutzen. Hervorzuhebendes Steuerungsinstrument ist hier IKT, da die Objektanalyse und die Auswertung expliziten Wissens in der Regel per IKT erfolgt.

- Steuerungsmöglichkeiten Maßnahme Typ B

Hier soll ein psychisches oder soziales System als WMMP-WO genutzt werden. Grundsätzlich können auch hier die Verfahren genutzt werden, die für WMMP-WO gelten, die keine psychischen oder sozialen Systeme sind. Darüber hinaus sind Verfahren wie Beobachtung, Dauerbeobachtung und Multimomentaufnahme sehr effektiv. Hervorzuhebende Steuerungsinstrumente sind Organisation und Mitarbeiterführung, da im Fall der Verwendung der effektiven Verfahren der WMMP-WT direkt beim WMMP-WO Wissen über das WMMP-WO generiert. Dies zu ermöglichen, fordert insbesondere die genanten Steuerungsinstrumente.

- Steuerungsmöglichkeiten Maßnahme Typ C

In diesem Fall soll ein WMMP-WT einseitig sein Wissen an einen anderen WMMP-WT weitergeben. Häufig wird jedoch nur das Wissen weitergegeben, das der jeweilige WMMP-WT für entbehrlich bzw. wertlos hält, um seine eigene Position nicht zu schwächen. Der eigene Nutzen sollte hier verdeutlicht werden. Hervorzuhebende Steuerungsinstrumente sind einerseits IKT als Kanal zum Wissenstransfer und andererseits die Säule Mitarbeiterführung.

Im Bereich der Mitarbeiterführung ist besonders die Unternehmenskultur hervorzuheben, um die vollständige Wissenspreisgabe zu bewirken.

- Steuerungsmöglichkeiten Maßnahme Typ D

Maßnahmen dieses Typs beziehen sich auf WMMP-WT, die Wissen austauschen. Beide WMMP-WT liefern aktiv Wissen von sich an den jeweils anderen WMMP-WT. Sämtliches implizite und explizite Wissen sollte ausgetauscht werden. Alle Steuerungsinstrumente sind hier bedeutsam, da der Wissensaustausch organisatorische Maßnahmen fordert, die Mitarbeiter zur vollständigen Wissenspreisgabe motiviert werden sollten und IKT als Kanal zum Wissenstransfer dient.

3.10.2 WMMP-Dokumentation und Wissensdatenbank

Um eine nachvollziehbare Vorgehensweise bei der Durchführung der Technik WMMP sicherzustellen, sind alle Phasen zu dokumentieren. Die Verantwortlichkeit, Aufgabenstellung und Terminplanung jeder Teilphase sind von der Unternehmensleitung bzw. von der Projektleitung festzulegen. Diese sorgfältige Dokumentation ist einerseits notwendig, um die getroffenen Entscheidungen in der Phase der Kontrolle- und Abweichungsanalyse auswerten zu können, zum anderen sind der Beginn und der Abschluss einer jeden Phase durch ein oder mehrere verantwortliche Personen genehmigt, so dass die dauerhafte Unterstützung während der Umsetzung gewährleistet ist.

Die gesamte Durchführung der Umsetzungstechnik WMMP wird idealerweise als Vorgangssteuerung durch die IT unterstützt und dokumentiert, da so der Aufbau einer WMMP-Wissensdatenbank automatisch realisiert werden kann. Die Behandlung der unterschiedlichen Wissensmanagement-Problemstellungen kann so einfach nachvollzogen werden und bei ähnlichen Wissensmanagement-Problemstellungen als Unterstützung dienen.

3.11 Security

Das Sicherheitsmanagement ist kein primärer Bestandteil von Knowledge Management und sollte grundsätzlich in einer eigens dafür entwickelten Projektstruktur im Unternehmen behandelt werden. Da sich Knowledge Management aber i. d. R. mit sicherheitsrelevanten Fragestellungen beschäftigt – man denke an den Schutz von Mitarbeiterdaten - wird an dieser Stelle ein kurzer Leitfaden zur Vorgehensweise und Projektorganisation dargestellt.

Beurteilt man das Sicherheitsmanagement aus der top-down Betrachtung, lässt sich dieses Thema in folgende Bereiche einteilen:

Übersicht Sicherheitsthemen

1. Daten- und Dokumentensicherheit (verschiedener Medien)

2. Zugriffssicherheit

3. Arbeitsplatzsicherheit (wird hier nicht weiter betrachtet)

4. Anwendungssicherheit (IT- und TK-Anlagen)

Je nach betrieblicher Fokussierung lässt sich diese Liste beliebig erweitern und detaillieren. Nachfolgend wird eine exemplarische Projektvorgehensweise an einem Beispiel vorgestellt.

Beispiel

Ein Unternehmen verfügt über vernetzte Arbeitsumgebungen mit 50 PC-Arbeitsplätzen an drei Standorten und 25 mobilen PC-Arbeitsplätzen. Die „festen" Arbeitsplätze sind vernetzt und über Standleitungen miteinander verbunden. Ein kleiner Teil (IT-affine early adopters) der mobilen Arbeitsplätze verfügt über einen Zugang via VPN (virtual private network). Alle anderen „Mobilen" nutzen die Einwahl via Internet (über T-Online) oder via Direkteinwahl via ISDN (4 Ports) und Analog (2 Ports). Die Direkteinwahl soll zukünftig abgeschafft werden, da die zur Verfügung stehenden 6 Leitungen schon heute nicht mehr ausreichen. Ein Ausbau ist hier nicht geplant. Kosten für Kommunikation und Administration sind hier betriebswirtschaftlich nicht tragfähig. Kurzfristig soll die Einwahl via Internet genutzt werden. Mittelfristig ist eine durchgängige Zugriffsmöglichkeit via VPN vorgesehen.

Spezielle Anforderungen

Das Sicherheitskonzept der Unternehmung soll unter anderem Datenschutzmechanismen wie Passwörter und Datensicherheitsüberprüfungen durch das System berücksichtigen, wie

- eindeutige Identifizierung des Nutzers (Name, Passwort)

- Authentifizierung des Nutzers (Bestätigung, dass der Nutzer eingetragen ist und eine Berechtigung zur Ausübung der gewünschten Funktion hat)

- differenzierte Zugriffsrechte (Einrichtungs- und Datenzugriffsrechte)

- Datenintegrität

- Datensicherheit

- Verschlüsselung während der Datenübertragung (Methoden zu Encryption und Decryption)

- Schutz vor Angriffen aus dem Internet (z.B. mit Firewall)

- Warnhinweise, z.B. „Sie sind im Begriff das Dokument XY zu löschen. Wollen Sie das wirklich?"

Folgende Maßnahmen werden zusätzlich überprüft:

- Sind die Passwörter verschlüsselt gespeichert?

- Werden die eingestellten Zugriffsrechte und –verbote überprüft und gemeldet?

- Werden die Passwörter unsichtbar erfasst?

- Ist eine Mindestlänge der Passwörter vorgeschrieben?

- Kann der Benutzer sein Passwort selbst ändern?

Alle Dateien, die auf dem Server (zwischen)gelagert werden, werden automatisch auf mögliche Datenmanipulation untersucht. Dateien, die mit einem Virus befallen sind, werden mit einer entsprechenden Warnmeldung an den Empfänger weitergeleitet. Ebenso werden die Daten hinsichtlich Vertraulichkeit, Integrität und Verfügbarkeit geschützt.

Betrachtet man die unterschiedlichen Perspektiven eines Sicherheitsmanagements ergibt sich folgende Einteilung:

Perspektiven des Sicherheitsmanagements

6. Grundsätzliche Fragestellungen

    a. Rechtliches (Haftung, Gewährleistung, Steuerung, Eskalation)

    b. Betriebswirtschaftliches (Wahrscheinlichkeit Eintritt Schadensfall, Opportunitätskosten)

7. Mögliche Schadensfälle

    a. Schaden beim Regelbetrieb

    b. Schaden beim Störfall

    c. Schaden durch Missbrauch

8. Betriebliche Gebote und Verbote

9. Datenschutz und Datenaustausch

10. Evtl. Zivilrecht

11. Schadenersatzforderungen

3.11.1 Rollen

Im Rahmen des Rollenkonzeptes für den Systembetrieb der Unternehmung sind sieben verschiedene Rollen definiert worden:

- Nutzer
- Hotline
- User Administrator
- Interner und externer Dienstebetreiber
- Entwicklung
- Projektmanagement
- Qualitätssicherung

Die Rolle des Nutzers umfasst den typischen User als Mitarbeiter der Unternehmung inklusive der Zugehörigkeiten von unterschiedlichen User-Gruppen (Vorstand, Projektleiter ...).

Die Rolle der Hotline untergliedert sich in die drei Service Levels.

Die Rolle des User Administrator ist die Stelle, die nur mit Einrichtung, Verwaltung und Löschung von Users aller User-Gruppen betraut ist. Ihr obliegt allerdings auch die operative Verantwortung bei der Vergabe von Nutzungsrechten (durch Einordnung in bestimmte User-Gruppen).

Unter der Rolle der internen und externen Dienstebetreiber sind alle Soft- und Hardware Administratoren der (internen und externen) Betriebszentren subsumiert.

Die Rolle Entwicklung ist aufgrund ihrer originären Aufgabe – der Entwicklung und Anpassung der Systeme – meist mit den umfangreichsten Rechten versehen. Jedoch sollte immer darauf geachtet werden, dass Veränderungen stets an einer vom Produktivsystem entkoppelten Entwicklungsumgebung vollzogen werden.

Projektmanagement ist eine Rolle mit variabler Besetzung, hinter der sich derjenige verantwortliche Mitarbeiter der Unternehmung verbirgt, der momentan die Projektleitung der Gesamtsystembetreuung inne hat und mit Sonderrechten ausgestattet ist.

Der Qualitätsbeauftragte ist ebenso wie der Projektmanager temporär besetzt und dient des internen Systementwicklungscontrollings.

3.11.2 Rechte

Die Rolle, die jemand inne hat, berechtigt bzw. verpflichtet ihn, bestimmte Aktionen aus-/durchzuführen. Hierbei ist zu unterscheiden, was womit getätigt wird. Grundsätzlich unterscheidet man zwischen Lese-, Schreib- und Löschrechten bezogen auf Daten bzw. Datenarten sowie Nutzungsrechte bezogen auf Applikationen.

WOMIT:

Bei der Frage, womit bzw. woran (Zugriffs-) Rechte bestehen, sind verschiedene Datenarten zu unterscheiden.

- Persönliche Daten: alle Daten, die der User in seinen persönlichen Ordnern speichert

- Stammdaten, wie Name, Adresse etc.

- Systemdaten: Kundendatenbank, Stati etc.

- Systemsoftware: Windows NT, Exchange, Lotus Notes ...

- Abrechnungsdaten: alle kosten-/abrechnungsrelevanten Daten

- Statistiken: Verfügbarkeit des Systems, Performance, Log-ins

WAS:

Das Was definiert die Aktionen, die an den unterschiedlichen Datenarten möglich sind.

- Einsehen: Datei öffnen und lesen

- Verändern: Datei öffnen und schreiben

- Einrichten: Datei/Datensatz neu anlegen bzw. hinzufügen

- Konfigurieren: Einstellungen, Optimieren

- Wartung: Wiederanlauf

- Betrieb: Überwachen, Backup

Rollen:

- Nutzer

- Hotline

- UserAdmin

- Dienstebetreiber

- Entwicklung

- QS

- PM

Aktionen:

- Einsehen

- Verändern

- Einrichten

- Konfigurieren

- Wartung/Fehlerbehebung

- Betrieb

Datenarten:

- Persönliche Daten   (PD)
- Stammdaten   (SD)
- Systemdaten   (SY)
- System Software   (SS)
- Abrechnungsdaten   (AB)
- Statistiken   (ST)
- Alles   (AL)

Beispiel: Rechtematrix

	Einsehen	Verändern	Einrichten	Konfig.	Wartung	Be…
Nutzer	PD,SD,AB	PD	PD,SD	--	--	
Hotline	SD	SD	SD	--	--	
Admin	SD,SY,AB	SD,SY,AB	SD	--	--	
Betreiber	AL	AL	AL	AL	AL	AL
Entwickl.	SS	SS	SS	SS	SS	
PM	ST,SY	SY	--	SY	--	
QS	SS,ST	SY	SY	SS,ST,SY	SS,ST,SY	SS…

3.11.3 Projektmanagement

Wie bei jeder „vernünftigen" Projektplanung beginnt man mit der
Formulierung der Zielsetzung. Nicht nur um sich selbst zu zwin-

gen, einen bestimmten Handlungsrahmen einzuhalten, sondern auch um diese Formulierung als Basiskommunikationsinhalt für Dritte zu verwenden. Wie schon in früheren Kapiteln erwähnt sollte die Formulierung der Zielsetzung so verständlich wie möglich (und mit konkreten Eingrenzungen) erfolgen, so dass sich auch Nichtwissende ein entsprechendes Bild von Inhalt und Auswirkungen machen können.

Am genannten Beispiel steht folgende Zielsetzung im Fokus der Betrachtung:

1. Datenschutzrechtliche Anforderungen sind in einem ersten Schritt zu formulieren

2. Berechtigungs- und Rollenkonzepte sind zu erstellen

   a. Administration

   b. Superuser

   c. User (1-n)

3. Konzeption für Archivierung und Backup

4. Nicht betrachtet werden Archivierung von Schriftgut und räumlicher Zutrittsschutz

Projektorgani-sation
Da das Thema Sicherheitsmanagement sowohl technische als auch organisatorische Fragestellungen behandelt, muss die Projektleitung entsprechend der inhaltlichen Fokussierung (Technik oder Organisation) mit adäquater Kompetenz besetzt werden. Meist überwiegen die technischen Fragen. Organisatorische Fragen müssen hingegen aufgrund ihrer Komplexität oftmals durch einen externen juristischen Beistand beantwortet werden, so dass eine innerbetrieblich eher technisch orientierte Führungskraft als Projektverantwortlicher bestimmt werden sollte.

Bei der Suche nach einer richtigen Besetzung der Projektleitung ist es oftmals hilfreich, sich zu Anfang mit der Identifikation derjenigen Organisationseinheiten und Personen im Unternehmen zu beschäftigen, die mit sicherheitsrelevanten Fragestellungen konfrontiert werden.

Je nach Volumen und Bedeutung der einzelnen Aufgabeninhalte, übertragen auf die entsprechenden Fachabteilungen oder Stabsstellen, lässt sich u. U. der geeignete Projektmanager schon frühzeitig rekrutieren.

Wie bei allen Führungspositionen ist die Qualität der persönlichen Eigenschaften (Erfahrung, Durchsetzungsvermögen, Akzeptanz, ...) bei der Auswahl der Projektleitung höher als das pure Fachwissen einzuordnen. Erfahrungen bestätigen, dass eher auf fachliches Know-how verzichtet werden kann, wenn ausreichend „soft skills" vorhanden sind.

Projektorgani-sation Unter-nehmung

Bezogen auf das genannte Beispielszenario wird ein externes Projektmanagement eingesetzt werden. Dieses besteht aus einem Projektleiter mit IT-Fachwissen und einem Juristen, der primär als Datenschutzbeauftragter tätig ist. Als Projektbeteiligte sind Vertreter aller Fachabteilungen an den jeweiligen Standorten genannt. Nicht zu vergessen sind Lieferanten von technischem Equipment und Diensteanbieter (IT-Services wie bspw. VPN).

Die Projektvorgehensweise sieht folgende Arbeitsschritte vor:

1. Analyse

    a. Konkretisierung Anforderungen gemäß Zielsetzung

    b. Entwicklung Fragenkatalog und Checklisten

    c. Aufnahme Ist-Zustand

2. Fachkonzeption

    a. Formulierung Soll-Konzept

    b. Entwicklung Pflichtenheft

    c. Pilotierungs- und Umsetzungsplanung

3.11.4 Phase I – Analyse

Zielsetzung der Analysephase ist es, ein möglichst genaues Bild der momentanen internen (und evtl. auch externen) Situation zu bekommen in Abhängigkeit – und das sei hier besonders in den Vordergrund gestellt – der mit diesem Projekt verfolgten Ziele und der erwarteten Ergebnisse aus Unternehmenssicht. Hierzu werden in einem ersten Schritt die gestellten Anforderungen soweit wie möglich in einzelne Fragestellungen konkretisiert und zu Checklisten entwickelt.

Nachfolgende Abbildung zeigt eine Übersicht der 3 Betrachtungsobjekte (Netzwerk, TK-Anlage, PC) mit ihren Basisfunktionalitäten. Jede Funktionalität wird mit 5 Eigenschaften versehen und abschließend bewertet.

Betrachtungsobjekte, Eigenschaften und Bewertung Ist-Zustand

Abbildung 71: Betrachtungsobjekte Sicherheitsmanagement

Beispiel Checkliste

Exemplarisch für das Betrachtungsobjekt PC eines Außendienstmitarbeiters am genannten Beispiel der Unternehmung ergibt folgendes Ergebnis der Analyse IST-Zustand:

- Bezeichnung: Laptop, Marke, Ausstattung, installierte HW/SW

- Einsatzort: Bundesweit, Standort Bonn

- Vernetzt mit: VPN log-in Zentrale Düsseldorf, Zugang zu Lotus Notes Datenbanken (Kundendatenbanken, Mail-System, Mitarbeiteradmin, Gruppenkalender, Urlaubsreservierung, Privates)

- Status: Dokumentenverwaltung meist lokal, Datenreplikation erfolgt max. 1 x pro Woche, Dokumentenarten sind Angebote, Preislisten, Kalkulationsmodelle, Kundendaten, Formatvorlagen; personal firewall funktionsbereit ohne Fehler

- Benutzer: Außendienstmitarbeiter Manfred Mustermann, derzeit keine Sicherheitsstufe, Zugang zu allen Firmendaten außer private folders, CUG, Admin. und Geschäftsführung möglich. Security-Know how des Nutzers gering

- Bewertung: VPN + personal firewall stellt Sicherheitsrisiko dar, wenn durch geringe IT-Kenntnisse des Nutzers keine selbstständige Administration möglich; unzureichende Zugriffsrestriktion auf Datenbestände; Turnus der Datenreplikation zu lang, unregelmäßig und nicht automatisiert

Das dargestellte Ergebnis einer kurzen Ist-Betrachtung soll verdeutlichen, dass mit einer einfachen aber strukturierten Vorgehensweise ein Bild über die aktuelle Situation im Unternehmen gewonnen werden kann. Oftmals ist ein repräsentativer Querschnitt über die Situation der relevanten Betrachtungsobjekte notwendig, um überhaupt eine detailliertere Einschätzung der notwendigen Kapazitäten und damit eine Planung der Gesamtprojektorganisation entwickeln zu können. Auch können so kurzfristige Verbesserungsmöglichkeiten erkannt und eingeleitet werden (bspw. bei akuten Sicherheitsrisiken).

3.11.5 Phase II - Fachkonzeption

Zielsetzung der Phase II ist es, ein umsetzbares Fachkonzept (auch Lasten- und Pflichtenheft genannt) zu erstellen. Die Schwierigkeit besteht meist darin, dass die anfänglichen Vorstellungen von dem, was man gerne realisieren möchte, nach der Phase I – Analyse - oftmals stark reduziert werden müssen. Dies liegt daran, dass die IST-Situation meist doch schlechter ist als man geglaubt hat und viele der Vorstellungen und Wünsche an Funktionen eines späteren Sicherheitsmanagements in der definierten Zeit (und Budget) nicht umsetzbar sind und damit vom Status „must have" in „nice to have" geändert werden müssen. Ein Abspecken der geforderten Leistungen ist somit unabdingbar. Eine schlüssige Argumentation vor dem Management fällt dem Projektverantwortlichen leichter, der sich frühzeitig mit dem Thema Bewertung von Einzelkomponenten und der Formulierung möglicher Alternativen befasst hat.

Sicherheits-konzeption

Die Fachkonzeption lässt sich sinnvoll in 3 Bereiche einteilen:

1. Übergeordnete Komponenten

    a. Organisation

    b. Personal

    c. Datenschutzkonzept unternehmensweit

    d. Notfallkonzept

2. Direkte Komponenten

    a. Netzwerk, Router, Firewall

    b. Synchrone, asynchrone Kommunikation

    c. Recovery- und Redundanzmodell

    d. Remote Management

    e. Rollenkonzept

3. Besondere Komponenten (hochsensibel)

    a. Rollenkonzept Admin, Superuser

    b. Datensicherung, Datenschutz Faktura

    c. Access-Technologien mobiler Endgeräte

    d. Virenschutz und firewall

3.11.6 Organisation

Beispiel Checkliste

- Festlegung von Verantwortl. und Regelungen für den IT-Einsatz
- Betriebsmittelverwaltung
- Datenträgerverwaltung
- Regelungen für Wartungs- und Reparaturarbeiten
- Aufgabenverteilung und Funktionstrennung
- Vergabe von Zutrittsberechtigungen
- Vergabe von Zugangsberechtigungen
- Vergabe von Zugriffsrechten
- Nutzungsverbot nicht freigegebener Software
- Überprüfung des Software-Bestandes
- Regelung des Passwortgebrauchs
- Betreuung und Beratung von IT-Benutzern (optional)
- Entsorgung von schützenswerten Betriebsmitteln
- Schlüsselverwaltung
- "Der aufgeräumte Arbeitsplatz"
- Reaktion auf Verletzungen der Sicherheitspolitik
- Rechtzeitige Beteiligung des Personal-/Betriebsrates

3.11.7 IT-Konzeption

Die IT-Konzeption aller KM-Projekte stellt hohe Anforderungen an die Security. Eine typische Security Konzeption strukturiert KM-relevante Themen in einem eindeutig definierten Rahmen und dient dabei als eine wesentliche Grundlage für nachfolgende bzw. darauf aufbauende Feinspezifikationen[65].

Betrachtet wird der **Schutzbedarf** von

- Hardware

- Software

- Daten

- Schnittstellen

In Abhängigkeit der **Schutzziele**

- Vertraulichkeit

- Verfügbarkeit

- Integrität

- Zurechenbarkeit

Beispiel für Grobentwurf IT-Konzeption (KM-Security)

	Schutzziel	Vertraul.	Verfüg.	Integrität	Zurech.	SUM
Schutzbedarf	**Schutzobjekte**	-	-	-	-	
Hardware	Web_App	Mittel	-	Hoch	-	
	DB_Serv	-	Hoch	Mittel	Hoch	
Software	WIN_2K	-	Hoch	Mittel	Hoch	Hoch
	HY_IS_6	-	Hoch	Mittel		
	Verity	Mittel	-	Mittel	Mittel	Mittel
	Datenbank	-	-	-	-	

---

[65] In Anlehnung an: Rolf Dippold, Andreas Meier, André Ringgenberg, Walter Schnider, Klaus Schwinn, Unternehmensweites Datenmanagement, 3. Auflage, Vieweg-Verlag, 2000.

Daten	Log_In	-	Hoch	-	Hoch	Mittel
	User_Acc	-		-		
	Info	-	Hoch	-	Hoch	
	-	Mittel		-		Mittel
Schnitt-stellen	WWW	-	-	-	-	-
	Intranet	Hoch	-	-	-	Hoch
	Extranet	Gering	-	-	-	Ge-ring
	CRM	-	-	-	-	-
	ERP	-	-	-	-	-

4 Beschreibung ausgewählter SW-Tools

4.1 Übersicht

**Ist der Liefe-
rant valide?**

Der Markt bietet heutzutage eine Fülle von KM-Tools, doch nicht alle halten, was die Produktbeschreibungen versprechen. Dieses Kapitel soll einen kurzen Überblick über ausgewählte KM-Tools liefern und den Umfang der Leistungsvielfalt. Die Nachfolgende Abbildung zeigt eine erste Gruppierung derzeitiger Tools. Diese ist allerdings nicht repräsentativ und wurde im Rahmen früherer KM-Projektierungen erstellt.

Bei der Auswahl eines geeigneten KM-Tools spielen viele Faktoren eine Rolle. Neben den rein funktionalen Anforderungen wird in praxi leider oftmals ein wichtiger Faktor vergessen: Die **Validität** des Unternehmens. Es nützt keinem KM-User etwas, wenn zwar viele Funktionalitäten abgebildet werden können, jedoch das Unternehmen eine ungewisse Zukunft bevorsteht. Gerade in Zeiten heftiger Marktturbulenzen (insbes. am neuen Markt) ist es zweckmäßig, sich die Hersteller genau anzuschauen und auf Beständigkeit und Produktweiterentwicklung sowie Service und Consulting-Unterstützung zu prüfen.

Die nachfolgenden Produktbeschreibungen sollen dem Leser anhand der in diesem Buch besprochenen KM-Vorgehensweisen zeigen, mit welchen KM-Tools diese elektronisch abgebildet werden können.

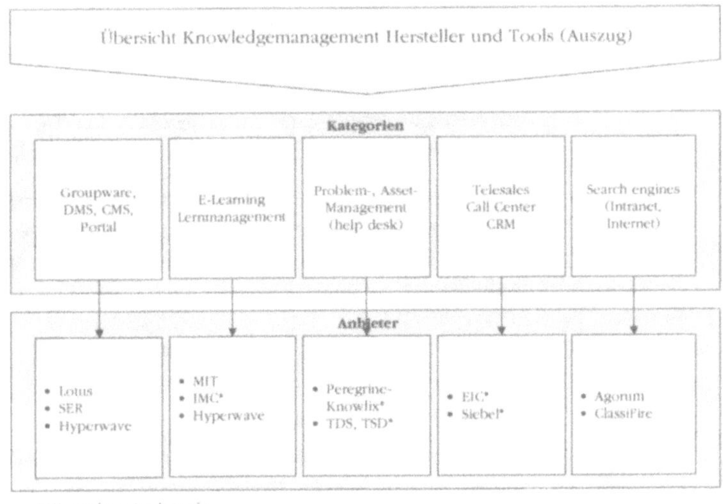

Abbildung 72: Übersicht KM-Tools

4.2 M.I.T Newsystems

Information Learning Framework (ILF)

Die Organisation expliziten Wissens durch ein Learning Management System

Von Dr. Dieter Massa, Friedrichsdorf, Dezember 2001.

Mit Learningmanagement Systemen lässt sich explizites Wissen nicht nur organisieren, sondern auch kontrolliert distribuieren. Auf dem deutschen Markt werden allein über hundert Lernmanagement Systeme angeboten. Viele davon ermöglichen jedoch nicht mehr als die Verfügbarkeit von Content im Internet.

Für einen effektiven Einsatz dieser Systeme innerhalb des Knowledge Managements bedarf es mehr an Funktionalität. Um Wissen lediglich als einzelne Inhalte zur Verfügung zu stellen würde ein Dokumentenmanagement System völlig ausreichen. Der Mehrwert, den ein Lernmanagement System bietet, liegt darin, den lernende Umgang mit dem Wissen, ohne den kein KM Sinn machen würde, gezielt zu fördern.

Das hier vorgestellte Lernmanagement System bietet die Möglichkeit für jeden einzelnen und Gruppen, die von ihnen generierten Wissensinhalte anderen strukturiert zum Lernen zur Verfügung zu stellen. Daneben kann über die Definition von Lernprozessen der Aufbau von Wissen adäquat zum Wissens- oder Skilllevel organisiert werden. Fest integrierte Features wie Kommunikationstools und Infoagenten machen den Austausch innerhalb der Wissensgemeinschaften noch effektiver.

Die Beschreibung der wichtigsten Kerneigenschaften kann als Kriterien für die Entscheidung im Unternehmen für ein solches Tool zur kontrollierten Distribution des Wissens herangezogen werden.

4.2.1 Information Learning Framework

Grundausrichtung von ILF (2.5)

Die Firma M.I.T Newsystems GmbH (München; www.mit.de) bietet das Produkt "Information Learning Framework" (ILF) als direkt im Unternehmen einsetzbare Lösung an (out of the box). Die Framework-Architektur, bei der alle wichtigen Funktionen modular aufgebaut sind und ökonomisch an die Lernprozesserfordernisse und die IT-Architektur angepasst werden können, lässt einen stufenweisen Ausbau zu.

Nachfolgende Abbildung zeigt eine Übersicht der einzelnen Module.

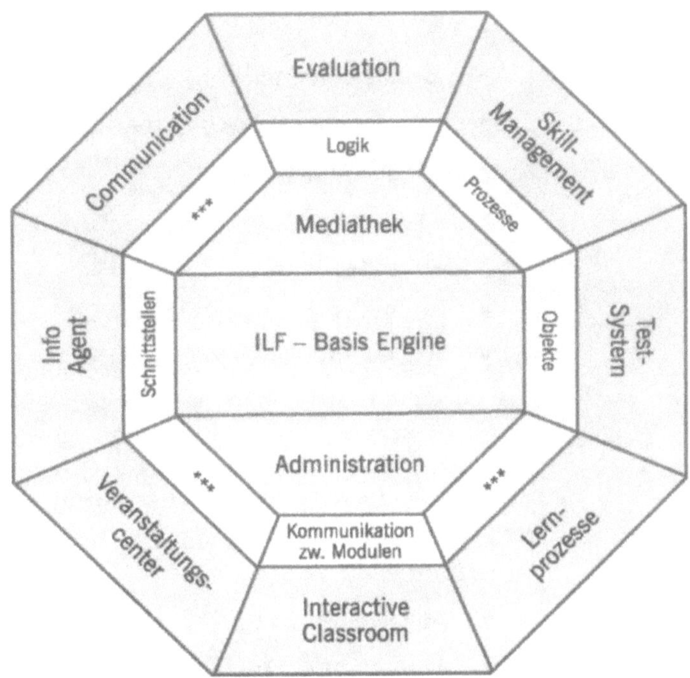

Abbildung 73: Aufbau Information Learning Framework (ILF)

4.2.2 Funktionsumfang

Der Lernprozess (Mediathek, Prozesse, Infomanagement):

In der Mediathek werden sämtliche Medien und Maßnahmen verwaltet: von Dokumenten über Links bis zu FAQs, CBT, WBT und Seminaren. Die Medien und Maßnahmen sind über hierarchisch strukturierte Kataloge (themen– und zielgruppenorientiert) zugänglich. Außerdem steht eine umfangreiche Suche zur Verfügung.

Jeder Nutzer kann Inhalte einstellen, die in einem Freigabeprozess qualitätsgesichert werden. Es empfiehlt sich, die Inhalte möglichst modular einzustellen, um sie flexibel verwenden zu können. Der Zugang zu den Medien und Maßnahmen ist rollenabhängig, d. h. es kann festgelegt werden, welche Personengruppen welches Angebot zu sehen bekommt.

Auch Inhalte, die in Papierform vorliegen, können in die Mediathek eingestellt werden.

- WBT, CBT, Qualifizierung, Seminar

- Bedarfscontent (Word, Powerpoint, Acrobat, ...)

- Anzeige hierarchisch (nach Themen und Gruppen)

- visuell aufgegliedert

- Zielgruppengliederung

- Gruppenräume

- komplexe Suchfunktion

- Einstellung von Medien durch Benutzer/Lerner

Aus einzelnen Bausteinen oder Kursen der Mediathek können Lernprozesse und Curricula zusammengestellt werden. Die Reihenfolge dieser Bausteine kann für den Lerner zwingend oder optional definiert werden. Damit lassen sich verbindliche und steuerbare Lernprozesse abbilden.

Anmeldung:

- Selbstregistrierung

- Eintrag durch Admin

- Sammelregistrierung (batch)

- Import/Abgleich mit externen Human Resource-Systemen

Buchung:

- mit und ohne Genehmigungsprozess

- Selbstbuchung und Adminsteuerung

- Terminierung von Maßnahmen

- Verbindung zu Veranstaltungsmodul (komplette Buchungsabwicklung für Präsenzseminare) und HR-Systemen

Lerngruppen:

- Info-Desktop nach Gruppen

- komplette Gruppenverwaltung (mit Chat, News, Foren .. integriert!!)

- Kontrolle; Selbstregulierung

- Bildungshistorie

- Auswertungen

- Selbstkontrolle (eigene Zeit- und Bildungspläne)

- Planung der Lernzeiten

- Erinnerungsfunktion

- Zusammenstellen eigener Lernmaßnahmen

Infomanagement

Über das Modul „Info Agent" können die Lernenden benachrichtigt werden, wenn neue Inhalte in die Mediathek eingestellt worden sind. Die Benachrichtigung kann der Lerner nach seinem individuellen Interesse konfigurieren. Die Informationen beziehen sich nicht nur auf neue Inhalte, sondern auch auf Ergänzungen und Aktualisierungen. Dies geschieht sowohl per „Pull-Verfahren" von den Lernenden, als auch per „Push-Verfahren" von administrativer Stelle aus.

Als Rollenunterstützung durch das System dient die Funktion „Alert". Diese Funktion teilt Verantwortlichen von Dokumenten (Ownern) in regelmäßigen Abständen mit, dass die Aktualität und die Richtigkeit ihres Dokumentes zu überprüfen und ggfs. eine neue Version einzustellen ist.

- Täglich up-to-date: gezielte Bekanntgabe von Neuheiten (Medien, Infos, etc.)

- Newsticker

- Informationsplattform (Einstellen aller Information)

- Themenabonnement

- Informationsprozesse gestalten (Infodistribution, und Infopush-Funktionalität für Zielgruppen)

4.2.3 Kommunikation

News- und Messagingsystem:

- Batch-Mail

- komplettes, eigenständiges Messagingboard

- zielgruppenorientiertes Infopushing und-pulling; Maillisten für Gruppen

Chatsystem:

- zuordenbar nach Gruppen und Maßnahmen
- buchbar
- online-Anzeige
- Verknüpfung mit Medien

Newsgroups:

- volle thematische Gliederung
- Aktualitätsanzeige
- FAQ-Board
- Verknüpfung mit Medien

File-Up/Download:

- „Räume" für Gruppen und deren Medien
- anhängen bei Newsgroups

4.2.4 Controlling und Skillmanagement

Zugriffs- und Kostenfakturierung:

- quantitative Auswertung (Zugriffe ..)
- Kostenplanung für Bildungsmaßnahmen (Veranstaltungscenter)

Evaluation:

- Feedback für alle Medien erstellbar und auswertbar
- Auswertung

Qualitätskontrolle:

- Freigabe- und Zertifizierungsprozesse für Medien und Qualifizierungsmaßnahmen mit verschiedenen Berechtigungsstufen

HR-Unterstützung:

- dreistufiges Profil - Kompetenzmodell
- Skill - GAP -Abgleich (Selfassessment)
- Lernempfehlung
- eigenständige Ergänzung des Profils und der Maßnahmen
- Terminplanung

4.2.5 Skalierbarkeit, Modularität, Flexibilität

Die Anpassbarkeit eines Systems für das Unternehmen ist ein wichtiger Entscheidungsfaktor. Deshalb wurden hier einige Eigenschaften unter diesem Kriterium zusammengetragen

Technologie:

- Browserkompatibilität

- webbasierte Clienttechnologie (javascript basierte Oberfläche; Applet; Layer)

- EJB (Enterprise Java Beans – zukunftsträchtig)

- skalierbare, clusterbare Servertechnologie (verteilte Server)

- offene Schnittstellen

Sprache:

- Multi-Language-Support

- individuelle Sprachanzeige

- Verwaltbarkeit der wichtigen Schlüsselbegriffe

- Anpassung des Gesamtlayouts (Grafik) bei Sprachanpassung

- für jede Gruppe komplett andere Anzeige

- Mehrsprachigkeit bis auf Metadatenebene

Internationalität:

- Multi-Language-Support

- auslieferbar in europäischen Sprachen

Standards:

- AICC

- Java-Engine notwendig (Applet)

- skalierbar für alle Browser

- ISO 9241 (Computer-Design-Normen)

Contenteinbindung:

- Bibliothek des Wissens - Infothek:

    o Internetkurse (WBT) und alle anderen Formate: Word, Powerpoint, Acrobat o   Qualifizierungsmaßnahmen

o   Seminare

- Qualifizierungsverfahren für Kurse (Freigabe nach Qualitätssicherung)

- komplexe Beschreibungskriterien

- einfache Zuordnung von Lernzielen aus Lernzielkatalog

- verschiedene Serverstandorte

4.2.6 Benutzerfreundlichkeit

Navigation/ Benutzerführung:

- Es wird ein intuitiv benutzbares Navigationsframeset definiert.

- vordefinierte Gliederung und klare „Karteikasten"-Gliederung mit Anzeige des aktuellen Themas

- kontextsensitive Hilfe

- Druckfunktionalität

Darstellung:

- hohe Designqualität

- Design für Gruppen und Mandanten veränderbar

Geschwindigkeit:

- Lediglich die Felder mit funktionalem Inhalt werden geladen - schneller Datenzugriff erzielt.

Installation:

- verschiedene Datenbankanbindungen möglich

- verschiedene Application Server

4.2.7 Technologie

Das "Information and Learning Framework" (ILF) bildet die mittlere Ebene einer Architektur für Online-Applications speziell im Bereich OnlineLearning und Online-Qualification.

Als zentrales Kommunikations- und Trägersystem dient Webtechnologie. Auf der Seite des Client kann somit anstelle eines proprietären Client-Frontend ein Web-Browser als Standardsoftware verwendet werden. Mit diesem Lösungsansatz werden die Potenziale von Inter-/ Intranetsystemen genutzt:

- Geringer Installations- und Wartungsaufwand der Client-Komponenten.

- Zentrale Administration der Anwendungsfunktionen (dynamische Web-Seiten) auf dem Server. Keine Updateproblematik bei Änderungen und Neuerungen - „update on demand" bei Zugriff auf die hinterlegten Informationen.

- Über den Browser erfolgt ein einheitlicher Zugang zu verschiedenen Anwendungsbereichen. Dies bildet die Basis für ein anwendungsübergreifendes „look and feel".

- Fachliche und ablauforganisatorische Veränderungen können umgesetzt werden.

4.2.8 Architektur

ILF ist als 3-tier Architektur gestaltet. Als Client wird ein normaler Webbrowser (Internet Explorer 5.x) eingesetzt, der mit einem Application-Server über http kommuniziert. Auf dem Application Server laufen Servlets und Enterpise Java-Beans. Diese nehmen die Anfragen des Client entgegen und steuern die Anfragen an den Datenbankserver, der über JDBC angesprochen wird. Der Datenbankserver ermittelt die gewünschten Daten aus einer Oracle oder DB/2 Datenbank und liefert die Ergebnisse an den Application-Server zurück. Die dort laufenden Beans/ Servlets bereiten die Daten auf und senden sie an den Client zurück. Auf dem Client läuft ein Applet, das die empfangenen Daten an der richtigen Bildschirmposition darstellt.

Datenbank:

- Oracle 8i

- DB/2

Server:

- Application Server

Sicherheit:

- Authentifizierung über Benutzername und Kennwort. Daten können dabei aus LDAP übernommen werden.

- Zusätzlich kann SSL implementiert werden.

- Applet auf Client-Seite ist signiert.

- Nur http-Port genutzt.

- Datenaustausch zwischen Server und Client erfolgt durch eine Applet-Servlet Kommunikation.

Integration:

- ILF hat Zugriff auf LDAP und über Object-Stubs auf externe Datenquellen wie SAP, Peoplesoft, Host-Daten und sonstige Systeme, sofern diese ihrerseits Schnittstellen anbieten.

- Anbindung an Lotus Notes oder Outlook zum Transfer von Lernterminen möglich

- Automatisches Versenden von E-Mails aus dem Lern-Management-System (LMS) heraus

- Anbindung an SMS-Provider zum Versenden von Kurznachrichten

- Import von Daten erfolgt in regelmäßigen (frei definierbaren) Zeitabständen oder durch Benutzeraktion. ILF liest dabei Datei aus sequentiellen Textfiles ein, oder es erfolgt ein direkter Zugriff auf externe Datenbanken via JDBC.

- Ein Export erfolgt durch Benutzeraktionen oder in regelmäßigen Zeitabständen in ein sequentielles Textfile oder durch direkten Zugriff auf externe Datenbanken via JDBC.

4.3 Lotus

Von Sebastian Lotz, Fulda, Dezember 2001.

Die nachfolgenden Beschreibungen in diesem Kapitel gehen auf die Knowledge Management-Strategie von Lotus und die davon berührten Softwareprodukte ein. Zum Teil lehnen sich die Ausführungen an das von Lotus unter http://www.lotus.com verfügbare Informationsmaterial an.

4.3.1 KM Strategie von Lotus

Die Firma Lotus ist seit vielen Jahren erfolgreich im Segment der Groupware-Lösungen positioniert [66]. Auf der Basis von Lotus Notes Domino sind bereits zahlreiche Applikationen entwickelt und eingeführt worden. Klassische Groupware-Lösungen beinhalten einzelne Anwendungsbausteine, die – meist Datenbankbasiert – eine sinnvolle Unterstützung betrieblicher Abläufe bis hin zur Steuerung einzelner Workflows bewirken. Das Thema Knowledge Management hat im Bereich der Groupware-Anwendungen stetig an Bedeutung gewonnen, so dass aus dem Hause Lotus mittlerweile auch KM-Lösungen angeboten werden.

Die Produktpalette von Lotus ist seit der Lotus Notes Version 5 darauf ausgerichtet Groupware-Produkte unter einer einheitlichen Benutzungsoberfläche (z.B. Web-Browser) abzubilden.

Neuste Produkte im Portfolio von Lotus sind die K-Station und der Discovery Server, die sich als Groupware-basierte Tools zur Förderung von Wissensnetzwerken in die Lotus-Produktfamilie einordnen. Unter dem Stichwort „collaborative business" soll unternehmensinternes Wissen mit den Mitarbeitern des Unternehmens verbunden werden.

Bereiche wie Schnelligkeit, Zusammenarbeit, lern- und wissenserweiternde Software sind gefragt, damit Entscheidungen schneller getroffen werden können. Teamgeist ist heute ein entscheidender Faktor um erfolgreich zu sein.

Lotus und IBM definieren Knowledge Management als eine Disziplin, die organisatorische Bausteine wie Innovation, Kompetenz und Effizienz steigert. Dadurch soll es Organisationen ermöglicht werden ihre Kompetenzen in einem veränderten Umfeld zu bewahren.

Die folgenden fünf Fähigkeiten tragen dazu bei:

- Schnelligkeit - Fähigkeit auf Marktveränderungen sofort zu reagieren.

- Innovation - erfolgreiches Voranbringen der Organisationskreativität.

---

[66] In Anlehnung an www.Lotus.com.

- Kompetenz - Fähigkeit Wissen und Erfahrungen von Mitarbeiten zu katalogisieren und anderen zur Verfügung zu stellen, insbesondere neuen Mitarbeitern.

- Effizienz - Fähigkeit zu verhindern, dass „das Rad neu erfunden" wird.

Diese Ziele zu erreichen ist das Anliegen einer jeden Knowledge Management-Lösung.

Der Lotus Discovery Server spielt für Lotus eine Hauptrolle in diesem Kontext, indem er relevante Informationen und Erfahrungen in einem Unternehmen bewertet, organisiert, lokalisiert und aufbereitet.

Damit soll ein Unternehmen befähigt werden, sich in diesen Fertigkeiten zu steigern.

4.3.2 People, Places, and Things

Wichtig ist es zu sehen, dass Wissen mehr bedeutet als Text und Information. Wissen ist das kollektive Herz, Hirn und die Seele jeder Organisation. Wissen wächst aus Erfahrung.

Lotus und IBM identifizieren Personen, Plätze und Dinge als die drei essentiellen Elemente einer effektiven KM Infrastruktur:

Personen (People) - repräsentieren die Angestellten, Kunden, Partner, Experten und andere Individuen, welche wichtig für den Erfolg eines Unternehmens sind.

KM Produkte inkl. des Lotus eigenen Discovery Servers und der K-Station müssen für effektive Interaktionsmöglichkeiten dieses Personenkreises sorgen.

Weiterhin bieten sich die Lotus eigenen Technologien dazu an Personen in Gruppen einzuteilen, festzustellen, was sie wissen, welche Erfahrungen sie haben und ob sie beispielsweise gerade eben online sind.

Plätze (Places) - sind reale oder virtuelle Arbeitsplätze, in denen Personen zusammenarbeiten, lernen und interagieren, z.B. als ein Projektteam. Lotus Quickplace, die K-Station oder andere Softwareprodukte stellen diese Dienste virtuell zur Verfügung.

Der Lotus Discovery Server lokalisiert und klassifiziert fortlaufend die virtuellen Plätze und ermöglicht es anderen von dem dort gesammelten Wissen zu profitieren.

Dinge (Things) - schließt die Daten, die Informationen und Prozesse in einem Unternehmen ein, welche erstellt, erkannt, klassifiziert und miteinander geteilt werden können. Dies beinhaltet unter Anderem auch Dokumente, Projekte, Teams und Research Applikationen, ERP, CRM oder Datenbank Informationen, Web-Seiten und Präsentationen.

People, Places, Things

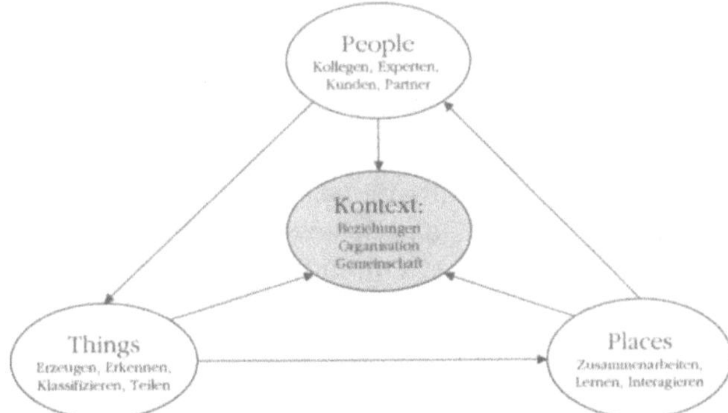

Abbildung 74: People, Places, Things ©by Lotus

Der Lotus Discovery Server ermöglicht den Benutzern auf diese Schlüsselinformationen gezielt zuzugreifen und sie im eigenen Umfeld zum Erreichen ihrer strategischen Ziele einzusetzen. Die Lotus/IBM KM Strategie versucht dabei den Mehrwert zu maximieren, der erzielt wird, wenn Personen, Plätze und Dinge in einem Unternehmenskontext zusammengebracht werden.

4.3.3   KM Technologien

Lotus und IBM haben fünf wesentliche Technologien klassifiziert, die das Knowledge Management in Unternehmen ermöglichen bzw. unterstützen können.

Der DS und die K-Station verfügen über Dienste in mehreren dieser Kategorien:

Groupware + Profiling

- Business Intelligence (Unternehmensintelligenz) - dargestellt durch Data Mining oder Text Mining, OLAP und Data Warehouse.

- Collaboration (Zusammenarbeit) - verwirklicht durch Groupware Produkte und Produkte, die Messaging und Instant Messaging im Unternehmen ermöglichen.

- Knowledge Transfer (Wissenstransfer) - schließt computerbasiertes Training, verteiltes Lernen (E-learning) als auch Liveunterricht, Seminare und Diskussionen ein.

- Knowledge Discovery (Wissensentdeckung) - durch Suchdienste, Inhaltsklassifizierung, Datennavigation (durch z.B. Wissenslandkarten) und Dokumentenmanagement.

- Expertise Location (Kompetenzplätze) - umfasst Experten Netzwerke, Visualisierung, Identifizierung von Ähnlichem und Werkzeuge, die Personen miteinander in Kontakt bringen.

KM-Technologien von Lotus

Abbildung 75: fünf KM-Technologien

Das Lotus Knowledge Discovery System besteht aus zwei Komponenten, die die letzen drei Kategorien bedienen können: die Lotus K-Station (als globales Portal) und den Lotus Discovery Server (als Knowledge Server).

Identifikation von Wissensträgern und Inhalten

Als eine kombinierte Lösung bietet das System durch das Portal einen einzigen Startpunkt an, der es Personen und Teams erlaubt die ihnen am meisten dienenden Informationen über die verschiedenen in das Portal integrierten Quellen zu lokalisieren. Auch die dazugehörigen Wissensträger werden identifiziert.

Knowledge Discovery System von Lotus

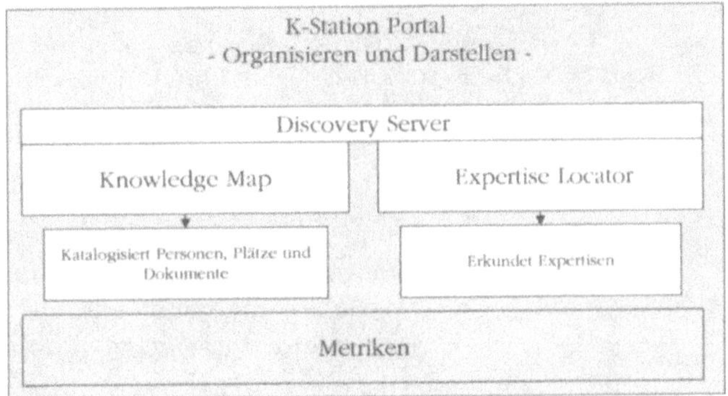

Abbildung 76: Knowledge Discovery System

4.3.4   Lotus K-Station

Web-Seite: www.lotus.com/kstation

MyWorkspace

Die K-Station ist ein universelles Informationsportal, das dem Benutzer einen zentralen Zugang zu den im Unternehmen verfügbaren Informationsquellen bietet. Das Portal ist web-basiert und personalisierbar, d.h. durch den Benutzer auf seine persönlichen Anforderungen anpassbar. Alle verfügbaren Dienste können durch die so genannte Portlet-Technologie von den Benutzern selbst ausgewählt und auf Ihrem Bildschirm positioniert werden.

Portlets sind virtuelle Fenster auf externe Inhalte. Sie sind im Internetbrowser verschiebbar und in der Größe änderbar. Mehrere Portlets können auf einer Seite nebeneinander angeordnet werden und dabei Informationen aus verschiedenen Quellen beziehen.

Demzufolge kann ein Benutzer wählen, welche Art von Information auf seinem Arbeitsbereich angezeigt werden soll. Es ist möglich Informationen zu filtern und anders zu formatieren. Die Portlets können in dem jeweiligen Umfeld auf mehrere Seiten katalogisiert und entsprechend angeordnet werden.

Ermöglicht wird dies durch den Einsatz aktueller Web-Technologien wie DHTML, XML, JavaScript und JavaServlets. Dies führt allerdings auch zu einer Begrenzung der verwendbaren Web-Browser. Zurzeit ist daher nur der Einsatz des Microsoft Internet Explorers ab Version 5.01 möglich.

Die K-Station teilt das Portal in verschiedene Bereiche ein:

- Personal Place - Zugriff auf die Informationen, die jeden Tag braucht werden (individuell anpassbar).

- Community Places - für mehrere Benutzer, bietet Dienste und Werkzeuge zur Zusammenarbeit.

- Spezielle unternehmensweite Places, welche auch projekt- oder aufgabenbezogen definiert werden können.

Endbenutzer können diese Places in einem definierbaren Sicherheitskontext jederzeit selbst erstellen.

KM-basierte Groupware

Da sich die K-Station zusätzlich als Wissensportal definiert, geht sie über die Basisfunktionalität eines Informationsportals hinaus und bietet die Werkzeuge Teamarbeitsplätze, Online-Wahrnehmung und Echtzeit-Chat an, damit Wissen auch gemeinsam genutzt und transferiert werden kann. Die K-Station stattet das Unternehmen mit einer globalen und offenen Kommunikationsplattform aus, welche durch eigene Entwicklungen und dem Einsatz von speziellen integrierbaren Inhalten für komplexe Geschäftsaufgaben geeignet ist.

Kommunikations-Plattform

Die Erweiterbarkeit wird durch die offene Portlet-Technologie gewährleistet. Dazu liefert Lotus einen Satz von Portlets mit, die bereits für den Zugriff auf andere Datenquellen angepasst sind. So finden sich Vorlagen für Web-Sites, Lotus Notes Datenbanken, Lotus Domino.Doc, Microsoft Office und Exchange und weitere. Die mitgelieferten Portlets können modifiziert werden. Eine Entwicklung von individuellen Portlets und damit die Integration weiterer spezifischer Dienste sind ebenfalls möglich.

Die Funktionalität der K-Station verbindet zusammenfassend die drei Grundfaktoren: Menschen in einem Unternehmen, Orte, an denen sie virtuell zusammenarbeiten und Informationen, die sie zur Bewältigung ihrer Aufgaben benötigen. Desweiteren wird eine Kontaktaufnahme- und Chatfunktionalität durch Funktionen aus Lotus Sametime integriert.

Groupware Funktionen

Wichtigste Funktionen im Überblick:

- Anpassbare „Drag & Drop" Benutzungsoberfläche

- Gemeinsam nutzbare Ablagen

- Onlinewahrnehmung und Chat Funktionalität

- Schablonenbibliothek für projektbezogene Arbeitsumgebungen

- Filterungsfunktionen für Daten

- Zugang und Integration von anderen Informationsquellen wie Lotus Notes, HTML Seiten, Domino.DOC, Lotus Quickplace, Microsoft Exchange Server, Lotus Discovery Server, etc.

- Interaktion mit anderen Groupware-Technologien wie Quickplace, Sametime und Lotus Notes/Domino

Systemanforderungen:

Client:

Internet Explorer 5.01 oder höher

Server:

Windows NT 4.0 oder Windows 2000 mit mind. 256 MB RAM, 10 GB Festplattenspeicher

Integrationskonzept

Die K-Station stellt durch die angebotenen Funktionen eine zentrale, interdisziplinäre Komponente einer Knowledge-Managementinitiative dar. Sie kann als zentrales KM-Portal dienen, die die verschiedenen Wissensmanagementtechnologien und -quellen auf einer gemeinsame Oberfläche vereint.

4.3.5 Lotus-Discovery Server

Web-Seite: http://www.lotus.com/products/discserver.nsf.

Der Lotus Discovery Server findet und strukturiert relevante Informationen und Erfahrungen, in dem er Beziehungen zwischen Personen, Aktivitäten und (un-) strukturierten Informationen analysiert.

Groupware- und E-Mail- Profile erstellen

Unstrukturierte Informationen und unstrukturiertes Wissen werden in einem Unternehmen naturgemäß jeden Tag erzeugt. Allerdings ist es schwierig dies zu verfolgen oder darauf Zugriff zu nehmen.

Lotus spricht an dieser Stelle von "digitalen Brotkrumen", die als ein natürliches Nebenprodukt bei der täglichen Arbeitsroutine, hauptsächlich bei der Erstellung von Dokumenten, E-Mails und Präsentationen auftreten.

Data-Mining, Dokumentenmanagement

Der Discovery Server sammelt nun diese „Brotkrumen", bewertet sie, organisiert sie und bringt sie in einen Zusammenhang. Dadurch wird es dem Benutzer vereinfacht alle für sein Vorhaben benötigten Informationen auch über mehrere Systeme und Quellen hinweg zu finden. Um dies technisch zu ermöglichen stellt der Server mehrere automatisierbare Prozesse und administrative Tools zur Verfügung:

- Tools zum Erstellen einer angepassten Wissenslandkarte (K-Map) für und über das Unternehmen. Dies kann zunächst automatisiert erfolgen und danach manuell optimiert werden.

- Prozesse zur Erkennung von Ähnlichkeiten und Beziehungen zwischen Objekten.

- Prozesse zur Analyse von Fähigkeiten und der Erstellung eines Erfahrungsprofils (wer kann was?).

- Prozesse zum Gruppieren und Organisieren von Dokumenten.

- Funktionen zur Suche nach Dokumenten, Personen und Themen über verschiedene Quellen hinweg.

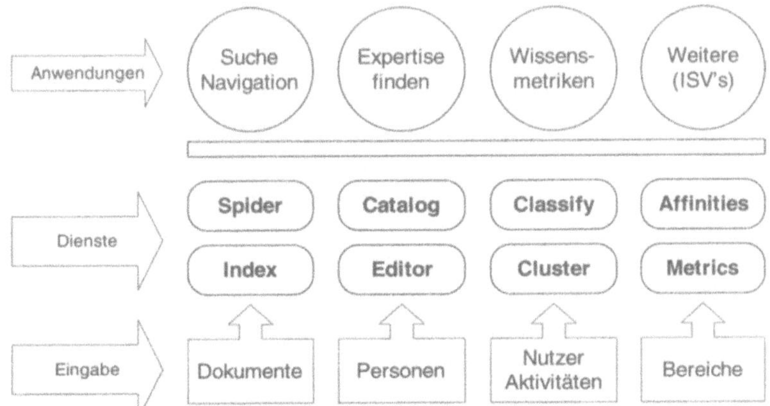

Abbildung 77: LDS-Architektur

Die K-Map

Interne und externe Wissensnetze vereinen

Die K-Map ist ein graphisches User-Interface, welches das kategorisierte Wissen eines Unternehmens repräsentiert.

Es ermöglicht Benutzern in den vorhandenen Wissensgebieten zu recherchieren und die Beziehungen zwischen Personen, Plätzen und Dingen untereinander zu erkennen. Auch Verweise zu weiteren sinnvollen Wissenskategorien werden präsentiert.

Die Suche

Eine normale Schlüsselwortsuche bringt meistens nicht die richtigen Informationen zum Vorschein, da oft kein Ranking benutzt wird, das die Suchergebnisse begrenzen würde.

Der Lotus Discovery Server setzt an dieser Stelle an und benutzt ein Vektor-Kartographieverfahren um relevante Inhalte in Kategorien zu gruppieren, diese Kategorien zu benennen und den Inhalt über die Wissenslandkarte zu präsentieren.

Qualifikationsverzeichnis

Der Server erfasst hierbei alle gewünschten Informationsquellen wie das Intranet, Web-Seiten, Lotus Notes Datenbanken, Microsoft Office Dokumente und weitere.

Der nach der Bewertung erzielte Rang in einer Suche ist die Kombination sowohl aus der Trefferquote der Suchbegriffe selbst, als auch aus der festgestellten Wichtigkeit des Dokuments bei vorangegangenen Suchvorgängen durch andere Benutzer. Durch die Verwendung von diesen Beziehungswerten wird der

Benutzer stärker zu den Informationen gelenkt, die in diesem Kontext wertvoll erscheinen.

Der Server erlaubt es dem Benutzer zusätzlich/alternativ die verwandten Wissenskategorien zu durchsuchen und zeigt alle einem bestimmten Themenbereich verbundene Personen, Plätze und Dinge strukturiert auf.

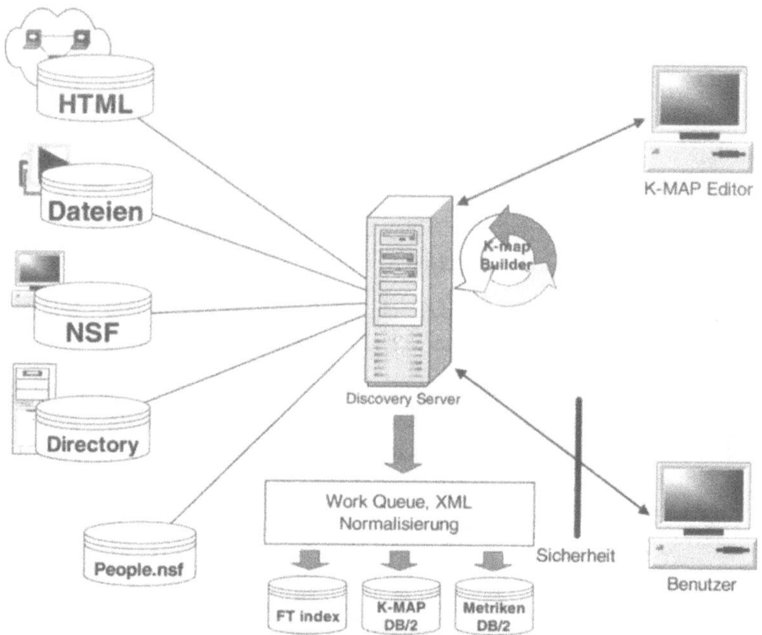

Abbildung 78: Arbeitsweise

Erkennung von Ähnlichkeiten und Beziehungen

Intelligente Suche nach Informationen

Der Discovery Server (DS) verwendet so genannte Metriken um Informationen und Wissen aus vorhandenen Dokumenten zu gewinnen. Metriken verbessern die Treffgenauigkeit der Ergebnisse, indem nur die relevanten Informationen geliefert werden anstatt den Benutzer mit einer Fülle von Ergebnissen zu bombardieren. Metriken repräsentieren das Verhältnis zwischen dem Objekt (also Person, Dokument, Platz) und assoziierter verwendbarer Information. Der Discovery Server analysiert kontinuierlich alle gesammelten metrischen Daten und kalkuliert dabei Beziehungen, den Nutzen eines Dokuments und die Qualität der darin vorkommenden Informationen. Auch die Beziehung zwischen einer Person und einem Dokument wird über die Verwendung von Metriken abgebildet.

Beispiel

Analysiert wird beispielsweise ein Dokument zweier Autoren, die Anzahl der existierenden Links darauf, zusätzlich die Anzahl der Mails zwischen diesen zwei Personen, die Aktivität bezogen auf bestimmte Dokumente oder in bestimmten Kategorien und weiterhin die Frequenz, mit der eine Person ein Informationssystem nutzt.

Während die Metriken automatisiert durch den Discovery Server gesammelt werden können, gibt es für den Administrator die Möglichkeit einer Einflussnahme, indem bestimmte überwachte Aktivitäten explizit gewichtet werden. Dadurch kann das Produkt auf seine Umgebung im Unternehmen anpasst werden.

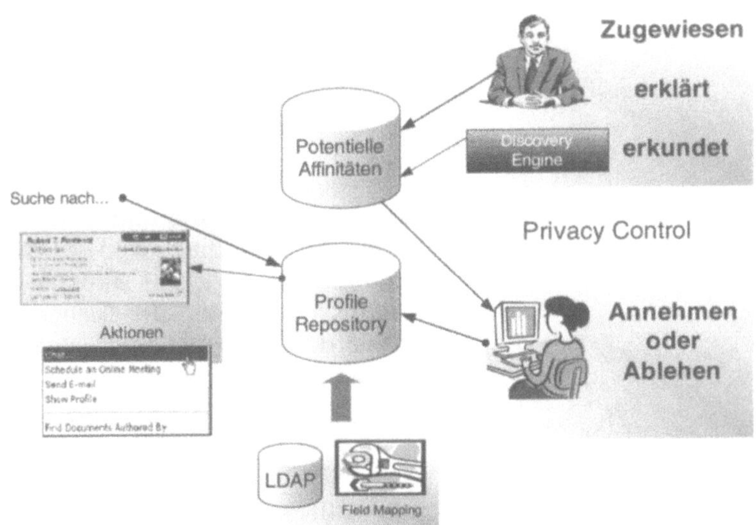

Abbildung 79: Profilgenerierung

Stärken und Schwächen erkennen

Skill Sets erstellen

Lotus DS ermöglicht es einen Bericht über das Ergebnis der metrischen Kalkulationen zu erstellen. Dadurch können Wissensstärken wie auch Wissensschwächen im Unternehmen erkannt werden. Ferner können über die Top-Themen berichtet und die Schlüsselpersonen erkannt werden, die von anderen häufig um fachlichen Rat ersucht werden.

Letztendlich kann durch diese Analyse auch festgestellt werden, in welchen Bereichen des Unternehmens mehr Wissen und Fähigkeiten benötigt werden.

Datenschutz

Datenschutz

Alle Systeme, die Personen und ihre Aktivitäten aufzeichnen und analysieren erzeugen naturgemäß Bedenken, dass der Benutzer nicht mehr die Kontrolle über die auf ihn bezogenen Informationen besitzt. Aus diesem Grund kann den Benutzern die volle Kontrolle über das eigene Profil gegeben werden. Das System fragt dann beim Benutzer nach, ob eine erkannte Stärke dem Profil zugefügt werden soll. Spezielle Funktionen ermöglichen es das gesamte System an die Datenschutzbedingungen des jeweiligen Landes anzupassen.

Als Beispiel kann man die Untersuchung der Inhalte sämtlicher verschickter E-Mails nennen. Nach Anpassung an die Datenschutzrichtlinien kann der Benutzer hier selbst entscheiden, ob die E-Mail bewertet und in die Wissensdatenbank integriert wird oder nicht.

Sicherheit

Durch das Verwenden von mehreren Datenquellen und durch die Quantität der untersuchten Inhalte ergeben sich Fragestellungen im Bereich der Sicherheit. Wer ist berechtigt ein Dokument oder eine Information zu lesen? Lotus DS übernimmt dazu einfach die Zugriffskontrolllisten der Datenquellen. So werden nur die Dokumente oder Informationen angezeigt, für deren Zugriff der Benutzer auch autorisiert ist.

Zusammenfassung der wichtigste DS Funktionen:

- visuelles Durchsuchen der Wissenslandkarte

- Automatische Erstellung von Wissenslandkarten, Modifikationsmöglichkeiten durch Editoren sind vorhanden

- Automatische Erstellung von Benutzerprofilen in Bezug auf Fähigkeiten

- Datenschutzfunktionen

- Reportfunktionen zur Erkennung von Schwächen und Stärken

- Verwendung von Metriken und Ranking zur Verbesserung der Suchergebnisse

- Sicherheitsfunktionen, Übernahme der Richtlinien von anderen Quellen

Systemanforderungen:

Client:

Internet Explorer 5.01 und 5.5 auf Windows Plattformen

Server:

Windows NT 4.0 Server SP5, SP6a

Windows 2000 Advanced Server

1 GB Arbeitsspeicher und 100+ GB Festplattenplatz empfohlen

Unterstützte Sprachen:

Englisch, Deutsch, Französisch, Italienisch, Portugiesisch, Spanisch und weitere

4.3.6 Lotus Notes/Domino

Web-Adresse: www.lotus.com/domino

Lotus Notes/Domino ist die universelle Plattform von Lotus für Messaging, Groupware und andere Anwendungen. Neben den klassischen integrierten Messagingdiensten wie E-Mail, Kalender, Diskussionsforen steht eine große Anzahl an zusätzlichen Standardanwendungen zur Verfügung. Der Server verfügt über Schnittstellen zum hauseigenen Lotus Notes Client und beherrscht die gängigsten Internet-Protokolle, so dass sich Funktionen wie der Kalender direkt über ein Web-Interface benutzen lassen. Die Erweiterbarkeit ist durch eine integrierte Entwicklungsumgebung (die mehrere Programmiersprachen unterstützt) gegeben.

Lotus Domino umfasst in der Grundausstattung:

- E-Mail

- Web-Zugang

- Kalender

- Besprechungsplanung für Gruppen

- Bulletin Board und Newsgroups

- Synchronisation der Benutzerkonten mit dem Windows NT Verzeichnis

Die folgenden Internet-Dienste werden direkt unterstützt:

- Internet Messaging durch SMTP-Routing

- Untersützung von (S/)MIME-Inhalten (Attachments) und X.509 Zertifikate

- Protokollunterstützung von SSL, POP3, IMAP4, LDAP, HTTP, SNMP

Unterstütze Clients:

- hauseigener Lotus Notes Client

- Microsoft Outlook (Kalenderfunktionen über iNotes)

- Internet Browser wie Microsoft Internet Explorer oder Netscape Navigator

- Grundsätzliche Unterstützung aller Clients, die die oben genannten Protokolle verarbeiten können

Unterstützte Server Plattformen:

- Microsoft Windows NT ab Version 4.0

- Diverse Unix Derivate

- IBM OS/2 Warp Server 4

- IBM AS/400 V4R2 oder höher

- IBM S/390 V2R6 oder höher

4.3.7 Von Lotus direkt angebotene Zusatzprodukte (Auszug)

- Lotus Fax – netzwerkgestütztes Faxen aus Lotus Notes Domino und anderen Anwendungen

- Lotus Domino Off-Line Services – Offline Zugang zu Web- oder Intranetanwendungen

- Lotus iNotes und Mobile Notes – Zugriff über Outlook, Inter-/Intranet, Pager, Handy, PDAs und andere mobile Geräte

- Lotus Sametime für Echtzeitkommunikation

- Lotus Domino.DOC für die integrierte Dokumentenverwaltung (DMS)

- Lotus Domino Workflow für die Erstellung und Benutzung von Workflows

- Domino Extented Search für einen quellenübergreifenden Suchvorgang

4.3.8 Domino.DOC

Web-Site: www.lotus.com/dominodoc.

DMS, CMS Domino.DOC fällt unter die Kategorie der Dokumentenmanagement-Systeme. Es bietet zunächst die klassischen Möglichkeiten des Dokumentenmanagements. Dazu gehören:

- Verwaltung von Dokumenten während ihrer gesamten Lebenszyklen

- Definition der Lebenszyklen von verschiedenen Dokumententypen

Content Zertifizierung
- Unterstützung von Aktenschränken und Kategorisierungsebenen

- Integrationsmöglichkeiten in Anwendungsprogramme

- Sicherheit und Zugriffskontrolle (über Lotus Notes/Domino)

- Check-In/Check-Out – Funktionalität

- Archivierung und Wiederherstellung in / aus alternativen Speichern

- Unterstützung der Konfliktlösung bei unterschiedlichen Versionen

- Unterstützung von Prüfung und Freigabe

- Einbindung in automatisierbare Workflows

- Unterstützung bei Format-Konvertierungen (z.B. Eingliederung und Umwandelung von neuen Dokumenten in die News auf der Intranet-Homepage)

Durch die enge Integration in Lotus Notes/Domino erweitert Domino.DOC die dort bereits angebotenen Funktionsbereiche wie Messaging, Groupware und Webanwendungen. Diese Funktionsbereiche werden innerhalb von Domino.DOC direkt genutzt, so dass der Benutzer an vielen Stellen Bekanntes wieder findet.

Als einen großen Vorteil führt Lotus an, dass die Replikationsarchitektur von Domino Verwendung findet. Dadurch ermöglicht wird eine verteilte Anwendung von Domino.DOC in verschiedenen Netzen.

Programmierschnittstellen zu Lotus Notes/Domino, C++ und Microsoft Visual Basic stehen über APIs (Application Programming Interfaces) zur Verfügung.

Domino.DOC bietet die Verwendung verschiedener Clients an:

- Lotus Notes Client 4.53 oder höher für MS Windows 95/NT

- Netscape Navigator 3.0 oder höher für beliebige Plattformen

- Microsoft Internet Explorer 4 oder höher für beliebige Plattformen

Zusätzlich kann durch die Verwendung von Lotus Domino.DOC Desktop Enabler für MS-Windows 95/NT die Drag & Drop Funktionalität in Dateidialogen genutzt werden, die es ermöglicht Dokumente direkt in den virtuellen Ordnern abzulegen.

Durch die Unterstützung von Internet-Browsern steht das System auch über das Intranet / Internet zur Verfügung. Dadurch können auch externe Unternehmen und Personen auf freigegebene Dokumente zugreifen (Internet / Extranet).

Explikation Dem Bereich Knowledge Management kommt die Fähigkeit entgegen auf das in einem Dokument enthaltene Wissen unabhängig von seinem Ablageort und dem Format zuzugreifen. Das Produkt wird dadurch zu einer sinnvollen Komponente eines Knowledge Management-Systems.

4.3.9 Lotus Learning Space

Web-Seite: www.lotus.com/learningspace.

Lotus Learning Space bietet dem Unternehmen die Möglichkeit kooperative, von einem Kursleiter betreute Online-Schulungen zu erstellen, zu betreiben und zu administrieren. Die Lernenden haben die Möglichkeit auf diese bereitgestellten Kurse zeit- und ortsunabhängig zuzugreifen. Im Vergleich zu herkömmlichen Aus- und Weiterbildungsformen bietet Learning Space dazu eine Benutzung über das Intra- und Internet an.

Learning Space ist in Lotus Notes/Domino integriert und nutzt dessen Fähigkeiten (wie z.B. die Sicherheitsfunktionen).

Möglichkeiten in Learning Space:

- Bereitstellung von fachbezogenen Inhalten durch Online-Lehrgänge.

- Online-Zugriff über Webbrowser / Notesclient zeit- und ortunabhängig.

- Offline Zugriff über Notesclient möglich.

- Integration von Diskussionsforen, Referenzmaterialien und Multimediadaten.

- Kursentwicklung mit Hilfe von Schablonen.

- Sicherheitsfunktionen für Diskussionen, Notizen und vertrauliche Informationen.

- Individuelle Prüfungen durch Zufallsgenerator, überwachte Prüfungsdauer.

- Anpassungsmöglichkeiten an CD des Unternehmens.

E-Learning

Learning Space ist in fünf Funktionsbereiche aufgeteilt, die jeweils unterschiedliche Aufgaben besitzen:

- Terminplan - liefert die Zeitstruktur sämtlicher Kursaufgaben.

- Mediacenter - enthält Inhalte zum jeweiligen Lehrplan (u.a. Videos und Audio, Graphiken etc.).

- CourseRoom - bietet Interaktionsmöglichkeiten zwischen Kursteilnehmer / Teams / Kursleiter wie z.B. gemeinsame Erledigung von Aufgaben.

- Profile: Selbstdarstellungen mit Kontaktinformationen der Kursteilnehmer und des Kursleiters.

- Prüfungsmanager: Bewertung und Verwaltung der Kursteilnehmer, Erstellung von Testaufgaben, Umfragen und Prüfungen, Beurteilung des Lernfortschritts.

Systemvoraussetzung:

Bezüglich des Clients ist lediglich ein Lotus Notes Client (größer 4.66a bzw. 5.01) oder ein aktueller Webbrowser (ab MS IE 5.0, NS 4.6) erforderlich. Serverseitig ergeben sich dieselben Voraussetzungen wie bei Lotus Notes/Domino.

KM-Distribution

Learning Space ist laut Lotus eine zentrale Komponente seiner Knowledge Management Strategie. Einer der Schwerpunkte liegt dabei auf den Werkzeugen, Anwendungen und Lösungen, mit deren Hilfe sich durch Aus-, Weiterbildung und Kooperation das im Unternehmen vorhandene Wissen nutzbar machen lässt. Ein unternehmensweites Schulungsangebot kann daher einen der Eckpfeiler beim Aufbau einer Gesamtstrategie für das KM darstellen.

4.3.10 Lotus Sametime

Web-Seite: www.lotus.com/sametime.

Real-time GW-Kommunikation

Lotus Sametime erweitert die asynchronen Möglichkeiten der Lotus Notes/Domino Plattform um Echtzeitkomponenten. Dadurch wird eine effizientere, direktere Kommunikation und Zusammenarbeit im Unternehmen ermöglicht. Funktionen zur spontanen Zusammenarbeit oder auch weiterreichende Möglichkeiten zur Planung von Besprechungen sind vorhanden. Es können sogar Tagesordnung und alle zugehörigen Unterlagen vorab zur Verfügung gestellt werden.

Lotus gliedert das Produkt in drei Funktionsbereiche:

- Wahrnehmung: stellt fest, wer online ist und z.B. aktuell am selben Projekt arbeitet.

- Konversation: Übermittlung einer Textnachricht oder starten einer Chat-Sitzung, an der auch mehrere Personen teilnehmen können.

- Gemeinsam genutzte Objekte: sämtliche Teilnehmer können z.B. eine Anwendung einsehen und steuern. Diese Funktion ist auch geeignet für Fernpräsentationen.

Die Sametime-Produktfamilie umfasst neben dem T.120 und H.323 kompatiblen Sametime Server den Lotus Sametime Connect Client und eine Reihe von Werkzeugen für die Anwendungsentwicklung. Clients von Drittherstellern wie z.B. Microsoft Netmeeting können ebenfalls eingebunden und zum Teil eingeschränkt verwendet werden. Eine Integration in Bereiche des Lotus Notes Clients und Internetanwendungen ist ebenfalls vorgesehen.

Lotus erweitert somit die gewohnten Möglichkeiten der Bürokommunikation (z.B. E-Mail, Diskussionsdatenbanken und Dokumentenmanagement) um eine Real-Time-Komponente. Die Integration der Dienste in eigene Lotus Notes Datenbanken und Anwendungen ist möglich.

Internetbasiertes Help Desk

Auch im Internet kann die Echtzeitkomponente nutzbringend eingesetzt werden. So können Unternehmen einem Online-Besucher ihrer Webpage in Echtzeit weiterhelfen anstatt ihn auf eine Antwort per E-Mail zu vertrösten. Für die Sicherheit des eigenen Netzwerkes wird ein Proxy-Dienst eingerichtet, der externen Benutzern den Zugriff auf den Server gestattet, ohne dass dadurch die eigene Netzsicherheit gefährdet wird.

Zusammenfassend ermöglichen die neuen Funktionen unternehmensweit eine stark verbesserte Kommunikation. Wissen kann schneller und effektiver übermittelt werden. Durch die Multimediafunktionen können Probleme schneller erfasst und eine Lösung gefunden werden.

4.3.11 Lotus Domino Workflow

Web-Seite: www.lotus.com/workflow.

Prozessorientierung und Projektmanagement

Lotus Domino Workflow erweitert Lotus Notes/Domino in den Programmierfunktionen und Objektdiensten mit dem Ziel, skalierbare, verwaltbare und wieder verwendbare Workflowtechnologien für das Unternehmen bereitzustellen. Unterstützt werden alle Dienste von Domino über den Notes-Client und einen Internetbrowser.

Die erstellbaren Workflowmodelle sind modular aufgebaut und lassen sich dadurch wieder verwenden.

Lotus Domino Workflow bietet:

- Visuelle Entwicklungswerkzeuge basierend auf Regeln und Rollen

- Verwaltung von Zeit, Stellvertretern, Kontrolle von Terminen

- Viewer zur Anzeige von Prozessen und deren Status und Kontext

Systemanforderungen:

- Lotus Notes Client 4.61 oder höher oder aktueller Web-Browser

- Für Entwicklungswerkzeuge und Viewer ist ein aktuelles Windows NT Betriebssystem Voraussetzung

- Lotus Domino Server Version ab 4.65

Lotus sieht die Verwendung von Workflows als eine Komponente des Knowledge Managements. Workflows können sicherstellen, dass die zuständigen Personen automatisch über festgelegte

Routen und Prozesse die korrekten Informationen mitsamt den dazugehörigen Arbeitsanweisungen erhalten.

4.3.12 Lotus Quickplace

Web-Seite: www.lotus.com/Quickplace.

Einsetzbar als VCC-Plattform

Quickplace bietet Anwendern die Möglichkeit, eigenständig gemeinsame virtuelle Teamarbeitsplätze im Inter-/Intranet zu schaffen. Darin können anschließend Ideen gesammelt und organisiert sowie Inhalte und Aufgaben erstellt werden. Nach Auflösung des Teams besteht die Möglichkeit den Quickplace für andere zu archivieren.

Durch Funktionen in Quickplace kann die Benutzungsoberfläche in Design und Inhalt verändert oder erweitert werden.

Der Benutzer kann über den Webbrowser Formulare erstellen und einen Workflow hinterlegen. Einmal definiert, kann eine modifizierte Struktur des Quickplace immer wieder neu verwendet werden.

Weitere wichtige Funktionen von Lotus Quickplace:

- Erstellung von Textdokumenten direkt im Internetbrowser
- Drag und Drop von Dateien
- Check-in/Check-out Funktionalität sowie Versionierung
- Volltextindizes
- Offline-Zugriff und E-Mail Integration

Lotus bezeichnet Quickplace als so genannte „Teamware". Teams können sich dynamisch bilden und sich ebenso schnell wieder auflösen. Das gesammelte Wissen kann später anderen zur Verfügung gestellt werden.

Vorteil ist eine geringe Administration und ein geringer Trainingsaufwand. Das Produkt kann so relativ schnell eingesetzt werden.

4.4 Hyperwave

Zur Website: www.hyperwave.de [67].

Zum Unternehmen:

Die Hyperwave AG produziert Softwarelösungen zum Aufbau unternehmensweiter Wissens- und Content Management-Systeme sowie für E-Learning.

Einsatzbeispiel VCC-Entwicklung Damit können mittelständische und große Unternehmen im Intra-, Extra- und Internet gleichzeitig digitale Informationen effizient sammeln, verwalten, verteilen, die Nutzung dieser Informationen in Teams fördern und ihre Mitarbeiter "on the Job" weiterbilden.

Hyperwave bietet dafür mit der Hyperwave eKnowledge Infrastructure drei Hauptprodukte: die Hyperwave eKnowledge Suite, das Hyperwave eKnowledge Portal und die Hyperwave eLearning Suite. Alle drei Produkte bauen auf der Plattform des Hyperwave IS/6 auf.

Hyperwave eKnowledge Suite

Die Hyperwave eKnowledge Suite bietet die notwendige Technologie, um unternehmensinterne Informationen auf einfache Weise zu erfassen, zu organisieren und sowohl innerhalb des Unternehmens als auch bspw. mit Geschäftspartnern und Kunden effizient zu verteilen.

MyWorkspace Die Hyperwave eKnowledge Suite erlaubt die einfache Ablage von strukturierten wie unstrukturierten Daten in einem dynamischen Informationssystem sowie den effizienten Zugriff darauf. Wichtigstes Merkmal ist die Verbindung von ausgefeiltem Dokumenten- und Inhaltsmanagement mit standardbasierter Web-Technologie, wodurch Kernprozesse in Unternehmen effizient unterstützt werden. Durch personalisierte Informationsagenten, garantierte Integrität der Inhalte und einem hochgranularen, hierarchischen Zugriffsrechtesystem wird dem „Information Overflow" entgegengewirkt.

Hyperwave eKnowledge Portal

Die Mitarbeiter und ihre Vorgesetzten können Rollen nach Abteilung, Projekt, Team oder beliebigen anderen Organisationseinheiten definieren. Somit erhalten die Mitarbeiter genau die In-

---

[67] In Anlehnung an www.hyperwave.de.

formationen, die für ihre Aufgabenstellung oder ihr Projekt relevant sind.

Hyperwave eLearning Suite

Die Hyperwave eLearning Suite bietet Möglichkeit, sowohl kurs- als auch ausbildungsgangspezifisch alle beteiligten Parteien (Trainees, Tutoren und Trainer) via E-Mail, Chat oder Diskussionsforen zusammenzuführen. Somit unterstützt die Hyperwave eLearning Suite die Bildung von virtuellen Gemeinschaften, die auch nach erfolgter Schulung standortunabhängig Kollegen Aufgabenstellungen des täglichen Arbeitslebens gemeinsam bearbeiten lassen.

Weitere Infos unter www.hyperwave.de.

4.5 Agorum

Von Marc Spencer, El Paso (USA), August 2001.

Zur Website: http://www.agorum.com[68].

Herzstück des gesamten System ist eine Oracle-Datenbank. Damit ist die Lösung stark skalierbar und lässt sich an alle Unternehmensgrößen anpassen. agorum mc/1 beherrscht über 150 Datenformate und nutzt zum einen alle zur Verfügung stehenden Techniken und Medien der Kommunikation und Informationsbereitstellung, wie Email, Telefax, Internet etc. Aber auch die traditionellen Printmedien mit all ihren Spezialisierungen dienen als Quelle zur Wissensbeschaffung.

Merkmale

- Dokument und Inhaltsverwaltung mit integriertem E-Mail System.

- Gruppierung nach Wissensgebieten.

- Zentraler Zugang zu allen Funktionalitäten.

- Generierung unterschiedlicher Sichtweisen.

- Relationelle Verknüpfung zusammenhängender Bereiche.

- Historienverfolgung, Generiererung und Abbildung von Prozessketten.

---

[68] In Anlehnung an www.at-web.de.

- Mitarbeiterprofile

Nutzen

Verwaltung der Informationen des betrieblichen Wissensmarktes. Das verfügbare Wissen wird transparenter. Der Zeitaufwand für die Informationssuche wird wesentlich reduziert. Jeder bekommt genau die Informationen, die für Ihn vorgesehen sind.

Suche

Neben den gängigen Suchfunktionen UND, ODER, MINUS, NOT, können Sie eine bereichsorientierte Abfrage mit der ABOUT-Funktion durchführen. Themen und bereichsorientierte Abfragen geben die relevanten Dokumente wieder, welche die Kriterien einer Anfrage erfüllen. Sie können mit einzelnen Worten, strukturierten und unstrukturierten Wortphrasen suchen.

Steuerung

Durch Operator Prioritäten (=, ;, >, -, ~, WITHIN, &, |, ,) lässt sich die Reihenfolge steuern, in der die Anfrage abgearbeitet werden soll.

Themen:

- **Thesaurusfunktionalität:** Mit der Thesaurusfunktionalität lassen sich Dokumente finden, die sich konzeptionell mit der gestellten Anfrage beschäftigen.

- **Wissensgebiete:** Alle Wissensgebiete werden in einem individuellen generierbaren Index katalogisiert. Damit erzielen Sie Einschränkungen der Stichwort- und Themensucheinnerhalb eines Wissensgebietes mit der Standardsuchfunktion.

- **Synoyme finden:** SYN erweitert die Suche um alle im Thesaurus hinterlegten Synonyme. die Ausgabe kann in Relation zur gewählten Hierarchie erfolgen.

- **Wortstämme:** Mit $ lässt sich eine Wortstammsuche durchführen. Alle Worte die beispielsweise "Auto" beinhalten werden aufgelistet, etwa: Automat, Autobahn, Garagenauto, usw.

- **Wortklänge:** Die Soundexfunktion ! ist der Lautschrift angelehnt, es werden alle ähnlich ausgesprochenen Begriffe gefunden. Damit werden auch Rechtschreibfehler im Suchbegriff berücksichtigt.

- **Gewichtung / Relationen:** Mit dem Operator > werden nur Treffer berücksichtigt, die einen vordefinierten prozentualen Anteil überschreiten.

- **Fremdsprachen:** Mit dem Übersetzungstransformator lassen sich alle Ausdrücke um die im Thesaurus eingetragenen und Übersetzungsfunktionen in die gewählte Sprache erweitern.

- **Gleichwertigkeit:** Die Gleichstellung zweier Worte signalisiert dass die Worte zueinander eine Alternative darstellen. Die Trefferquote wird auf Basis der Häufigkeit beider Alternativen berechnet.

technische Vorraussetzungen

Client: MS oder Netscape Webbrowser.

Server: Pentium III, 1000 Mhz, 36 GB/EDI Festplatte.

Betriebssysteme: Windows 2000, Solaris, Linux.

Quelle: www.at-web.de/wissensmanagment/agorum.htm.

4.6 ClassiFire

Von Marc Spencer, El Paso, August 2001.

ClassiFire - die denkende Suchmaschine / TopicalNet[69]

Zur Website: http://www.topicalnet-europe.com.

Ein hochkomplexes Netzwerk sprachwissenschaftlicher Zusammenhänge enthält 1,5 Millionen Wörter und Redewendungen, die auf neuronale Weise verflochten sind. Übliche Klassifikationen in Web-Verzeichnissen wie Yahoo! werden in einem aufwendigen Prozess von Menschen klassifiziert. Das Anlegen neuer Kategorien und Unterkategorien bedeutet immer wieder neue Entscheidungsprozesse, die Zeit und menschliche Ressourcen beanspruchen. Einträge werden in der Regel maximal zwei Kategorien zugeordnet. ClassiFire basiert auf einem maschinell erstellten, sprachwissenschaftlichem Muster der Kategorisierung (Taxonomie), das bisher 300 000 MicroTopics verwendet. MicroTopics sind die kleinsten Elemente der Klassifizierung, ähnlich den untersten Kategorien eines Web-Verzeichnisses.

---

[69] In Anlehnung an www.at-web.de.

Die Klassifikation

3 Schritte sind zur Klassifikation der Dokumente erforderlich:

- Identifikation von Worten und Formulierungen innerhalb des Textes eines vorhandenen digitalen Dokumentes

- Zuordnung der Begriffe und Formulierungen zu Topics innerhalb der bestehenden Wissensbasis (Taxonomie)

- Bestimmung des zentralen Themas eines Dokumentes

Automatisch zuordnen

Bei ClassiFire kann ein Begriff im Prinzip beliebig vielen Topics zugeordnet werden. Ein praktisches Beispiel: Mit dem Begriff "Gerhard Schröder" verbindet das System zunächst, dass er Bundeskanzler ist. Es "weiß" aber auch, dass er der SPD angehört, Ministerpräsident in Niedersachsen war, der Autoindustrie zugeneigt ist und noch viele weitere Zusammenhänge. Auch wenn Gerhard Schröder einmal nicht mehr Bundeskanzler sein wird, ist das System sehr schnell mit diesem Wissen ausgerüstet. Basis für aktuelle Infos ist das Internet, das ständig abgefragt wird.

Das Gedächtnis, immer aktuelle Bezüge finden

Dafür sind ca. 40 Millionen Webseiten erfasst und werden regelmäßig aktualisiert. Dieser Basisbestand an Daten wird mit den Daten der Firma angereichert, bei der ClassiFire eingesetzt wird. So lassen sich firmeninterne Daten rasch mit aktuellen Informationen abgleichen. Soll ein neues Produkt entwickelt werden, findet das System möglicherweise Zusammenhänge in aktuell veröffentlichten Forschungsberichten, Wirtschaftsnachrichten, etc.

Analysieren und Zusammenhänge erkennen

Es gibt fast unzählige Möglichkeiten, Worte und deren Bedeutungen miteinander zu Verknüpfen. Schließt man dann noch die Bewertung der Relevanz dieser Wörter zueinander als zusätzliche Aufgabe ein, vergrößern sich die Möglichkeiten immens. Zusammenhänge zu analysieren und Relevanzbewertung sind die Stärken von ClassiFire. Ähnlich wie das menschliche Gehirn kann es, wenn erforderlich, Bedeutungen neu zuordnen oder ergänzen. Wenn ein Dokument klassifiziert wurde, weiß das Informations-Management-System genau mit welchen Themen es sich befasst. Selbst wenn der Suchbegriff nicht direkt im Dokument vorkommt, findet die Software, dank neuronale Verknüpfung, die Beziehung zwischen Dokument und Suchbegriff.

Anwendung von ClassiFire

Geeignet sind besonders Grossunternehmen, die ein enormes Informationspotential angesammelt haben. In großen Netzwerken liegen dort sehr viele Informationen, die nur für einen kleinen Nutzerkreis zugänglich sind, da eine zentrale Verwaltung des Wissensbestandes fehlt. Manuelle Verfahren zur Klassifizierung riesiger unstrukturierter Daten sind in der Regel zu aufwendig und deshalb nicht vorhanden.

Mehr Infos zu TopicalNet und ClassiFire:

http://www.topicalnet-europe.com.

4.7 K-Infinity, Iviews

Von Marc Spencer, El Paso, August 2001.

K-Infinity, Iviews[70]

Zur Website: http://www.i-views.de/web/

Viele Firmen besitzen Datenbestände in sehr unterschiedlichen Formen. Die Struktur und Organisation dieser Daten erlaubt es nicht, über eine einheitliche Oberfläche, mit einer einheitlichen Software, die Gesamtheit der Daten zu verwalten, organisieren und in Relation zueinander zu setzen. Typische betriebliche Anwendungen mit unterschiedlichen Datenformaten sind MS-Office, SAP/R3, Datenbanken (Oracle und andere), usw.

Der Ansatz von K-Infinity geht weit über die reine Zusammenfassung der Daten hinaus. Mit K-Infinity steht den Nutzern das bisher wohl umfangreichste Werkzeug zum Wissensmanagement zur Verfügung. Im Gegensatz zu herkömmlichen Suchmaschinen wird nicht einfach eine Volltextrecherche durchgeführt, die lediglich in der Gesamtheit der Worte sucht ohne deren Beziehungen zueinander zu kennen. In K-Infinity ist eine Vielzahl von Bedeutungen, für Worte und Begriffe hinterlegt.

Begriffe Zuordnen

Visualisierung ist ein Begriff der in unterschiedlichen Bereichen verwendet wird. So im Wissensmanagement und in der Automatisierungstechnik. Die semantische Zuordnung zu Oberbegriffen gestattet, dass Beiträge zur Visualisierung gefunden werden, ob-

---

[70] In Anlehnung an www.at-web.de.

wohl das Wort dort gar nicht erscheint. Das System weiß, dass der Begriff dem Wissensmanagement zuzuordnen ist.

Objektorientiert

Die logische Zuordnung wird durch ähnliche Verfahren erreicht, wie sie in der modernen Programmierung von Software üblich sind. Ein Begriff wird als Objekt definiert. Dem Objekt werden Eigenschaften zugewiesen.

Ergebnisse visualisieren

Die Ergebnisse lassen sich visualisieren, ohne dass Verzeichnisstrukturen zu beachten wären. Sie erkennen gleichzeitig mehrere Zusammenhänge. In einem Verzeichnis lässt sich jeweils nur der Zusammenhang zur aktuellen Kategorie darstellen. Gute Verzeichnisse zeigen jedoch das Vorkommen des Suchbegriffes in anderen Verzeichniskategorien an. Die Beziehungen der Kategorien und der enthaltenen Begriffe zueinander lassen sich kaum darstellen. Mit K-Infinity entsteht ein komplexes Modell der Relationen, die in einer verzweigten Baumstruktur sichtbar werden.

Mehr Infos zu K-Infinity / i-views

http://www.i-views.de/web/

4.8 SERBrain

Von Marc Spencer, El Paso, August 2001.

SERBrain, SER AG[71]

Zur Website: http://www.ser.de.

Die SERBrain Software ist vor allem für das Informationsmanagement in Netzwerken, Intranets und globalen Netzwerken konzipiert.

SERpersonalBrain ist eine intelligente und lernende Knowledge Management Software für Ihre persönlichen Wissensbestände.

SERbrainware - Die grundsätzliche Funktionsweise SERbrainware analysiert jeglichen Text, unabhängig vom jeweiligen Medientyp und dem Dateiformat.

Explikation, Kodifizieren

So können beispielsweise eMails, Telefaxe, Papierdokumente, aber auch Sprache verarbeitet werden. Wenn Menschen Informa-

---

[71] In Anlehnung an www.at-web.de.

tionen verstehen und zu ihrem Wissen entwickeln können, müssen diese in eine Kontextbezug gebracht werden.

Dazu nutzt der Mensch die Fähigkeit des Lernens in Kombination mit den Fähigkeiten seines Gedächtnisses. Um aus Texten Inhalte zu erkennen, nutzt auch SERbrainware die Funktionen "Lernen und Gedächtnis".

SERbrainware lernt aus allen Dokumenten zu einem Sachverhalt die inhaltsbeschreibenden Muster und speichert diese ab, um damit weitere Dokumente zu dem selben Sachverhalt später identifizieren zu können.

Klassifikation

Über das Retrieval hinaus bietet Ihnen SERpersonalBrain die Möglichkeit, Ihren Dokumentenbestand nach beliebigen Themenbereichen und Inhalten zu klassifizieren. So werden aus anonymen Informationsbeständen Ihre persönlichen Wissensbestände, die fortlaufend ausgebaut werden können.

Folgende Dokumenttypen werden unterstützt:

- Textdateien (*.txt, *.h, *.c, *.cpp)
- Microsoft Word Dateien (*.doc)
- Rich Text Dateien (*.rtf)
- Microsoft PowerPoint Dateien (*.ppt)
- Microsoft Excel Dateien (*.xls)
- HTML Seiten (*.htm, *.html)
- Adobe Acrobat Dateien (*.pdf)
- OutlookOption (*.msg)

Technische Voraussetzungen

Einsatz von SERpersonalBrain:Windows 95/98/NT/ME/2000, mindestens 128 MB Arbeitsspeicher. Mindestens 100 MB temporär freier Festplattenplatz 43 MB für die Programminstallation Zusätzlich Platz für den zu erstellenden Index.

Folgende Betriebssysteme werden unterstützt SERbrainware: Microsoft Windows NT 4.0 (SP5 und SP6), Microsoft Windows 2000, Sun Solaris, HP UX, IBM AIX.

Mehr Infos zu SERBrainware / SER AG

http://www.ser.de/

4.9 Mind Manager 4.0

Von Tsusomu Ayako, Tokio, Dezember 2001.

Mit dem neuen MindManager lassen sich nicht nur Brainstorming-Ergebnisse und Besprechungsinhalte strukturieren, er findet auch im Zeit- und Projektmanagement bspw. bei der Visualisierung von Prozessen effektiven Einsatz. Prozesse können leicht abgebildet werde. Meetings lassen sich mit der Unterstützung von Mind Maps effektiver durchführen [72].

MindManager 4.0 gibt es in zwei Versionen.

Die Standard Edition wurde in erster Linie für den privaten Einsatz entwickelt. Hier sind die Basisfunktionen der Vorgängerversion enthalten. Diese Version ist für den Business-Bereich eher ungeeignet.

Die Business Edition bietet für das berufliche Umfeld benötigte Funktionalitäten, wie z.B. die Anbindung an die Office-Programme und Präsentationsmöglichkeiten direkt aus dem MindManager heraus. Eine Internet-Konferenzfunktion ermöglicht das Arbeiten mit verteilten Teams. Die VBA-kompatible Skriptsprache und ein Open Interface runden die Features ab.

Strukturiertes Arbeiten mit Mind Mapping

Der MindManager 4.0 ist vielseitig einsetzbar: Bei der Entwicklung von Ideen, Erarbeitung von Wissen oder zur Strukturierung großer Texte. Im Management sorgt er für eine bessere Organisation umfangreicher Informationen und Aufgaben. Mit der Konferenzfunktion kann er außerdem zur unternehmensweiten und standortunabhängigen Kommunikation eingesetzt werden.

Mit dem MindManager werden komplexe Zusammenhänge schnell und übersichtlich dargestellt. Dadurch lässt er sich zur Kundenpräsentation ebenso nutzen wie zur Vorbereitung und Durchführung von Meetings und Vorträgen.

Einsatzgebiete

MindManager 4.0 lässt sich bspw. einsetzen für:

- im Projektmanagement

- im Zeitmanagement und in der Aufgabenplanung

- beim Erstellen von Vorträgen und Präsentationen

- zur Strukturierung und Protokollierung eines Meetings

---

[72] In Anlehnung an www.mindjet.de, www.projekt-magazin.de.

- zur Unterstützung im Team (Kommunikation und Abstimmungsprozesse)

Merkmale und Funktionalitäten:

- Zeitmanagement und Aufgabenplanung: Bei der klassischen Zeit- und Aufgabenplanung erfolgt die Anordnung von Aufgaben und Terminen hierarchisch in Listen und Tabellen während sie in einer Mind Map durch die Kombination von Bild- und Textelementen visualisiert werden. Die Aufgaben lassen sich dadurch übersichtlicher darstellen und verantwortlichen Mitarbeitern, farblich markiert, zuordnen. So ist auf dem ersten Blick ersichtlich wer für welche Aufgaben zuständig ist.

- Grafische Unterstützung: Pläne über kleine Zeiteinheiten (Tage und Wochen) lassen sich durch Multi Maps in Monats- und Jahresplänen zusammenfassen. Dabei werden die einzelnen Maps miteinander verlinkt. Farben, Codes und Symbole unterstützen die Planung optisch.

- Status: Sie können für die Aufgaben eine vordefinierte Zeitdauer festlegen, die in der Statuszeile angezeigt wird. Darüber hinaus ist es möglich, den Bearbeitungsstatus der Aufgabe über die Eigenschaften des Zweiges festzulegen und auch abzufragen. Erledigte Aufgaben werden einfach abgehakt.

Dauer, Beginn und Ende einer Aufgabe lässt sich im Kontextmenü über die Eigenschaften festlegen. Werden zusätzliche Informationen zu einem Eintrag abgespeichert, wird dies durch ein Symbol gekennzeichnet. Die dazugehörigen Informationen werden angezeigt, wenn der entsprechende Eintrag aktiviert wird.

MindManager im KM-Projekt:

Projekt-management

Für den Einsatz im KM-Projektmanagement bietet der MindManager gut Unterstützung. Die einzelnen Projektschritte werden in einer Mind Map gesammelt. Jeder Hauptast steht für einen Vorgang, die Teilschritte werden als Zweige dargestellt.

Das ganze KM-Projekt wird übersichtlich auf einer Seite abgebildet. Einzelne Vorgänge oder Schritte lassen sich bequem verschieben und ergänzen.

Zusatzprogramme ermöglichen den Export der Mind Map zur Projektverfolgung nach Microsoft Project. Dort kann das Projekt weiter spezifiziert und der Projektstatus verfolgt werden.

Wurde bereits in der Mind Map Beginn und Ende des Vorgangs sowie die Dauer fest gelegt, werden auch diese Informationen nach MS Project exportiert. Da die Eingabe dieser Informationen im MindManager für jeden Ast/Zweig einzeln eingegeben werden muss, empfiehlt es sich, diese Angaben erst nach dem Export direkt in MS Project einzupflegen. Auch der Bearbeitungsstatus wird in MS Project übernommen.

Präsentationsmöglichkeiten:

Aus einer Mind Map lässt sich auf Knopfdruck eine PowerPoint-Präsentation erzeugen. Die Ergebnisse sind aber in der Regel nicht sehr zufriedenstellend. Standardmäßig setzt MindManager 4.0 die Verzweigungen nicht als untergeordnete Aufzählungspunkte in die Folie. Stattdessen erzeugt es für jeden Zweig, der Unterzweige enthält, weitere Folien.

Die Veränderung dieser Grundeinstellung ist noch sehr aufwendig. Sie muss für jeden Ast einzeln vorgenommen werden. Mehr als eine untergeordnete Aufzählungsebene ist mit der Export-Funktion nicht möglich.

Die Business Edition bietet aber die Möglichkeit, eine Präsentation direkt aus dem MindManager 4.0 heraus zu zeigen. Dabei wird der gerade besprochene Punkt aktiv in der Map hervorgehoben. Dies ist eine erfrischende Abwechslung zu den allgegenwärtigen PowerPoint-Präsentationen. Der Vorteil auch hier: es wird die gesamte Map dargestellt – der Überblick während der Präsentation ist stets vorhanden.

Zukünftig geplant sind weitere Exportfunktionen, damit sich Microsoft Word, Outlook, Excel oder MS Project auch direkt ansteuern lassen.

Beispiel

Verwendung von Mind Maps:

- In der Besprechung selbst hilft eine Mind Map den Teilnehmern, sich zu orientieren und den Überblick zu behalten. Für den Moderator ist die Mind Map eine Hilfe, denn Mitarbeiter, die gerne vom Thema abschweifen, können mit der Frage: "Welchem Punkt in der Mind Map ist Ihr Beitrag denn zuzuordnen?" freundlich gestoppt werden. Dies gilt auch für Mitarbeiter, die sich gern wiederholen.

- Mind Map als Besprechungsprotokoll: Zur Protokollführung wird die Mind Map während der Sitzung ergänzt. die Mind Map kann auch in eine Textdatei exportiert werden. Textnotizen werden als Textkörper in die Gliederung eingefügt. Das ist hilfreich für Teilnehmer, die sich mit einem Mind Map-Protokoll nicht anfreunden können.

- Aufgabenverteilung nach dem Meeting: Aus der Mind Map wird eine Multi Map. Dabei handelt es sich um eine Gruppe von Mind Maps, die durch Hyperlinks miteinander verknüpft wurden. Jeder Aufgabenast wird in eine Teil-Map exportiert, die vom zuständigen Mitarbeiter bearbeitet werden kann. Später lassen sich diese einzelnen Maps wieder zu einer großen Multi Map zusammenführen.

- Protokolle werden ohne großen Aufwand während der Sitzung erstellt, mit geringem Nachbearbeitungsaufwand fertiggestellt und können direkt nach der Besprechung an die einzelnen Teilnehmer verteilt werden. So passiert es nicht mehr, dass Protokolle nicht mehr aktuell sind und der Sitzungsleiter den Verfasser des Protokolls an die Fertigstellung und Verteilung erinnern muss.

Publikation der Ergebnisse:

Auf Knopfdruck wandelt MindManager 4.0 eine Mind Map in eine Website um. Äste und Zweige werden als eigene Seiten generiert. Textnotizen der Mind Map bilden den Textkörper der Seiten.

Beim Export werden die Dateien in ein einziges Verzeichnis kopiert. Dateien, die als Bitmap vorliegen, werden als GIF-Dateien exportiert. Hyperlinks und Bookmarks (Lesezeichen) können in den Text eingebaut werden. Diese Funktion eignet sich für die Erstellung eines einfachen Projekthandbuchs im firmeneigenen Intra-/Internet. Natürlich werden damit keine Websites erstellt, die einem professionellen Einsatz genügen. Doch für eine erste Darstellung der Struktur und Navigation ist diese Funktion gut geeignet.

Map Organizer

Der Map Organizer, der nur in der Business Edition enthalten ist, erleichtert die Verwaltung der Mind Maps. Die Maps werden mit Schlüsselwörtern versehen und können so über eine Schlüsselwortsuche im Index gefunden werden. Für das schnellere Auffinden lassen sich häufig genutzte Maps kennzeichnen, damit sie oben in der Liste angezeigt werden. Eine Vorschaufunktion rundet das Ganze ab.

Toolkit

Mind Maps lassen sich mit dem Toolkit der Business Edition übersichtlich ordnen und organisieren. Die Sortier- und Nummerierungsfunktionen leisten dabei gute Dienste. Die Zweige können alphabetisch, alphanumerisch oder sogar nach Prioritäten geordnet werden. Die Nummerierung bis in die 5. Ebene bietet sich vor dem Export der Mind Map ins Textprogramm an, so wird automatisch die Gliederung mit übernommen.

MindManager-Scripting und Open Interface

Mit Hilfe der Scriptsprache kann der MindManager automatisiert und um eigene Funktionalitäten erweitert werden. Das MM-Script ist zu Microsoft Visual Basic kompatibel. Anwender mit VBA-Kenntnissen können sich so die Funktionalitäten und das Erscheinungsbild der Mind Maps ganz nach ihren persönlichen Wünschen anpassen.

Das Open Interface ermöglicht die Anbindung an andere Programme. Damit lässt sich der MindManager in die bestehende IT-Umgebung einbinden. Mit der stärkeren Firmenausrichtung wird der MindManager auch für Drittanbieter interessant, die zukünftig weitere Add-Ins entwickeln und zur Verfügung stellen werden.

Im MindManager ist der Ausdruck einer Datei über mehrere Seiten möglich. So können großformatige Mind Maps ausgedruckt werden. Perfekt dazu wären Schnittmarken, die das Zusammensetzen der Mind Map erleichtern.

Veränderungen der Grundeinstellung müssen in der Standardvorlage abgespeichert werden, um so auch für weitere Dateien zur Verfügung stehen.

Soft-/Hardwarevoraussetzungen:

Windows 95/98/NT/2000/Me; Pentium 100 oder höher; 16 MB RAM oder mehr

2 MByte Festplattenspeicher; plus 20 MByte für Symbole; Grafikkarte 256 Farben

Internet Browser/-zugang

17" Monitor; 1024 x 768 Auflösung

5 Literaturverzeichnis

Bleicher, K.: Unternehmenskultur und strategische Unternehmensführung, in: Hahn, D., Taylor, B. (Hrsg.): Strategische Unternehmensplanung / Strategische Unternehmensführung: Stand und Entwicklungstendenzen, 6. Auflage, 1992, Physika-Verlag.

Choo, Chun Wie [The knowing organization, 1998]: The knowing organization: How organizations use information to construct meaning, create knowledge, and make decisions, Oxford University Press, New York, Oxford, 1998.

Dippold, R.; Meier, A.; Ringgenberg, A.; Schnider, W.; Schwinn, K., Unternehmensweites Datenmanagement, 3. Auflage, Vieweg-Verlag, 2000.

Doppler, K., Lautenburg, C.: Change Management, 1994, Campus Verlag.

Dumke, R., Software Engineering, 3. Auflage, Vieweg-Verlag, 2001.

Gundry, Dr. John [www.knowab.co.uk/km]: Dr John Gundry, Director Knowledge Ability Ltd., UK: Gene Bellinger [www.outsights.com/systems/kmgmt/kmgmt.htm]

Hannig, Hahn, Institut für Knowledge Management e.V., Zwickau, in Zeitschrift Wissensmanagement 06/01.

Heil, A. - H.; Kleinbeck, U.; Lezius, M.; Rößl, D.; Wille, H.: Management unternehmerischer Partnerschaften, in: Müller-Böling, D.; Nathusius, K. (Hrsg.): Unternehmerische Partnerschaften-Beiträge zu Unternehmensgründungen.

Horn, P., Forschungschef der IBM (Physiker zbd Wissensmanager): Wirtschaftsmagazin „brand eins", 2. Jahrgang Heft 07 September 2000; Artikel: „Denk breiter, denk weiter", S. 17-28.

Janes, Alfred; Prammer, Karl; Schulte-Derne, Michael; Transformations-Management, Springer Verlag 2001.

Kobi, J. M.: Humanpotential und Unternehmenskultur bei Zusammenschlüssen entscheidend, in: io Management Zeitschrift, Heft 5/91.

Krüger, W.: Implementierung als Kernaufgabe des Wandlungsmanagements, in: Vorlesungsskript, JLU-Giessen.

Lamieri, North, „Wissensmanagement in Klein- und Mittelbetrieben" in: Zeitschrift Wissensmanagement 06/01.

Lorange, P., Roos, J.: Stolpersteine beim Management Strategischer Allianzen, in : Bronder, C., Pritzl, R.: Wegweiser strategischer Allianzen, 1992, Wiesbaden, 1992, Gabler Verlag.

O'Dell, Carla; C. Jackson Grayson, Jr., with Nilly Essaides [If only we knew, 1998]: If only we knew what we know: The transfer of internal knowledge and best practice, The FREE PRESS, New York, 1998.

Probst, G.; Raub, S.; Romhardt, K., [Wissen managen, 1998]: Wissen managen – Wie Unternehmen ihre wertvollste Ressource optimal nutzen, Frankfurt am Main: Frankfurter Allgemeine, Zeitung für Deutschland, Wiesbaden, Gabler, 1998.

Schmidt, M. - P., Knowledge Communities, Addison-Wesley-Verlag, 2000.

Schneider, U., Die 7 Todsünden im Wissensmanagement, Frankfurter Allgemeine Zeitung, Verlagsbereich Buch, 2001.

Sträubing, M., Projektleitfaden Internet-Praxis, Gabler-Vieweg-Verlag, 1999.

Taylor, Robert M., KPMG Management Consultants [website, 1996]: Robert M. Taylor KPMG Management Consultants, London, 1996, www.ourworld. compuserve.com/homepages/roberttaylor.

Thomann, J.; Katz, C.; Stadler, R., Total Quality Management in Informatikunternehmen, Eigenverlag Robert Stadler, 2000.

Thomas H. Davenport, Laurance Prusak [Working Knowlegde,1998]: Working Knowledge: How Organizations Manage What They know, Havard Business Schiil Press, Boston, Massachusetts, 1998.

World Bank [background document, 1998]: World Bank, background document to the World Development Report, 1998.

www.project-consult.com, 2001.

www.hdvo.de, 2002.

www.csb-forum.de, 2002.

www.Lotus.com, 2001.

www.hyperwave.de, 2001.

www.at-web.de, 2001.

www.kwu-online.de, 2001.

www.projekt-magazin.de, 2002.

www.mindjet.de, 2002.

www.KM4u.net, basierend auf T.H. Davenport und L. Prusak, „Working Knowledge", 2000.

www.businessinnovation.ey.com/mko/htm/toolsrr.htm, 2001.

Autorenverzeichnis

Antje Bischof

Ausbildung: Diplom-Informatiker, Schwerpunkt Wirtschaft

Berufliche Erfahrungen: selbständiger Berater, Dozent (u. a. Lehrauftrag Fachhochschule Fulda), Entwickler im Banken- und Automobilumfeld

Themengebiete: Prozesse, Workflow, Informations- und Knowledge Management, Konzeption, Datenmodellierung, Design sowie Implementierung von dokumentenorientierten Datenbanksystemen, Trainings, Market Research

Kontakt: knowledgemanagement@web.de

Beitrag: Kapitel 1.2 Knowledge Management

Jörgen Erichsen

Ausbildung: Studium der Betriebswirtschaftslehre, Schwerpunkt Controlling und Datenverarbeitung

Berufliche Erfahrungen: Langjährige Berufserfahrung im Controlling und betriebswirtschaftlichem Support, derzeit Produktmanager TeleBusiness der Deutschen Telekom AG

Themengebiete: ASP, Wissensmanagement, Innovationsmanagement, Forschung und Entwicklung, E-Learning, Controlling, Organisation

Kontakt: Joergen.Erichsen@telekom.de

Beitrag: Kapitel 3.6 E-Learning

Christian Katz

Ausbildung: Studium von Mathematik und Wirtschaftsinformatik, Weiterbildung in Organisationsentwicklung

Berufliche Erfahrungen: Softwareentwicklung, Fachhochschuldozent, freier Trainer, Coach und Unternehmensberater

Themengebiete: Wissensmanagement, Lernende Organisation, TQM, Prozessmanagement, durch neue Medien unterstützte Veränderungs- und Entwicklungsprozesse

Kontakt: katz@wissen.org

Beitrag: Kapitel 3.3 Change Management

Dr. Dieter Massa

Beruf: Projektleiter für Trainings-/ Qualifizierungskonzeptionen und E-Learning; Consultant für Software-Implementierungen und Veränderungsmanagement

Bildungsgang: Studium der Theologie und Sprachwissenschaft, Promotion über kognitive Sprachverarbeitung; Ausbildung als Systemischer Berater

Kontakt: drdmassa@aol.com

Beitrag: Kapitel 4.2 M.I.T Newsystems

Marcus Störkel

Ausbildung: Studium der Betriebswirtschaftslehre, Abschluss als Dipl. Kfm, Schwerpunkte: Int. Management, Marketing, Unternehmensplanung

Berufliche Erfahrungen: Produktmanager, Marketingmanager, Sales-Manager Central Europe bei Nokia Home Communications

Kontakt: marcus.stoerkel@nokia.com

Beitrag: Kapitel 3.9 Kick off Workshop

Sebastian Lotz

Ausbildung: Ausbildung zum Bankkaufmann, Studium der Informatik, Schwerpunkt Wirtschaft

Berufliche Erfahrungen: Trainer, Administrator, Projektmanager im Bereich Unternehmenssteuerung, freier Berater im Bankenbereich

Themengebiete: Application Service Providing, Informationsmanagementsysteme und Knowledge Management

Kontakt: Sebastian.Lotz@web.de

Beitrag: Kapitel 4.3 Lotus

Matthias Tochtrop

Ausbildung: Diplom-Informatiker (FH), Schwerpunkt Wirtschaftsinformatik, Microsoft Certified Systems Engineer (MCSE), Certified Lotus Professional R5 Administrator (CLP)

Berufliche Erfahrungen: Seit 1998 Projekttätigkeiten für Unternehmen aus den Branchen Finanzdienstleistung, IT und Chemie mit dem Schwerpunkt Implementierung und Betrieb von Unternehmensnetzwerken und Groupware

Kontakt: <u>matthias@tochtrop.de</u>

Beitrag: Kapitel 3.11 Umsetzungstechnik WMMP

Marc Spencer

Ausbildung: Informatiker, Schwerpunkt Wirtschaftsinformatik

Berufliche Erfahrungen: Projekttätigkeiten für Unternehmen aus der Finanzdienstleistung mit dem Schwerpunkt Implementierung von Unternehmensnetzwerken und Knowledgemanagement

Kontakt: <u>spencermarc2001@yahoo.com</u>

Beiträge: Kapitel 4.5 Agorum, Kapitel 4.6 Classifire, Kapitel 4.7 K-Infinity, Iviews, Kapitel 4.8 SERBrain

Tsusomu Ayako

Ausbildung: Business Administration

Berufliche Erfahrungen: Canon Inc., Japan, Schwerpunkt: Research and Development, freier Berater, Mitgründer IKR

Kontakt: <u>ayako@wissen.org</u>

Beitrag: Kapitel 4.9 Mind Manager 4.0

Andreas Heck

Ausbildung: Studium der Betriebswirtschaftslehre, Schwerpunkt Unternehmensplanung und EDV-Organisation

Berufliche Erfahrungen: freier Berater, Mitgründer der IKR, Bereichsleiter Training & Consulting, Trainer, Organisation, Marketing, Vertrieb

Kontakt: <u>heck@wissen.org</u>

Schlagwortverzeichnis

Weitere Titel aus dem Programm

Caroline Prenn/Paul van Marcke
Projektkompass eLogistik
Effiziente B2B-Lösungen: Konzeption, Implementierung, Realisierung
2002. XIV, 308 S. mit 35 Abb. Geb. € 49,90   ISBN 3-528-05789-0
Inhalt: Grundlagen (Definition, Umfeld, Marktpotential) - Optimierungs-
potentiale in der Praxis (perfekte Bestellung, Kreditwürdigkeit, Kontakt-
aufwand, Break-even) - Tragfähige Konzepte (Wissensverwaltung,
Planung/Nutzen von Kundenbindung, Kundenzufriedenheit, IT und
MIS) - Wege der Effizienzsteigerung (Automatisierung der Auftrags-
abwicklung, Online-Marketing, VPN, Projektmanagement) - Projektmanagement (Vorgehensmodell, Fallbeispiele)

Hajo Hippner/Melanie Merzenich/Klaus D. Wilde (Hrsg.)
Handbuch Web Mining im Marketing (Arbeitstitel)
Konzepte, Systeme, Fallstudien
2002. ca. 500 S. Geb. ca. € 99,00   ISBN 3-528-05794-7
Inhalt: Grundlagen des Web Mining - Datengrundlage bei Web-Daten -
Der Prozess des Web Mining - Einsatzpotentiale des Web Mining - Web
Mining-Systeme - Web Mining-Projekte

Matthias Meyer (Hrsg.)
CRM–Systeme mit EAI (Arbeitstitel)
Konzeption, Implementierung und Evaluation
2002. ca. 250 S. Geb. ca. € 49,90   ISBN 3-528-05795-5
Inhalt: Customer Relationship Management (CRM) - e-CRM - Informati-
on Networking - e-Intelligence - Enterprise Application Integration (EAI)

Abraham-Lincoln-Straße 46
65189 Wiesbaden
Fax 0611.7878-400
www.vieweg.de

Stand 15.3.2002. Änderungen vorbehalten.
Erhältlich im Buchhandel oder im Verlag.

MIX
Papier aus verantwortungsvollen Quellen
Paper from responsible sources
FSC® C105338

If you have any concerns about our products,
you can contact us on
ProductSafety@springernature.com

In case Publisher is established outside the EU,
the EU authorized representative is:
Springer Nature Customer Service Center GmbH
Europaplatz 3, 69115 Heidelberg, Germany

Printed by Libri Plureos GmbH
in Hamburg, Germany